普通高等学校计算机教育"十二五"规划教材

大学计算机基础教程

（Windows 7+Office 2010）

Fundamental of Computers

吕英华 主编

张述信 副主编

隋新 陈刚 王蕾 王茹娟 许春玲 编著

U0311394

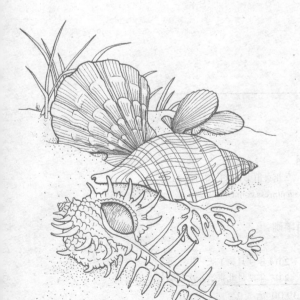

高校系列

人民邮电出版社

北京

图书在版编目（CIP）数据

大学计算机基础教程：Windows 7+Office 2010 /
吕英华主编. -- 北京：人民邮电出版社，2014.9（2017.7重印）
普通高等学校计算机教育"十二五"规划教材
ISBN 978-7-115-36043-4

Ⅰ. ①大… Ⅱ. ①吕… Ⅲ. ①Windows操作系统—高
等学校—教材②办公自动化—应用软件—高等学校—教材
Ⅳ. ①TP316.7②TP317.1

中国版本图书馆CIP数据核字(2014)第169136号

内 容 提 要

　　本书根据教育部《计算机基础课程教学基本要求》和《大学计算机教学基本要求》的精神，以面向应用为主线，以提高实践能力为重点而编写。

　　本书内容主要包括计算机基础知识、中文操作系统 Windows 7、字处理软件 Word 2010、电子表格处理软件 Excel 2010、演示文稿制作软件 PowerPoint 2010、计算机网络及其应用，以及常用工具软件等。本书突出案例教学，强化技能训练，内容详实，面向应用，注重实践，易教易学，是一本集知识性、技能性与应用性于一体的教材。

　　本书适合作为普通高等学校非计算机专业计算机基础课程的教材，也可供从事办公自动化工作的各类人员学习和参考。

◆　主　　编　吕英华

　　副 主 编　张述信

　　责任编辑　许金霞

　　责任印制　彭志环　杨林杰

◆　人民邮电出版社出版发行　　北京市丰台区成寿寺路 11 号

　　邮编　100164　电子邮件　315@ptpress.com.cn

　　网址　http://www.ptpress.com.cn

　　北京隆昌伟业印刷有限公司印刷

◆　开本：787×1092　1/16

　　印张：17.25　　　　　　　　2014 年 9 月第 1 版

　　字数：454 千字　　　　　　 2017 年 7 月北京第 6 次印刷

定价：39.00 元

读者服务热线：(010)81055256　印装质量热线：(010)81055316
反盗版热线：(010)81055315

前言

目前，人类正步入以计算机、通信、网络与微电子技术为代表的信息化社会，人们获取与驾驭信息的能力已成为一种基本的生存能力，也是衡量一个人文化素质高低的重要标志之一。为此，教育部对大学生的计算机教育提出"一体两翼"的理念[①]，即在学好专业的基础上，添加强有力的计算机与外语两个"翅膀"。

根据教育部《计算机基础课程教学基本要求》和《大学计算机教学基本要求》的精神，结合我们多年计算机基础教学的实践经验，在推进课程改革、更新教学内容的基础上编写本书。其宗旨是以社会需求为导向，以面向应用为主线，进一步提升大学生的信息素养，以满足社会和专业本身对学生在计算机知识、技能与素质方面的要求。精选各专业的学生必须掌握的核心内容，主要包括计算机基础知识、中文操作系统、办公自动化软件、计算机网络及其应用，以及常用工具软件等。

本书具有以下几个较鲜明的特点。

1. 案例教学，实践性强

本书重点讲解如何操作计算机，即学会常用软件（包括 Windows 7、Office 2010 等）的使用，着力培养学生的动手能力，使学生在操作过程中学习知识，在学习知识中动手实践。

2. 强化技能，重在应用

本书将教与学、学与练、学与用、学与考有机地结合在一起，注重实践环节，着力培养学生应用计算机解决实际问题的能力。

3. 易教易学

本书通俗易懂、实例丰富，适合学生自主学习。在讲、学、思、练的基础上，重在培养学生处理信息的能力、获取新知识的能力、分析和解决问题的能力。

4. 紧密结合等级考试

本书结合最新的全国计算机等级考试"二级 MS Office 高级应用"的考试大纲，精心编写例题及书后习题，使学生在平时学习的时候就能了解等级考试的知识点、题型和难度。

总之，这是一本集知识性、技能性与应用性于一体的实用教材。本书适合作为普通高等学校非计算机专业计算机基础课程的教材，也可供从事办公自动化工作的各类人员学习和参考。

---

① 教育部高等学校文科计算机基础教学指导委员会.大学计算机教学要求（第 6 版——2011 年版）. 北京：高等教育出版社，2011.

　　本书由教育部高等学校计算机课程教学指导委员会委员和文科计算机基础教学指导分委员会副主任委员、博士生导师吕英华教授担任主编。其中第 1 章、第 2 章由隋新编写，第 3 章由陈刚编写，第 4 章由王蕾编写，第 5 章由王茹娟编写，第 6 章、第 7 章由许春玲编写。全书由张述信负责统稿，最后由吕英华审定。

　　囿于编者的能力和水平有限，书中难免存在不当之处，敬请读者批评指正。

编　者

2014 年 6 月

目　录

第1章
计算机基础知识

　　电子计算机（Computer）是一种电子设备，它由电子元器件构成。计算机具有运算速度快、记忆能力强、逻辑判断能力和自动执行程序的特点。从第一台计算机诞生到现在已有 60 多年了。随着计算机技术的飞速发展，计算机已经应用到了人类社会的各个领域。特别是多媒体技术、网络技术和人工智能技术的相互渗透，彻底改变了人们传统的工作、学习和生活方式，推动着人类社会的发展。

1.1　计算机概述

1.1.1　计算机的发展历史

　　1946 年 2 月，美国宾夕法尼亚大学经过几年的艰苦努力，成功研制出世界上第一台电子数字积分计算机"埃尼阿克"（Electronic Numerical Integrator And Calculator，ENIAC），如图 1-1 所示。
ENIAC 使用了大约 18 000 个电子管、1 500 个继电器及其他器件，占地 170 平方米，重达 30 多吨，相比今天的微型计算机简直是一个庞然大物。ENIAC 每秒钟可以进行 5 000 次加减法运算或 400 次乘法运算，它的性能无法和今天的计算机相提并论，但在当时，其运算的速度和精度都是史无前例的。以圆周率（π）的计算为例，我国杰出的数学家祖冲之经过长期的艰苦研究，进行大量复杂的计算，才计算到小数点后 7 位。而用 ENIAC 进行计算，仅仅用了 40 秒就达到了这个精

图 1-1　第一台计算机埃尼阿克

度。ENIAC 开创了人类科技领域的先河，标志着信息处理技术进入了一个崭新的时代。
　　ENIAC 奠定了电子计算机产业的基础，在计算机的发展史上具有划时代的意义。纵观计算机技术的发展历程，电子计算机的发展主要以硬件的进步为标志，每隔一段时间都会出现重大的变革。按照计算机硬件使用的主要物理器件，人们将计算机的发展划分成 4 个时代。

　　1．第一代（1946 年～1957 年）
　　第一代电子计算机使用的是电子管。内存采用汞延迟线，容量仅为几 KB；外存采用磁鼓；运算速度为每秒几千次；用机器语言或汇编语言编写程序；应用范围主要是科学计算。1946 年 6

1

月，冯·诺依曼提出了"存储程序"的理论，奠定了现代计算机的理论基础。

2. 第二代（1958 年～1964 年）

第二代电子计算机使用的是晶体管。与第一代计算机相比，第二代计算机体积小，速度快，性能更稳定。内存采用磁芯存储器，容量为几十KB；外存采用磁带和磁盘；运算速度为每秒几十万次。软件方面出现了高级语言和文件管理程序；应用范围除了科学计算外，还用于数据处理。

3. 第三代（1965 年～1970 年）

第三代电子计算机主要采用中、小规模集成电路，可以在几平方毫米的单晶硅片上集成十几个甚至上百个电子元件组成的逻辑电路。内存采用半导体芯片；外存体积越来越小，容量越来越大；运算速度为每秒上千万次。软件方面出现了操作系统；应用范围越来越广，主要用于数据处理、工业自动控制等领域。

4. 第四代（1971 年至今）

第四代电子计算机主要采用大规模、超大规模集成电路，在几平方毫米的硅片上集成上万至百万晶体管和线宽在 1 微米以下的集成电路。内存采用半导体存储器，外存的容量成百倍增加，并开始使用光盘。计算机的体积、重量、成本大幅度降低。运算速度达到每秒上千万次～万亿次；面向对象、可视化的程序设计出现并实用化；各种实用软件层出不穷，数据库管理系统、网络软件等应用广泛；多媒体技术崛起；计算机技术与通信技术相结合，进入以计算机网络为主的互联网时代。

我国计算机研制起步较晚。1958 年 8 月，第一台通用数字电子计算机诞生，运算速度为每秒 1 500 次。自 20 世纪 90 年代以来，我国计算机产业有了长足的进步和发展。值得一提的是，"银河"系列机与"曙光"系列机跻身世界巨型计算机的先进行列。特别是，2010 年 10 月"天河一号"超级计算机以每秒 1 206 万亿次的计算速度在国际 Top 500 榜单①中夺魁。而 2013 年 11 月，"天河二号"以每秒 5.49 亿亿次运算速度成为全球最快的超级计算机，再度荣登 500 强的榜首。

1.1.2 计算机的特点

计算机的应用之广没有第二类产品可与之媲美，它已经渗透到了科学、生产、生活、工作和学习等各个方面。它具有以下几个鲜明的特点。

1. 运算速度快、计算精度高

计算机能以极快的速度进行计算。目前，现有的超级计算机运算速度大都可以达到每秒一太（Trillion，万亿）次以上，这是传统的计算工具无法比拟的。例如，天气预报只有使用计算机才能及时对大量的气象数据和资料进行计算与分析，靠手工计算是不可能的。

计算机的计算精度取决于机器的字长，字长越长，则精度越高。这对计算量大、时间性强和要求精度极高的领域尤为重要，如火箭的发射及卫星的定位等。

2. 存储容量大、记忆能力强

计算机的存储器具有很大的存储容量和超强的记忆能力。存储器容量的大小标志着计算机记忆能力的强弱。目前，普通的计算机内存可达到几 GB 到十几 GB，外存储器的容量可达到几 TB。随着存储器容量的不断增大，计算机能存储和记忆的信息量也越来越大，存取数据的速度也越来越快。

3. 具有逻辑判断能力

人具有思维能力，其本质是一种逻辑判断。同样地，计算机不但具有运算能力，而且还具有

---

① Top 500 榜单：国际超级计算大会（International Supercomputing Conference，ISC）每年都会发布两次世界上运算速度最快的计算机名单，叫做 Top 500 榜单（Top 500 List）。

逻辑判断能力。利用计算机的逻辑判断进行逻辑推理，从而代替人类更多的脑力劳动，逐步实现计算机的智能化。

4. 自动执行

计算机是按照人们事先编好的程序自动执行的，并在程序控制下准确而快速地运行，这是计算机最突出的特点。

1.1.3　计算机的分类

随着计算机技术的进步，其性能也在不断提高。根据计算机的规模和处理能力，通常将计算机分为巨型机、大型机、小型机、工作站、服务器和微型机。

1. 巨型机

巨型机又称超级计算机。巨型机功能强大，运算速度快，价格也最为昂贵。巨型机主要用于天气预报、国防、航天等尖端技术方面。目前，世界上只有少数国家能生产巨型机，这体现了一个国家的科技实力和综合经济能力。我国研制的"天河"号系列属于巨型机。

2. 大型机

大型机也有很高的运算速度，很大的存储容量，但是在量级上不及巨型机。大型机一般用于大型企业、科研机构、高等院校或大型数据库管理，也可用做计算机网络的服务器。

3. 小型机

小型机和大型机相比规模较小，结构简单，成本较低，操作、维护也比较容易，价格相对也比较便宜。小型机一般用在工业生产的自动控制和数据的采集、分析等。IBM AS/400 属于小型机，主要用于事务处理。

4. 工作站

工作站是指为了某种特殊用途而将高性能的计算机与专用软件结合在一起的系统。它的运算速度快，主存容量大，一般配有高分辨率的大屏幕显示器，主要用于图形、图像的处理和计算机辅助设计等。

5. 服务器

服务器是在网络环境中为多用户提供服务的共享设备，一般分为文件服务器、数据库服务器和邮件服务器等。

6. 微型机

微型机又称个人计算机，它的主要特点是小巧、灵活、软件丰富、功能齐全、价格便宜、使用方便。微型机是当前应用最为广泛的计算机，在日常办公、学习和家庭等都离不开它。

1.1.4　计算机的应用

计算机已经应用到了人类生产和生活的各个领域，改变了工作、学习和生活方式。现代生活的每一天，从教师授课到学生学习与考核，从信息的收集、整理到检索，从商品销售到网上购物等都离不开计算机。计算机的应用归纳起来主要有以下 7 个方面。

1. 科学计算

这是计算机最重要的应用，特别是科学研究、石油勘探、航空航天、天气预报和灾情预测等领域。其特点是数据量大，计算复杂，要求精度高。例如，地图四色定理最先由一位叫古德里的英国大学生提出来，即"任何一张地图最多只用 4 种颜色，就能使相邻国家的颜色相异。"1976年 6 月，美国伊利诺大学的哈肯与阿佩尔合作在计算机的辅助下，用了 1 200 个小时，做了 100 亿次判断，终于完成了四色定理的证明，轰动了全世界。对于这样巨大的工作量，用人工方法是无法完成的。

2. 数据处理

数据处理是对大量的数据进行加工、处理，主要涉及数据的收集、存储、分类、整理、加工、使用等一系列操作。在计算机应用领域中，数据处理所占的比重最大，如图书管理、财务管理、教学管理、人口普查等。例如，1985 年我国进行第二次全国工业普查，从方案酝酿、技术设计、组织实施，直到制表付印，历时 4 年，普查包括约 36 万个企业，各地上报的原始数据有 40 亿字符之多，输出的表格有 690 种，仅国家输出的报表就达 4.5 万页[①]。

3. 计算机辅助工程

计算机辅助工程利用计算机帮助人们完成各种工程设计、制造及管理等工作，可以缩短工作周期，提高工作效率。计算机辅助工程主要包括计算机辅助设计（Computer Aided Design，CAD）、计算机辅助制造（Computer Aided Manufacturing，CAM）和计算机辅助教学（Computer Aided Instruction，CAI）等。

4. 自动控制

自动控制也称实时控制，由计算机自动采集数据，并及时分析数据，按最佳的效果迅速对控制对象进行调节。过程控制主要应用于航天、军事领域及工业生产系统，例如"阿波罗"载人登月、无人驾驶技术、核电站的运行及炼钢过程等，都是采用电子计算机作为控制中心，进行实时控制，实现自动化。

5. 人工智能

人工智能（Artificial Intelligence，AI）用计算机来模拟人的感觉和思维活动，如判断、学习、图像识别、理解问题和问题求解等，使计算机像人一样具有识别文字、声音、语言的能力，能够进行推理、学习等活动。智能计算机可以代替人类从事的某些方面的脑力劳动，在人工智能中，最具代表性的两个领域是专家系统和机器人。

例如，"深蓝"是 IBM 公司开发并研制的一台超级计算机，1997 年 5 月 11 日，在"深蓝"和俄罗斯的国际象棋世界冠军斯帕罗夫之间展开了人机大战，最终"深蓝"以 3.5:2.5 的总比分取得胜利，这是国际象棋史上人类的智能第一次败给计算机。2011 年 2 月 16 日，IBM 公司研制的超级计算机"沃森"以超出第二名两倍多分的绝对优势，在美国智力问答节目《危险!》中击败两名人类对手，大获全胜。

6. 计算机网络

计算机网络是计算机技术与通信技术相结合以实现资源共享和相互通信的系统。计算机已广泛应用于国际互联网（Internet），人们可以方便快捷地进行全球信息查询、邮件收发、电子商务等服务，使全球信息得到更快的传输和更大的共享。

7. 办公自动化

办公自动化（Office Automation，OA）是将现代办公和计算机网络功能结合起来的一种新型的办公方式，也是当前应用面较广的领域。传统的办公离不开笔和纸，随着计算机技术的发展与推广，一个由计算机、打印机和传真机等构成的现代办公环境已经形成。随着 OA 设备的完善，办公自动化在邮件系统、远程会议系统、多媒体综合处理等方面都有许多新的进展。

总之，电子计算机是人们科研、生产、工作和生活的工具。随着社会发展的需要，计算机的

---

① 中华人民共和国第二次全国工业普查数据处理论文选集，国家信息中心编，1989 年。

应用领域在广度和深度两个方面正在无止境地延伸着。

1.1.5　计算机的发展趋势

计算机的发展趋势表现为两个方面：一是巨型化、微型化、智能化、多媒体化和网络化，二是向非冯·诺依曼计算机体系结构发展。

1.　向巨型化和微型化的两极化方向发展

巨型化是指要研制运算速度极高、存储容量极大、整体功能极强，以及外设完备的计算机系统，其主要应用于尖端的科学技术及军事国防系统。微型化是体积小、重量轻、功能强、价格低的通用计算机，现在的笔记本、平板电脑就是微型化发展的典型例子。

2.　网络化是计算机应用的主流

计算机网络是在计算机技术和通信技术相结合的基础上发展起来的一种新型技术。所谓计算机网络，是指用通信设备将分布在不同地方的独立计算机（或终端设备）相互连接起来，以资源共享和相互通信为目的的系统。目前，计算机网络正在向方便、快捷、高速的方向发展，光纤和宽带入户已经成为主流，网络无处不在，"秀才不出门，全知天下闻"已成为现实。

3.　多媒体计算机是研究和开发的热点

多媒体技术是集文字、图形、图像和声音等媒体及计算机于一体的综合技术。多媒体技术已经取得很大的发展，但是高质量的多媒体设备及其相关技术需要进一步开发研制，主要包括视频数据的压缩和解压缩技术、多媒体数据的通信技术，以及各种接口的实现方案等。

4.　智能化是未来计算机发展的总趋势

智能化就是要求计算机能够模拟人的感官和逻辑思维能力，如感觉、推理、判断等，能够自动识别文本、图形、图像和声音等多媒体信息。智能化的机器人能够代替人的脑力劳动，如能听懂人类的语言，能够自主学习，对知识进行处理，能代替人类的部分工作。总之，计算机的发展，可概括为"巨（型机）者越来越巨，微（型机）者越来越微，网（络）者伸向四面八方，智（能化）者更上一层楼！"

5.　研制非冯·诺依曼体系结构的计算机

冯·诺依曼体系结构计算机的工作原理是存储程序和程序控制，整个计算机的工作都是在程序控制下自动工作的。因此，要真正实现计算机的智能化，就必须打破这种体系结构，开发研制新型的非冯·诺依曼体系结构的计算机。

计算机发展趋势的显著特点是体积缩小，重量减轻，速度提高，软件丰富和应用领域不断扩大。展望未来，除电子计算机之外，还会有光计算机、生物计算机、量子计算机和神经网络计算机等。

1.2　计算机系统结构

1.2.1　计算机系统

计算机系统是由硬件系统和软件系统两大部分组成的。其中硬件是计算机的物质基础，软件相当于计算机的灵魂，两者相辅相成，协调工作，共同构成了一个完整的计算机系统，如图 1-2 所示。

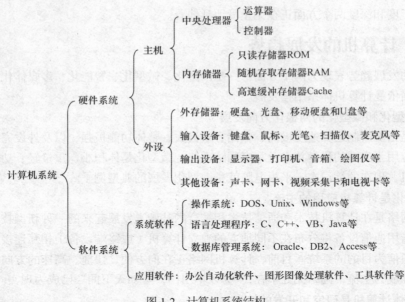

图 1-2　计算机系统结构

1.2.2　硬件系统

计算机硬件系统是组成计算机的各种设备的总称。硬件设备是看得见、摸得着的物理实体。

1946 年 6 月，美籍匈牙利数学家冯·诺依曼提出了计算机的硬件结构主要由运算器、控制器、存储器、输入设备和输出设备 5 大基本部件组成，如图 1-3 所示。从第一台计算机诞生到今天，计算机的工作原理是建立在冯·诺依曼提出的"存储程序和程序控制"理论基础上的。

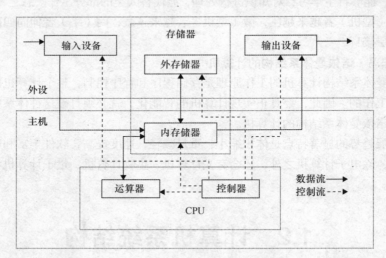

图 1-3　计算机硬件系统

1.　冯·诺依曼理论的核心内容

- 计算机由运算器、控制器、存储器、输入设备和输出设备 5 大基本部件组成。
- 计算机内部用二进制表示数据和存储指令。
- 各基本部件的工作原理。通过输入设备将编写好的程序和原始数据输入计算机，存储在内存储器中。控制器从存储器中取出程序指令，对指令进行分析。由运算器进行算术运算和逻辑运算，将结果存入内存储器。之后，通过输出设备将结果转换成人们所能接受的形式，如图 1-3 所示。

2. 各部件的基本功能

（1）输入设备

计算机通过输入设备来接收外界的信息，主要是将数据、程序和其他信息转化成计算机能识别的电信号。常用的输入设备有键盘、鼠标、扫描仪、手写笔、阅卡机、条形码读入器和触摸屏等。

（2）运算器和控制器

运算器是用来进行算术运算和逻辑运算的部件。算术运算是指加、减、乘、除等各种数值运算，逻辑运算是进行逻辑判断和逻辑比较的非数值运算。控制器是计算机的指挥控制中心，向其他各部件发出控制信号，控制数据的传输和加工。同时，控制器也接收其他部件送来的信号，协调计算机各部件步调一致地工作。

运算器和控制器合在一起称为中央处理器（Central Processing Unit，CPU），它是整个计算机的核心。决定 CPU 性能的最重要指标是字长与主频。

● 字长：CPU 能同时处理二进制数据的位数（bit），它决定了计算机的计算精度。例如，32 位 CPU 是指 CPU 的字长是 32 位，能同时处理 32 位的二进制数据。

● 主频：CPU 的工作频率，单位是兆赫（MHz）或千兆赫（GHz）。主频越高，CPU 速度就越快，计算机的工作速度越快。例如 "Intel 酷睿 i7980X 3.33GHz" 就是 Intel 公司生产的主频为 3.33GHz 的芯片。

随着微处理技术的发展，IBM、Intel 和 AMD 公司先后推出了具有双核芯技术的 CPU。双核芯技术简单地理解就是将两个 CPU 整合到一个内核空间，对操作系统来说，这是实实在在的双 CPU，可以同时执行多项任务。随着 CPU 技术的发展，四核芯和六核芯的 CPU 也即将成为主流。

（3）存储器

存储器是存储各种信息的设备，分为内存储器和外存储器两种。内存储器又叫内存或主存，可以和 CPU 直接信息交换，其容量比较小，但存取数据速度快。外存储器简称外存，外存中的数据不能直接被 CPU 处理，要先读入内存。外存容量较大，但存取数据速度较慢。

内存储器根据读写功能的不同分为两种：只读存储器（Read Only Memory，ROM）和随机存储器（Random Access Memory，RAM）。存储器有 "读" 和 "写" 两种操作，取出存储器中的数据叫做 "读"，向存储器中存入数据称为 "写"。

只读存储器由厂家用特殊的方式写入了一些固定的程序，如引导程序、监控程序等。计算机在运行过程中不能对其中的内容进行修改，只能从中读取信息。断电后，只读存储器中的内容保持不变，不会丢失。

随机存储器，即通常所说的内存，用于存放计算机运行时需要的系统程序、应用程序、等待处理的数据等。对内存可以进行读、写操作，一旦断电，所有信息都会丢失。目前，内存的标准容量有 2GB、4GB 等。

常用的外部存储器有磁盘（固定硬盘）、光盘、U 盘与移动硬盘等。磁盘在使用前要进行分区，即划分成一块一块的区域，并依次用字母 C、D 等标识。其中，C 为主分区，用来安装操作系统，以启动计算机。

（4）输出设备

输出设备是将计算机的处理结果以人们或其他机器所能识别的形式输出，如文字、图形、图像、声音和视频等。常用的输出设备有显示器、打印机、投影仪、绘图仪、音响等。

1.2.3　软件系统

只有硬件系统，而没有软件系统的计算机称为裸机。软件是为了方便使用计算机、提高使用效率而组织的程序和文档的集合，其核心是程序。

1. 软件定义

人们在日常生活、学习与工作中经常使用程序这个术语，它是指完成某件事情的操作步骤的集合。例如，国家奖学金申报程序如下。

- 学生本人申请。
- 辅导员推荐。
- 学生资助中心审核。
- 校领导审定后公示。
- 上报省教育厅、财政厅备案。

这个程序是用自然语言（如汉语言）来描述的。而计算机程序是指用计算机语言（如 C 语言）来表示的解题步骤。例如，求两个实数平均值的程序是这样的：

```
#include <stdio.h>
void main( )
{ float  x,y,aver;                    /*定义3个变量，代表3个存储单元*/
  scanf("%f%f",&x,&y);                /*从键盘输入两个实数存入变量x和y中*/
  aver=(x+y)/2;                       /*求平均值，将结果存入变量aver中*/
  printf("平均值: %f\n", aver);       /*输出变量aver的值*/
}
```

与自然语言程序截然不同的是，计算机程序的特点是符号化。存储单元用符号表示，如变量 x、y、aver 表示不同的存储单元；操作也用符号表示，如 "=" 表示存入操作，"+" 表示加运算，"/" 表示除运算。花括号内以分号结尾的符号序列叫做语句，类似于中文的句子。可见，计算机程序是 "符号化语句序列" [1]，而编制程序的过程称为程序设计。

文档是指用自然语言编写的文字资料和图表，用来描述程序的内容、设计、功能规格及使用方法，如程序使用说明书、用户手册等。所谓软件就是在计算机硬件上运行的各种程序和文档资料的总和，即软件=程序+文档。

计算机软件系统分为系统软件和应用软件两大类。

2. 系统软件

系统软件是用来控制计算机运行、管理计算机的各种硬件和软件资源，并为应用软件提供支持和服务的一类软件。系统软件主要包括操作系统、语言处理程序、数据库管理系统等。

（1）操作系统（Operating System，OS）

操作系统管理计算机中所有的硬件及软件资源，是用户和计算机之间联系的桥梁。用户通过操作系统来操纵计算机，其他应用软件在操作系统提供的平台上才能运行。目前常用的操作系统有 Windows XP、Windows 7 和 Windows 8、UNIX 和 Linux 等。

（2）语言处理程序

计算机只能执行机器语言编写的程序，不能直接识别和执行用高级语言编写的程序。语言处

---

① 计算机软件保护条例，中华人民共和国国务院令（第 339 号），自 2002 年 1 月 1 日起施行。

理程序就是将高级语言编写的源程序翻译成计算机可以执行的机器语言程序。语言处理程序包括汇编程序、解释程序和编译程序。

（3）数据库管理系统（Database Management System，DBMS）

数据库是数据的集合。数据库管理系统是为数据库的建立、使用和维护而配置的软件。例如 Oracle、DB2、Microsoft SQL Server 和 Access 等都是典型的数据库管理系统。

3．应用软件

应用软件是为了解决各类实际问题而编写的程序。应用软件拓宽了计算机系统的应用领域。应用软件的种类很多，涉及各个方面，主要有办公自动化软件（如 Word、Excel 等）、图形及图像处理软件（如 Phostshop）、工具软件（如杀毒软件、解压缩软件和下载工具等），以及休闲娱乐软件（如媒体播放器）等。

总之，硬件是计算机工作的物质基础，有了硬件的支持，软件才能发挥作用。硬件和软件的有机结合构成了完整的计算机系统。

1.3　键盘和中文输入法

1.3.1　键盘结构

键盘是最基本的输入设备，用来向计算机输入数据、文字和程序等。标准键盘通常分为 4 个区域：功能键区、主键盘区、编辑键区和小键盘区。

1．功能键区

功能键区位于键盘的最上面，主要由 F1～F12 这 12 个功能键和 Esc 键组成。

- F1～F12 在不同的应用程序中有不同的作用，其中 F1 键常用来获得帮助。
- Esc 键主要用来取消命令的执行或取消操作。
- PrintScreen 键用来捕捉屏幕内容，以图形方式存放在剪贴板中。

2．主键盘区

主键盘区位于功能键下面的大块区域，用来完成数字、字母、汉字和标点等的录入。

- Enter 键（回车键）：确认输入的命令或数据，在文本编辑时起换行的作用。
- Space 键（空格键）：用来输入空格。
- Shift 键（换档键）：一些键标有上、下两个不同的字符，叫双符号键。按住 Shift 键再按双符号键，输入该键的上档字符。
- Caps Lock 键（大小写锁定键）：按下该键，键盘上的 Caps Lock 灯亮处于大写状态。再按此键，Caps Lock 灯灭处于小写状态。
- BackSpace 键（退格键）：删除当前光标所在位置前面的字符，且光标左移。
- Ctrl 键（控制键）、Alt 键（切换键）：这两个键不能单独使用，需要和其他键组合。

3．小键盘区

小键盘区位于键盘的最右侧，用来录入数字。

- Num Lock 键（数字锁定键）：按下这个键，键盘右上角"Num Lock"指示灯亮，小键盘输入的是数字。再按此键，"Num Lock"指示灯灭，小键盘为其他功能键。

4. 编辑键区

编辑键区位于主键盘区和小键盘区之间，主要完成一些基本的编辑操作。

● Insert 键：用来切换插入和改写状态。

● Delete（删除键）：在 Windows 环境中，Delete 键删除当前光标后面的字符，光标不动。在 DOS 环境中，Delete 键删除光标上的字符。

● Pg Up 和 Pg Dn 键：向前翻页和向后翻页。

● ↑、↓、←、→（光标移动键）：4 个方向控制键用来控制光标上、下、左、右移动。

1.3.2 打字指法

打字的时候坐姿要端正，腰部挺直，两臂自然下垂，身体可以略微前倾，离键盘约 20～30 厘米。打字的指法要正确，不是任何一个手指去随便按任意一个键。为了高效、合理地使用键盘，规定主键盘区第三排键的 A、S、D、F、J、K、L 和；这 8 个按键为基本键位，如图 1-4 所示，两只大拇指自然地接触空格键。在打字的时候，对应的手指放在基本键位上。敲击其他键的时候，都是从基本键位出发，向左上方或右下方移动，击完后手指应回到基本键位，通过基本键位去找其他的键。在基本键位的基础上，将主键盘区划分成了几个区域，每个手指负责专门的区域。"明确分工，包键到指"，各个手指的分工如图 1-5 所示。

图 1-4　基本键位

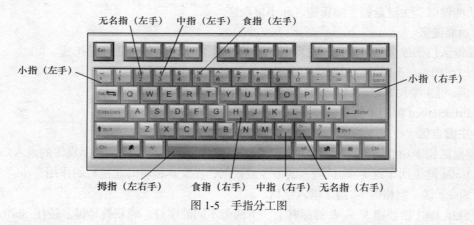

图 1-5　手指分工图

打字是一种技术，应记住键盘上的键位和基本的指法，逐渐实现盲打才能提高打字的速度。击键的时候，相应的手指去敲键而不是压键。击键的速度要均匀，轻重适度，有节奏感。

1.3.3 常用的中文输入法

随着计算机技术的发展，汉字的输入法越来越多，目前常用的汉字输入法有智能 ABC、搜狗拼音、五笔字型和万能输入法等，搜狗拼音输入法如图 1-6 所示。

1. 输入法的选择

● 单击任务栏上的"输入法指示器"按钮，即 ▦ ，选择要

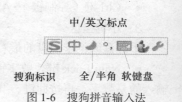

图 1-6　搜狗拼音输入法

使用的输入法。

- 使用【Ctrl+空格】组合键，切换中、英文输入法。
- 使用【Ctrl+Shift】组合键，顺次切换英文及各种中文输入法。

中文输入切换不同的状态方法如下。

- 按【Ctrl+.】组合键用于切换中文和英文标点。
- 使用【Shift+空格】组合键，在全角和半角之间进行切换。

一般的汉字输入法支持全拼和简拼。全拼输入法需要输入汉字的全部拼音，简拼输入法只需输入汉字拼音的声母部分。合理有效地利用简拼，可以提高汉字的输入效率。大多数输入法默认的翻页键是：逗号（,）与句号（.）或减号（-）与等号（=）。输入拼音后，按句号或等号键向后翻页选字。

2. 搜狗拼音输入法

搜狗拼音输入法支持全拼和简拼。

（1）输入英文

- 在搜狗拼音输入法中文状态下，按【Shift】键在中文、英文间进行切换。
- 输入英文，按【Enter】键完成英文的录入。

（2）利用拼音和笔画输入

在输入汉字时，可以配合笔画来快速定位要输入的汉字。在输入完某字的拼音后，按【Tab】键，然后用 h（横）、s（竖）、p（撇）、n（捺）、z（折）依次输入第一个字的笔画，可以快速查找到该字。例如，输入"葛"字，可以输入"ge"按【Tab】键，再输入"hss"，在搜狗拼音输入法里草字头的笔顺是横、竖、竖。

（3）笔画输入

不知道某字的读音时，可以用笔画输入。先输入"u"，然后再输入该字的笔画，可以得到该字。需要注意的是，"竖心旁"的笔顺是点、点、竖（nns），例如，输入"忆"字，可以输入"unnsz"。

（4）数字输入

输入"v"再输入数字，可以选择输入各种数字格式。

3. 智能 ABC 输入法

智能 ABC 输入法是中文操作系统 Windows 自带的一种汉字输入法，简单易学，快速灵活。智能 ABC 输入法支持全拼和简拼。例如，输入"计算机"时，只输入"jsj"，然后按空格键，即可完成输入。

（1）英文的输入

输入英文时，可以使用【Ctrl+空格】组合键切换到英文状态。在中文状态下，也可以直接输入英文，即先输入"v"，再输入相应的英文。例如，要输入"computer"，直接输入"vcomputer"，按空格键确认。

（2）用词选字

有时录入单字的拼音，查找所输入的字要翻页才能找到，浪费时间。可以用词来选中这个字，如想输入"试"，通过输入"kaoshi]"（"]"表示取这个词的后一个字），可得到"试"。在输入拼音后再输入"["，则取这个词的前一个字。

智能 ABC 输入法不是一种单纯的拼音输入法，而是一种拼音和字形结合的输入法。在输入拼音之后，再加上该字第一笔形的编码，就可以快速查找到这个字。笔画的笔形码如下。

横 1，竖 2，撇 3，捺 4，横折 5，竖折 6，十字交叉 7，方框 8。

用 1~8 这 8 个数字来代表不同的笔画。例如输入"葛"字，可以输入"ge7"，"葛"

字的笔形，第一笔看成"十字交叉"用数字"7"表示，这样输入可以减少翻页的次数，以提高输入的速度。例如输入"式"，可以输入"shi1"，能快速查找到该字。

3. 软键盘的使用

在中文输入法状态下，单击"软键盘"按钮，屏幕上会显示一个模拟键盘。右键单击"软键盘"按钮，在弹出的快捷菜单中选择不同的软键盘。除了标准的 PC 键盘外，Windows 系统还提供了 12 种不同的软键盘。选择其中的一种软键盘，相应的内容会显示在屏幕上。利用软键盘可方便地录入标点符号、数字序号和单位符号等一些特殊的字符。

1.4 计算机中数据的表示

通过输入设备可以将数据输入到计算机的存储器中。数据可以是各种形式的，如数值、字符、文字、图形、声音和视频等，这些数据在计算机中都是以二进制表示和存储的。二进制只有 0 和 1 两个数字，用来表示电子元件的两种不同物理状态，如线路的导通和截止、电容的充电和放电等。二进制运算规则简单，易于实现。

1.4.1 数制的表示方法

众所周知，人们使用的计数方法是十进制，即"逢十进一"。时间计数是六十进制，即 60 秒为 1 分钟，60 分钟为 1 小时。易想到，二进制就是"逢二进一"。

1. 数制的基数和位权

一种计数制允许使用的基本符号的个数称为数制的基数，如上面例子的 10、60 与 2。在基数为 R 的进制中，进位规则是"逢 R 进一"。例如，十进制由 0、1、2……9 这 10 个数码组成，十进制的基数为 10，逢十进一。位权（简称权）是用来表示数位上数值大小的一个固定常数。例如 546 的百位是 5，表示的数值是 5×10^2，即 500；十位的 4 表示的数值是 4×10^1，即 40；个位的 6 表示的数值是 6×10^0。可知，百位的权是 100，十位的权是 10，个位的权是 1。同一个数码在不同的位置，所表示的数值不相同，每个数码所表示的数值等于数码乘以该位的权。对于 R 进制，整数部分第 i 位（小数点向左数起）的位权为 R^{i-1}，小数部分第 j 位（从小数点向右数起）的位权为 R^{-j}。

【例 1-1】将十进制数 987.65 按权展开。

$$987.65 = 9 \times 10^2 + 8 \times 10^1 + 7 \times 10^0 + 6 \times 10^{-1} + 5 \times 10^{-2}$$

表 1-1 所示为二进制、八进制、十进制和十六进制的基数、数码和权。

表 1-1 　　　　　　　　　　　　　二进制、八进制、十进制和十六进制

进　制	二进制	八进制	十进制	十六进制
进位规则	逢二进一	逢八进一	逢十进一	逢十六进一
基　数	2	8	10	16
数　码	0，1	0，1，2……7	0，1，2……9	0，1……9，A……F
权	2 的乘幂	8 的乘幂	10 的乘幂	16 的乘幂

2. 数制的表示方法

● 在数的后面加写相应的大写英文字母作为各种进制数的标识。十进制数用字母 D 表示或

省略，二进制数用字母 B 表示，八进制数用字母 O 表示，十六进制数用字母 H 表示。

● 在括号外面加上数字角标。

【例 1-2】表示十进制数 2011，二进制数 1001，八进制数 357，十六进制数 1AB0。

十进制数 2011，表示为 2011D、$(2011)_{10}$ 或 2011。

二进制数 1001，表示为 1001B 或$(1001)_2$。

八进制数 357，表示为 357 O 或$(357)_8$。

十六进制数 1AB0，表示为 1AB0H 或$(1AB0)_{16}$。

0～15 的数在十、二、八和十六进制之间的对应关系如表 1-2 所示。

表 1-2　　　　　　　数码 0～15 在二、八、十和十六进制之间的对应表

十进制数	二进制数	八进制数	十六进制数	十进制数	二进制数	八进制数	十六进制数
0	0	0	0	8	1000	10	8
1	1	1	1	9	1001	11	9
2	10	2	2	10	1010	12	A
3	11	3	3	11	1011	13	B
4	100	4	4	12	1100	14	C
5	101	5	5	13	1101	15	D
6	110	6	6	14	1110	16	E
7	111	7	7	15	1111	17	F

1.4.2　数制之间的转换

1. 非十进制数（二进制、八进制和十六进制）转换成十进制数

按权展开法，即将二进制、八进制、十六进制数按权展开，然后再求和，结果就是对应的十进制数。R 进制数转换成十进制数，都用按权展开法。

【例 1-3】把$(11101.011)_2$转换成十进制数。

$(11101.011)_2 = 1 \times 2^4 + 1 \times 2^3 + 1 \times 2^2 + 0 \times 2^1 + 1 \times 2^0 + 0 \times 2^{-1} + 1 \times 2^{-2} + 1 \times 2^{-3}$

$= 16 + 8 + 4 + 0 + 1 + 0 + 0.25 + 0.125 = (29.375)_{10}$

【例 1-4】把$(1765.4)_8$转换成十进制数。

$(1765.4)_8 = 1 \times 8^3 + 7 \times 8^2 + 6 \times 8^1 + 5 \times 8^0 + 4 \times 8^{-1}$

$= 512 + 448 + 48 + 5 + 0.5 = (1013.5)_{10}$

【例 1-5】把$(F9B7.A)_{16}$转换成十进制数。

$(F9B7.A)_{16} = 15 \times 16^3 + 9 \times 16^2 + 11 \times 16^1 + 7 \times 16^0 + 10 \times 16^{-1}$

$= 61440 + 2304 + 176 + 7 + 0.625 = (63927.625)_{10}$

2. 十进制数转换为非十进制数（二进制、八进制和十六进制）

任意一个十进制数转换成 R 进制数，整数部分和小数部分分别按照不同的规则转换。

● 整数部分转换的规则是除以 R 取余数。整数部分连续除以 R，取余数，直到商是 0 为止，最后将余数由后向前顺序产生 R 进制数整数的各个数位。

● 小数部分转换的规则是乘以 R 取整数。小数部分连续乘以 R 取整数，直到小数部分为 0 或达到有效精度为止。最后将整数由前向后顺序产生 R 进制小数的各个数位。

【例 1-6】将十进制数 98.85 转换为二进制数。

整数部分依次除以 2 取余数，过程如下：

```
2 | 98                     余数
   2 | 49      ……………    0
      2 | 24     ……………    1
         2 | 12    ……………    0
            2 | 6    ……………    0
               2 | 3   ……………    0
                  2 | 1  ……………    1
                     0   ……………    1
```

$(98)_{10} = (1100010)_2$

小数部分依次乘以 2 取整数，保留 3 位小数，过程如下：

```
        0.85   整数
      ×     2
        1.70 ………… 1
        0.7
      ×   2
        1.4 ………… 1
        0.4
      ×   2
        0.8 ……… 0
```

$(0.85)_{10} \approx (0.110)_2$，故 $(98.85)_{10} \approx (1100010.110)_2$

【例 1-7】将十进制整数 765 转换为八进制数。

除以 8 取余，过程如下：

```
8 | 765                    余数
   8 | 95    ……………    5
      8 | 11   ……………    7
         8 | 1   ……………    3
            0   ……………    1
```

所以，$(765)_{10} = (1375)_8$

【例 1-8】将十进制整数 2011 转换为十六进制数。

除以 16 取余，过程如下：

```
16 | 2011                   余数
   16 | 125   ……………    B
      16 | 7   ……………    D
          0   ……………    7
```

所以，$(2011)_{10} = (7DB)_{16}$

3. 二进制数转换成八进制数或十六进制数

二进制数转换成八进制数或十六进制数，可先把二进制数转换成对应的十进制数，再把十进制数转换成八进制数或十六进制数，这种方法麻烦。由于八进制、十六进制的基数分别为 8（2^3）和 16（2^4），所以 3 位二进制数对应一位八进制数，4 位二进制数对应一位十六进制数。将二进制整数部分从小数点向左按 3 位或 4 位分组，不足补 0；小数部分从小数点向右按 3 位或 4 位分组，不足补 0。之后分别用一位八进制数或一位十六进制数表示，即得到二进制数对应的八进制数或十六进制数（见表 1-2）。

【例 1-9】将二进制数$(1101110001.11101)_2$转换为八进制数。

$(\underline{001}\ \underline{101}\ \underline{110}\ \underline{001}.\ \underline{111}\ \underline{010})_2$

  1   5   6   1 . 7   2

所以，$(1101110001.111010)_2=(1561.72)_8$

【例 1-10】将二进制数$(11111111001.00011)_2$转换为十六进制数。

$(\underline{0111}\ \underline{1111}\ \underline{1001}.\underline{0001}\ \underline{1000})_2$

  7   F   9 . 1   8

所以，$(11111111001.00011)_2=(7F9.18)_{16}$

4．八进制数或十六进制数转换成二进制数

与上面二进制数转换为八进制或十六进制相反，将每一位八进制数或十六进制数分别用相应的 3 位二进制数或 4 位二进制数表示，不足 3 位或 4 位在前面加 0 补齐。整数部分最高位的 0 和小数部分末位的 0 可省略不写。

【例 1-11】将八进制数$(317.25)_8$转换成二进制数。

$(\ 3\quad\ \ 1\quad\ \ 7\ .\ \ 2\quad\ \ 5)_8$

$\underline{011}\quad\underline{001}\quad\underline{111}.\ \underline{010}\ \underline{101}$

所以，$(317.25)_8=(11001111.010101)_2$

【例 1-12】将十六进制数$(7AB.9C)_{16}$转换成二进制数。

$(\ 7\quad\ \ A\quad\ \ B\ .\ 9\quad\ C)_{16}$

$\underline{0111}\ \underline{1010}\ \underline{1011}\ .\underline{1001}\ \underline{1100}$

所以，$(7AB.9C)_8=(11110101011.100111)_2$

1.4.3 数据的存储单位

数据在计算机内部用二进制表示并存储，最小的数据单位是二进制的一位（bit，比特），即每个 0 或 1 就是一位。8 位组成一个字节（Byte，简写为 B），一个字符占用一个字节，一个汉字占用两个字节。比字节大的存储单位有千字节 KB、兆字节 MB、吉字节 GB 和太字节 TB 等，它们之间的换算关系如下：

1B=8bit

$1KB=1024B = 2^{10}B$

$1MB=1024KB=1024 \times 2^{10}B = 2^{20}B$

$1GB=1024MB=1024 \times 2^{20}B = 2^{30}B$

$1TB=1024GB=1024 \times 2^{30}B = 2^{40}B$

计算机在处理数据时，一次存取、运算和传送的数据称为字（Word）。一个字通常由一个或多个字节组成。字长是每个字包含的位数。字长是衡量计算机性能的一个重要指标，字长越长，运算精度越高，处理速度越快。早期的计算机字长通常为 8 位，之后是 16 位和 32 位，现在 64 位字长的高性能计算机也已推出。

1.4.4　字符的编码

计算机不但能处理数值型数据，还能处理字符、汉字、图形、图像、声音和视频等其他数据。计算机是以二进制的形式存储和处理数据的，因此处理这些非数值型数据时，首先要对数据进行编码，将其转换成为计算机能识别的二进制代码。计算机中信息常用的编码方法有字符编码（ASCII）和汉字编码。

1.　西文字符的编码

ASCII 码是美国信息交换标准码（American Standard Code for Information Interchange）的缩写，是国际标准化组织规定的国际标准。ASCII 码中包含有字母、数字、标点、符号与控制字符等。国际通用的 ASCII 码是用 7 位二进制数表示一个字符的编码，共有 $2^7=128$ 个不同的编码值，相应地可以表示 128 个不同的字符。例如大写字母"A"的 ASCII 码是 1000001，即十进制的 65（见附录 A），其存储字节是 01000001。

2.　汉字的编码

ASCII 码只对英文字母、数字和标点符号等字符进行了编码。为了使计算机能够处理汉字，同样也需要对汉字进行编码。汉字数量庞大，字形复杂，存在大量一音多字和一字多音的现象，因此编码要比西文字符困难得多。

我国于 1980 年颁布了国家汉字编码标准 GB 2312-1980，全称是《信息交换用汉字编码字符集——基本集》（简称 GB 码），其中包括最常用的汉字 6 763 个（一级汉字 3 755 个，二级汉字 3 008 个），以及英文、数字、序号、拉丁字母、日文假名、希腊字母、俄文字母等。每个汉字用 4 个十进制数字编码，前 2 个数字表示区号，后 2 个数字表示位号。例如"啊"字，区号 16，位号 01，则区位码是 16 01。

其他常用汉字编码有 GBK 编码（汉字扩展规范）、Big5 码（繁体字编码）、Unicode 编码（万国码）等。

3.　汉字的处理过程

每个汉字用两个字节存储，即区码占第一字节，位码占第二个字节，但必须转换成机内码。机内码用于汉字的存储、处理与信息交换，是将区码与位码分别加上 $(A0)_{16}$ 得到。机内码的特点是每个字节的最高位一定是 1，这就区别了西文字符的编码。例如：

汉字	计	算	机
区位码	28 38	43 67	27 90
十六进制	1C 26	2B 43	1B 5A
机内码	BC C6	CB E3	BB FA

这样，汉字的处理过程如图 1-7 所示。首先，将简单易行的输入码（如拼音、五笔等）转换成机内码（过程复杂，略）。为了输出（显示或打印）的需要，要将机内码转换成字形码。所谓字形码，就是汉字字形的点阵编码。例如，16×16 的点阵就是在一个 16×16 的网格中用点描出一个汉字，每个小格用 1 位二进制表示。这样，点阵的一行要占用 2 字节，一个汉字就要占用 $2 \times 16=32$ 字节。

图 1-7　汉字编码的转换

1.5　多媒体技术简介

随着电子技术和大规模集成电路的进步，计算机技术、通信技术和广播电视技术得到了极大的发展，信息之间相互渗透、融合，进而形成了一门崭新的技术，即多媒体技术。

1.5.1　基本概念

1. 媒体

媒体是信息表示和传输的载体。媒体在计算机领域有两种含义：一是指存储信息的实体，如磁盘、光盘、磁带和半导体存储器等；二是指传递信息的载体，如文字、图形、图像、声音、视频等。

2. 多媒体

顾名思义，多媒体（Multimedia）是指把多种媒体信息综合集成在一起。其中，不仅包含文本、图形、图像等多种信息，而且还包括计算机处理信息的多元化技术和手段。

3. 多媒体技术

多媒体技术是一门跨学科的综合技术，是利用计算机综合处理文字、声音、图像、视频等多种媒体，并将这些媒体有机结合的技术，具体包括数据存储技术、数据压缩技术、多媒体数据库技术、多媒体通信技术等。多媒体技术的显著特征是：集成性、多样性、交互性和实时性。

1.5.2　媒体的数字化

多媒体信息可以从计算机输出界面向人们展示丰富多彩的文、图、声、像等信息。在计算机内，这些信息必须转换成 0 和 1 数字后才能进行处理，并以不同类型的文件进行存储。

1. 声音

（1）声音的数字化

声音的主要物理特征包括振幅和频率。声波的振幅就是人们所说的声音的大小，即音量。声音的频率是指声音每秒钟的震动次数。

要想在计算机中对声音信号进行存储、传输、播放、处理，就必须将其转换成离散的数字信号。数字化的基本技术是脉冲编码调制（Pulse Code Modulation，PCM），主要包括采样、量化、编码 3 个基本过程。

为了记录声音信号，需要每隔一定的时间间隔，获取声音信号的幅度值，并记录下来，这个过程叫做采样。显而易见，获取幅度值的时间间隔越短，记录的信息就越精确，就需要更多的存储空间。因此，需要确定一个合适的时间间隔，既能记录足够恢复原始声音信号的信息，又不浪费过多的存储空间。

量化就是将采集的样本用二进制数表示。表示幅度值的二进制位数称为量化位数，一般是 8 位、16 位。量化位数越多，采集的样本精度就越高，声音的质量就越好，需要的存储空间也就越大。

经过采样和量化后的声音信号已经是数字形式了，还需要进行编码，即将量化后的数值转换成二进制码组。为了节省存储空间，还要对数据进行压缩。

（2）声音文件格式

存储声音信息的文件格式有很多种，常用的有 WAV、MP3、VOC 文件等。

● WAV 是微软公司采用的波形声音文件存储格式，它的扩展名是 ".wav"，是最早的数字音频格式。

- MP3 文件因为其压缩比高、音质接近 CD、制作简单、便于交换等优点，非常适合在网上传播，是目前使用最多的音频格式文件，其音质稍差于 WAV 文件。
- VOC 文件是声霸卡使用的音频文件格式，它以 ".voc" 作为文件的扩展名。

2. 图像

所谓图像，一般是指自然界中的客观景物通过某种系统的映射，使人们产生的视觉感受。在自然界中，景和物有两种形态，即动和静。活动的图像称为动态图像，静止的图像称为静态图像。

（1）动态图像

动态图像是由多帧（幅）连续的静态画面不断变化所形成的动态视觉感受。如果每帧画面是实时获取的自然景物或人物图像时，称为视频；如果每帧画面是计算机产生的图形时，称为动画。

人眼看到的一幅图像消失后，还将在视网膜上滞留几毫秒，因此动态图像正是根据这样的原理而产生的。动态图像是将静态图像以每秒 n 幅的速度播放，当 n≥25 时，显示在人眼中的就是连续的画面。

（2）点阵图和矢量图

表达或生成图像通常有两种方法：点阵图法和矢量图法。点阵图法就是将一幅图像分成很多个小像素，每个像素用若干二进制位表示像素的颜色、属性等信息。矢量法就是用一些指令来表示一幅画，如画一条 50 像素长的蓝色直线，画一个半径为 30 个像素的圆等。

（3）图像文件格式

- .bmp 文件：Windows 操作系统采用的图形和图像的基本位图格式。
- .gif 文件：供联机交换使用的一种图像文件格式，目前在网络通信中被广泛使用。
- .tiff 文件：二进制文件格式。广泛应用于桌面出版系统、图形系统和广告制作系统。
- .png 文件：该图像文件格式的开发目的是替代 gif 文件和 tiff 文件格式。
- .psd 文件：该格式是唯一可以存取所有 Photoshop 的文件信息以及所有彩色模式的格式。

（4）视频文件格式

- .avi 文件：Windows 操作系统中视频文件的标准格式。
- .mov 文件：Apple 公司开发的一种音频、视频文件格式。该文件格式具有跨平台、存储空间小等特点，目前已经成为数字媒体技术领域的工业标准。
- .mpeg 格式：几乎支持所有的计算机平台，经常看到的 VCD、SVCD、DVD 就是这种格式。
- .asf 格式：高级流格式，可直接使用 Windows 自带的 Windows Media Player 对其进行播放。

1.5.3 多媒体数据压缩

多媒体信息经数字化后的数据量非常庞大。为了存储、处理和传输多媒体信息，我们常将原始数据压缩后存放在磁盘上，或是以压缩形式来传输，仅当使用这些数据时才把数据解压缩以还原，来满足实际的需要。

数据压缩处理一般由编码和解码两个过程组成。所谓对数据编码，就是依照某种数据压缩算法对原始数据进行压缩处理，形成压缩编码数据。解码则是将压缩的数据，还原成可以使用的数据。因此，解码是编码的逆过程。

常用的数据压缩方法分为无损压缩和有损压缩。无损压缩是去掉或减少数据中的冗余，这些冗余部分在解码时可以重新插入到数据中。所以，无损压缩不会产生失真，在多媒体技术中广泛用于文本数据、程序以及重要的图形和图像的压缩，它能保证原始数据百分之百地恢复。有损压缩会减少信息量，而损失的信息是不能再恢复的，所以这种压缩是不可逆的。有损压缩以某些信息为代价来换取较高的压缩比，其损失的信息多是对视觉和听觉感知不重要的信息。

目前比较流行的压缩工具软件有 Winzip 和 WinRAR（详见第 7 章）。Winzip 突出的优点是操作简单，对文件的压缩快。WinRAR 是在 Windows 环境下对 .rar 格式的文件进行管理和操作的一款压缩软件。

习　题　1

一、单项选择题

1. （　　　）年，第一台计算机在美国宾夕法尼亚大学研制成功。
   A. 1946　　　　　　B. 1947　　　　　　C. 1948　　　　　　D. 1949
2. 电子计算机的发展经历了 4 代，其划分依据是（　　　）。
   A. 计算机体积　　　　　　　　　　B. 计算机速度
   C. 计算机使用的物理器件　　　　　D. 内存容量
3. 目前，制造计算机所用的物理器件是（　　　）。
   A. 晶体管　　　　　　　　　　　　B. 电子管
   C. 小规模集成电路　　　　　　　　D. 大规模和超大规模集成电路
4. 对计算机发展趋势的叙述，不正确的是（　　　）。
   A. 内存容量越来越小　　　　　　　B. 精确度越来越高
   C. 体积越来越小　　　　　　　　　D. 运算速度越来越快
5. 计算机正向着巨型化、微型化、智能化、网络化方向发展。其中，巨型化是指（　　　）。
   A. 体积大　　　　　　　　　　　　B. 功能更强，存储容量更大
   C. 重量重　　　　　　　　　　　　D. 外部设备更多
6. 以下不属于电子计算机特点的是（　　　）。
   A. 运算速度快　　　　　　　　　　B. 计算精度高
   C. 体积庞大　　　　　　　　　　　D. 具有逻辑判断能力
7. 冯·诺依曼体系结构的计算机引入两个重要的概念，它们是（　　　）。
   A. CPU 和内存储器　　　　　　　　B. 采用二进制和存储程序
   C. 机器语言和十六进制　　　　　　D. ASCII 编码和指令系统
8. 用计算机进行资料检索是属于计算机应用中的（　　　）。
   A. 数据处理　　　B. 科学计算　　　C. 实时控制　　　D. 人工智能
9. 英文缩写 CAD 的中文意思是（　　　）。
   A. 计算机辅助设计　　　　　　　　B. 计算机辅助制造
   C. 计算机辅助教学　　　　　　　　D. 计算机辅助管理
10. 办公自动化（OA）是计算机的一项应用，按计算机应用的分类，它属于（　　　）。
    A. 科学计算　　　B. 辅助设计　　　C. 实施控制　　　D. 数据处理
11. 计算机的硬件主要包括运算器、（　　　）、存储器、输入设备和输出设备。
    A. 控制器　　　　B. 显示器　　　　C. 磁盘存储器　　　D. 鼠标

12. 按照冯·诺依曼思想而设计的计算机硬件系统包括（　　　）。

    A. 主机、输入设备、输出设备

    B. 控制器、运算器、存储器、输入设备、输出设备

    C. 主机、存储器、显示器

    D. 键盘、显示器、打印机、运算器

13. 微型计算机硬件系统最核心的部件是（　　　）。

    A. 主板   B. CPU

    C. 内存储器   D. I/O（输入/输出）设备

14. 下列关于 ROM 和 RAM 说法正确的是（　　　）。

    A. ROM 只能读出，RAM 只能写入   B. ROM 能读能写，RAM 只能读

    C. ROM 只能写入，RAM 能读能写   D. ROM 只能读出，RAM 能读能写

15. 下列选项中，属于 RAM 特点的是（　　　）。

    A. 可随机读写数据，断电后数据不会丢失

    B. 可随机读写数据，断电后数据将全部丢失

    C. 只能顺序读写数据，断电后数据将部分丢失

    D. 只能顺序读写数据，断电后数据将全部丢失

16. 下列存储器中，读写速度最快的是（　　　）。

    A. 内存   B. 硬盘   C. 光盘   D. U 盘

17. 与内存相比，外存储器（　　　）。

    A. 存储容量大，存取速度快   B. 存储容量小，存取速度快

    C. 存储容量大，存取速度慢   D. 存储容量小，存取速度慢

18. CPU 主要是由（　　　）组成。

    A. 运算器和控制器   B. 中央处理器和主存储器

    C. 运算器和外设   D. 运算器和存储器

19. CPU 不能直接访问的存储器是（　　　）。

    A. ROM   B. RAM   C. Cache   D. 硬盘

20. 下列设备中，既可以作为输入设备又可作为输出设备的是（　　　）。

    A. 鼠标   B. 键盘   C. 磁盘   D. 打印机

21. 操作系统是一种（　　　）。

    A. 系统软件   B. 应用软件   C. 源程序   D. 操作规范

22. 计算机能直接识别的语言是（　　　）。

    A. 高级程序语言   B. 汇编语言   C. 机器语言   D. SQL 语言

23. 将高级语言源程序翻译成目标程序，完成这种翻译的程序是（　　　）。

    A. 编译程序   B. 编辑程序   C. 解释程序   D. 汇编程序

24. 计算机中所有信息的存储都采用（　　　）。

    A. 十进制   B. 十六进制   C. ASCII 码   D. 二进制

25. 二进制数 10100010 转换成十进制数为（　　　）。

    A. 157   B. 162   C. 227   D. 228

26. 与十进制数 101 等值的二进制数是（　　　）。

    A. 1010111   B. 1000110   C. 1100100   D. 1100101

27. 从下列数中找出最大的数（　　　）。

    A. $(101)_2$　　　　B. $(17)_8$　　　　C. $(1A)_{16}$　　　　D. $(20)_{10}$

28. 将八进制数 75.615 转换成二进制数是（　　　）。

    A. 111101.1011　　　B. 111111.110001101

    C. 111111.1011　　　D. 111101.110001101

29. 计算机存储容量的最小单位是（　　　）。

    A. 字　　　　　　　B. 页　　　　　　　C. 字节　　　　　　D. 二进制位

30. 国际通用的 ASCII 码的码长是（　　　）。

    A. 7　　　　　　　B. 8　　　　　　　C. 12　　　　　　　D. 16

31. 大写字母 C 的 ASCII 码值是十进制（　　　）。

    A. 65　　　　　　　B. 66　　　　　　　C. 99　　　　　　　D. 67

32. 在计算机中，20GB 的硬盘可以存放的汉字个数是（　　　）。

    A. $10 \times 1\,000 \times 1\,000$B　　　　　　B. $20 \times 1\,000 \times 1\,000$KB

    C. $10 \times 1\,024 \times 1\,024$KB　　　　　　D. $20 \times 1\,024$MB

33. 计算机对汉字的存储、处理与信息交换使用汉字的（　　　）。

    A. 字形码　　　　　B. 输入码　　　　　C. 机内码　　　　　D. 国际码

34. 存储 24×24 点阵的一个汉字信息，需要的字节数是（　　　）。

    A. 48　　　　　　　B. 72　　　　　　　C. 144　　　　　　D. 195

35. 下列选项中，不属于多媒体所包含的信息类型是（　　　）。

    A. X 光　　　　　　B. 图像　　　　　　C. 音频　　　　　　D. 视频

36. 多媒体处理的是（　　　）。

    A. 模拟信号　　　　B. 音频信号　　　　C. 视频信号　　　　D. 数字信号

二、上机操作题

1. 利用"金山打字通"软件练习基本指法。

2. 掌握一种汉字输入法。

第2章
中文操作系统 Windows 7

　　操作系统是现代计算机系统不可缺少的重要组成部分，它用来管理计算机的系统资源，使计算机有条不紊地工作。有了操作系统，计算机的操作变得十分简便、高效。微软公司开发的Windows 操作系统是微型计算机使用的主流操作系统。

2.1　操作系统简介

　　早期计算机的工作方式是"独占"的，即一段时间内只能有一个用户在使用计算机，包括输入数据与程序、运行、改错，再运行直到输出结果。由于中央处理器（CPU）速度很快，而外部设备的输入/输出速度却很慢，在这种独占方式下，CPU 大部分时间是空闲的。为了解决这个矛盾，彻底改变计算机利用率太低的不合理状态，操作系统出现了。

　　操作系统是最基本的系统软件，它由庞大的程序组成，其目的是最大限度地发挥计算机各个组成部分的作用。计算机的系统资源分为 4 类：处理机、存储器、输入/输出设备和文件（程序和数据）。操作系统的作用是高效地使用这些硬件和软件资源，解决用户之间、任务之间因争夺资源而发生的矛盾，以提高计算机系统的使用效率，并为用户提供方便的操作环境。计算机只有安装了操作系统，才能使用其他应用软件。所以，操作系统是用户和计算机的接口，也是硬件和其他应用软件的接口。操作系统在计算机系统中的地位如图 2-1 所示。

图 2-1　操作系统的地位

　　早期的微型计算机普遍使用磁盘操作系统（Disk Operating System，DOS），它是单用户、单任务的操作系统，需要在命令提示符下输入 DOS 命令才能操作计算机。随着计算机技术的发展，硬件设备的性能越来越好，图形化界面的操作系统开始出现了。常用的图形化操作系统是Windows，1985 年微软发布了 Windows 1.0。之后，Windows 经历多次重大升级，依次是 Windows 3.1、98、2000、XP 与 Vista。2009 年 10 月，微软正式发布了 Windows 7，这是具有革命性变化的操作系统，号称第 7 代操作系统。Windows XP 之后的操作系统为用户提供更为美观、友好的操作界面，与其他硬件设备和应用软件的兼容性更好，支持"即插即用"，具有强大的多媒体功能和网络功能，系统的性能更加安全，稳定。可以说，Windows 是跨世纪最辉煌的操作系统。

2.2 Windows 7 的基本操作

Windows 7 共有 6 个版本，分别为 Starter（初级版）、Home Basic（家庭普通版）、Home Premium（家庭高级版）、Professional（专业版）、Enterprise（企业版）和 Ultimate（旗舰版）。本书以旗舰版为例介绍 Windows 7 的操作和使用。与以往其他版本的 Windows 操作系统相比，Windows 7 具有更快的响应速度，操作更简单，拥有更好的可靠性、兼容性、安全性和稳定性。

2.2.1 Windows 7 的安装、启动和退出

1. Windows 7 的安装

安装 Windows 7 操作系统的最低硬件要求是：CPU 1GHz 或更高，内存 1GB 以上，硬盘至少 20G，显卡 64MB 以上支持 WDDM 1.0 或更高版本的 DirectX 9。

Windows 7 有两种安装方式：升级安装和全新安装。只有 Windows XP 和 Windows Vista 可以升级到 Windows 7。全新安装是指将 Windows 7 系统安装在独立的分区，与原有的系统不在同一个分区，或安装在同一个分区的不同文件夹下，两个系统共同存在；或只安装 Windows 7 系统。系统安装完成后，要重新启动计算机。

近几年来，购买的品牌计算机都预装 Windows 7。当计算机无法启动时，才需要重新安装操作系统，其安装步骤可到网上查询。值得注意的是，当计算机需要重新安装操作系统时，系统文件一般都安装在 C 盘。因此，在使用计算机时，应及时对所做的操作进行保存，将各类文件按指定的位置存放，尽量不要在 C 盘（系统盘）存放文件或下载程序等，以免重装系统时丢失文件。

2. Windows 7 的启动和退出

（1）Windows 7 的启动

打开显示器与计算机电源，启动 Windows 7。这时，系统对计算机硬件进行检测，并自动加载一些设置。稍等片刻，自动进入 Windows 7 登录界面（若有的话）。出现"欢迎"界面之后，显示 Windows 7 的桌面，如图 2-3 所示。

（2）Windows 7 的退出

在关闭计算机之前，应先退出当前运行的应用程序。单击"开始"按钮，选择"关机"命令，则计算机自动关闭并断电。如果系统中运行着程序，Windows会询问用户是强制关闭计算机，还是取消关机。

指向或单击"关机"右侧的三角按钮，则弹出子菜单，如图 2-2 所示。

● 切换用户：系统保持当前用户打开的所有程序、文档等，切换到"欢迎"界面，可以选择其他帐户登录计算机。

图 2-2 "关机"按钮右侧的选项

- 注销：系统关闭当前用户打开的所有程序、文档等，切换到"欢迎"界面，可以选择其他帐户登录计算机。
- 锁定：保持当前用户打开的所有程序、文档等，保持网络连接并锁定计算机，切换到"欢迎"界面。
- 重新启动：关闭 Windows 并重新启动计算机。
- 睡眠：保持当前用户所打开的内容并转入一种特殊的节能状态，称为睡眠。这时，将关闭显示器，风扇也会停止。要唤醒计算机，可单击鼠标或按任意键。

注销和切换用户都可以快速地返回到"用户登录界面"。但是，注销要求结束当前的操作，关闭当前用户，而切换用户则允许当前用户的操作程序继续进行。

2.2.2 鼠标操作

Windows 操作系统具有图形化的操作界面，这是与早期 DOS 操作系统的最大差别。Windows 支持鼠标操作，最常使用的是两键带滚轮的光学鼠标。

1. 鼠标的操作

- 单击：按一下鼠标左键。
- 双击：连续快按两下鼠标左键。
- 右击：按一下鼠标右键。
- 拖动：将鼠标指针指向操作的对象，按下鼠标左键同时移动鼠标，将选取的对象移动到指定位置。

2. 鼠标指针的形状及功能

在 Windows 7 操作系统中，系统处于不同的运行状态时，鼠标指针会出现不同的形状。

- 箭头指针 ▨：用来选择对象，如窗口、文件夹和文件等。
- I 型指针 I：在编辑文本时，用于定位光标，进行文本的输入和选择。
- 旋转圆圈指针 ◯：表示系统正忙，需要等待。
- 双向箭头指针 ↕ ↔：用于水平、垂直缩放窗口，以调整窗口的大小。
- 斜向箭头指针 ↖ ↗：当指针位于窗口四角时，变成斜向箭头，可以同时改变窗口的高度和宽度。
- 移动指针 ✥：用于移动所选对象。
- 手型指针 🖑：用于选择超级链接。

2.2.3 桌面的组成与操作

进入中文 Windows 7 后，整个屏幕就称为桌面。桌面由图标和任务栏组成，如图 2-3 所示。

1. 桌面图标

图标是指桌面上带有文字标识的小图片，每个图标代表一个对象，如应用程序、快捷方式、文件与文件夹等。其中，左下角带有粗箭头的图标是快捷方式图标。双击图标就可以打开相应的对象，并查看其内容。

其中，文件是指一组相关信息在外部存储介质上的集合，并且赋予一个名字。例如，一篇文章、一幅图画、一首歌曲，以及程序和数据等都是以文件为单位存储在计算机的外存储器中的。

一般来说，将性质相同的一些文件归并在一个文件夹（也称目录）中，如同计算机图书放在一个书架上，法律图书放在另一个书架上一样。

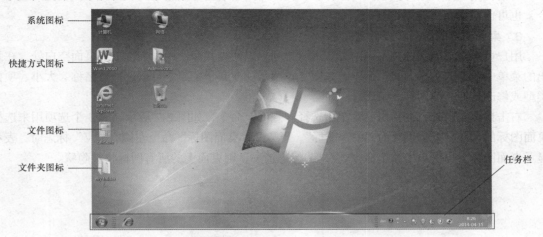

图 2-3　Windows 7 桌面

系统预置的图标主要有"计算机"、"网络"、"Administrator"、"回收站"和"Internet Explorer"等。"计算机"是系统文件夹，用来对计算机的硬件资源、文件夹及文件进行管理。"网络"提供网络管理，可以浏览网络资源。"Administrator"管理常用的文件夹和文件，是系统默认文档的保存位置。"回收站"用于存放临时删除的文件夹或文件等，当确认不再需要时，可以彻底地从计算机上删除。

2．桌面图标的创建

右击桌面空白处，在弹出的菜单中选择"新建"命令，利用其子菜单可以创建不同对象的图标，如文件夹、快捷方式，以及各种类型的文件等，如图 2-4 所示。

【例 2-1】在桌面创建"计算器"的快捷方式。

操作步骤如下。

① 右击桌面空白处，在弹出的菜单中选择"新建"下的"快捷方式"命令，打开"创建快捷方式"向导。

② 单击"浏览"按钮，在"浏览文件或文件夹"对话框中找到"计算器"程序所在的位置，即"计算机→本地磁盘(C:)→Windows→System32→calc.exe"，单击"确定"按钮，如图 2-5 所示。

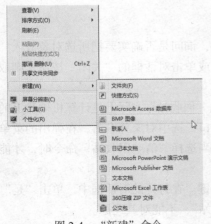

图 2-4　"新建"命令

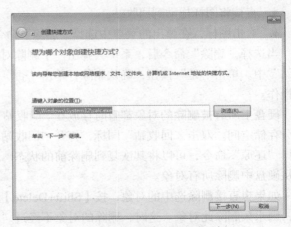

图 2-5　创建快捷方式示例

③ 单击"下一步"按钮，再单击"完成"按钮，则在桌面上创建了"计算器"的快捷方式。

右击应用程序、文件夹或文件图标，在弹出的菜单中选择"发送到"的"桌面快捷方式"命令，也可创建桌面快捷方式。

3. 桌面图标的排列和查看方式

用户可以对桌面图标按不同的方式进行排列，以便查找和使用。右键单击桌面空白处，在弹出的菜单中选择"排序方式"命令，如图 2-6 所示。在其子菜单中可以选择按名称、大小、项目类型或修改日期排列图标。

右击桌面空白处，在弹出的菜单中选择"查看"命令，如图 2-7 所示。前 3 个选项用来选择桌面图标的大小，默认尺寸为"中等图标"。当"显示桌面图标"命令左侧有"√"标志时，表示显示桌面图标。再次单击这个命令，"√"标志消失，则桌面上的所有图标将被隐藏。

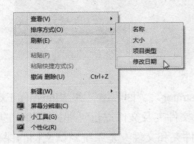

图 2-6　图标排序方式选择

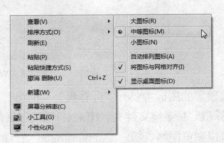

图 2-7　选择图标"查看"方式

4. 图标的重命名和删除

（1）图标的重命名

- 右击图标，在弹出的菜单中选择"重命名"命令，输入新的名称，按【Enter】键即可。
- 单击图标，即选中，按【F2】键，输入新名称，也可完成重命名。
- 选中图标，再单击图标的名称处，文件名变成可修改状态，亦可重命名。

在 Windows 7 中，对文件进行重命名时，扩展名不会被选中，避免了用户不小心将扩展名更改，导致文件无法使用。

（2）图标的删除

- 单击图标，按【Delete】键。
- 直接将图标拖动到回收站。
- 右击图标，在弹出的菜单中选择"删除"命令。

当选择"删除"命令后，系统会弹出一个删除对话框，询问是否确实要把所选对象放入"回收站"中。单击"是"按钮，确认删除；单击"否"按钮或单击对话框的"关闭"按钮，则取消该操作。

硬盘上所有被删除的对象都暂时存放在"回收站"中，"回收站"实际上是计算机硬盘上的一部分存储空间。双击"回收站"图标，打开"回收站"窗口，选中对象并右击，在弹出的菜单中选择"还原"命令，可以将其恢复到删除前的状态。只有当选择"清空回收站"命令时，才能彻底从硬盘中删除所有对象。

如果想直接删除选中的对象，按【Shift+Delete】组合键。在打开的对话框中，单击"是"按钮，则永久删除此对象。这时，删除的对象不经过"回收站"，不能对其还原。

提示　先选择对象，后进行操做，即先选后做是 Windows 一贯遵循的原则。

注意　删除快捷方式图标，对所选对象内容没有任何影响。

5. 任务栏

任务栏是 Windows 操作系统的一个组件。任务栏默认位于桌面的底部，包括"开始"按钮、快速启动栏、活动任务区、语言栏、通知区域、系统提示区域和"显示桌面"按钮，如图 2-8 所示。

图 2-8　Windows 7 的任务栏

Windows 7 的任务栏新增两项功能：跳转列表与任务缩略图。在任务栏上右击某一图标后，系统会显示"跳转列表"，如图 2-9 所示。跳转列表菜单显示该对象最近访问过的记录，以及控制该对象的选项。任务缩略图是当鼠标指针指向活动任务区的某个对象时，将显示的一个预览对话框，如图 2-10 所示。

图 2-9　"IE 浏览器"跳转列表

图 2-10　任务缩略图

（1）"开始"菜单

计算机的一切操作都可以从"开始"菜单开始，它为用户启动程序带来极大的方便。打开"开始"菜单的方法如下。

- 单击"开始"按钮。
- 直接按 Windows 徽标键，即 ⊞。
- 按【Ctrl+Esc】组合键。

Windows 7 的"开始"菜单如图 2-11 所示，它由 4 个部分组成。

左侧窗格显示的是常用程序和最近访问过的程序列表，左下角是搜索框。右侧窗格包含系统文件夹和一些常用的功能，如"控制程序"、"默认程序"等。选择"所有程序"，则列出安装在计算机上的所有程序。

（2）快速启动栏

快速启动栏中的图标相当于快捷方式图标，单击这些图标可以直接打开该图标所链接的对象。在快速启动栏中通常有"计算机"、"IE 浏览器"和"显示桌面"等图标。

添加或删除快速启动栏中图标的方法如下。

● 选中要添加到快速启动栏中的图标，直接拖动到快速启动栏的合适位置。

● 右击要删除的图标，在弹出的快捷菜单中选择"删除"命令。

（3）活动任务区

活动任务区显示打开并最小化的对象图标。

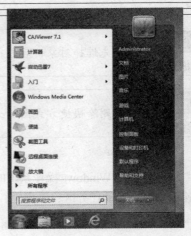

图 2-11　Windows 7 的"开始"菜单

（4）语言栏

语言栏可以用来选择各种语言和输入法，实现输入法的添加或删除。右击语言栏的"输入法选定器"，在弹出的菜单中选择"设置"命令，弹出"文本服务和输入语言"对话框，用户可以添加或删除某种输入法，设置语言栏的显示和隐藏，以及不同输入法切换的快捷键等操作。

（5）通知区域

通知区域用于显示在后台运行的程序或其他通知。默认情况下只显示几个系统图标，如操作中心、电源选项、网络连接以及音量等。其他图标被隐藏，需要单击向上箭头按钮才能显示出来。

（6）系统提示区

系统提示区显示当前系统的日期和时间。单击该区域显示日历和表盘，可以进行更改。

（7）"显示桌面"按钮

将鼠标指针指向该按钮，系统将所有打开的窗口都隐藏，只显示窗口的边框。单击该按钮，所有打开的窗口都会最小化。再次单击该按钮，则最小化的窗口会恢复显示。

2.2.4　窗口的组成与操作

窗口是屏幕上的一个矩形区域。当打开一个对象时，屏幕上就会显示一个窗口。窗口是 Windows 的基础，大多数操作都是在窗口中完成的。

1. 窗口的组成

双击桌面的"计算机"图标，显示如图 2-12 所示的窗口。

这个窗口主要由标题栏、地址栏、菜单栏、工具栏、导航窗格、文件窗格与状态栏等组成。

● 标题栏：位于窗口的最上方，用于显示对象的名称，此处无标题。标题栏的右侧是最小化、最大化/向下还原和关闭按钮。

● 地址栏：用来显示窗口中所选对象的位置，一般由初始对象、盘号与逐级文件夹组成（称为路径），如图 2-13 所示。单击地址栏各级对象右侧的黑箭头，则显示该对象的下级文件夹，以便在同级文件夹之间进行切换。路径是指文件的位置，它通常由盘号与逐级文件夹组成。例如，"计算器"的路径可表示为"C:\Windows\System32\calc.exe"。

地址栏左侧两个圆形按钮用来调整当前路径。单击"回退"按钮，路径返回到上一级；单击"前进"按钮，路径进到下一级。地址栏右侧的搜索框用来快速查找当前对象的文件夹与文件。

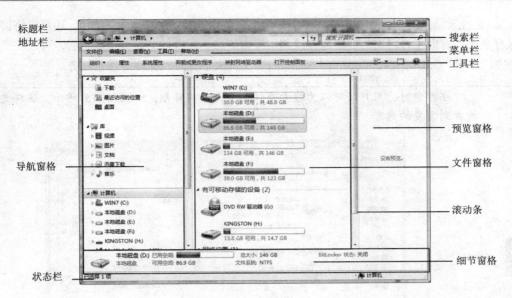

图 2-12　"计算机"窗口

图 2-13　地址栏

● 搜索栏：在地址栏的右侧，其功能与"开始"菜单中的搜索框功能和用法都是相同的。不仅可以根据对象名进行查找，还可以针对对象的内容进行查找。搜索是动态的，就是说在输入关键字时搜索就已经开始了。因此，用户不需要输入完整的关键字，就可以找到所需的内容。

【例 2-2】在"计算机"中搜索 calc.exe 文件，并将搜索结果保存。

操作步骤如下。

① 打开"计算机"窗口，然后在搜索栏中输入搜索的关键字"calc"。在当前窗口的搜索框中输入关键字的时候，随着关键字的输入，符合条件的内容会动态显示出来，在搜索结果中关键字还会被使用黄色的底色突出显示，如图 2-14 所示。

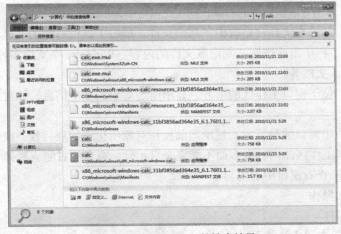

图 2-14　输入"calc"的搜索结果

② 在搜索结果的空白处右击，在弹出的快捷菜单中选择"保存搜索"选项，还可以将搜索条件保存下来，有助于日后更为便捷地直接调用搜索信息。在进行了多次搜索之后，可以在"用户名\搜索"，即"C:\Users\Administrator\Searches"文件夹中查看到保存的搜索任务。

在搜索时，用户还可以为搜索条件加上大小与日期，如图 2-15 所示，这样更容易搜索到需要的内容。

图 2-15　输入修改日期进行搜索

- 菜单栏：位于地址栏的下方，它由一系列命令组成，从中选择所需要的命令可完成某一操作或实现某一功能。
- 工具栏：位于菜单栏的下方，它包括了一些常用的功能按钮。例如，单击"组织"按钮，在下拉列表中可选择剪切、复制、粘贴、删除等操作。
- 导航窗格：位于工具栏下方的左侧，它分门别类地显示该系统的资源，如"收藏夹"、"库"、"计算机"与"网络"等对象。对象左侧的三角图标叫"展开/折叠"按钮。单击它是实心时，展开其下级对象；单击它是空心时，则隐藏下级对象。
- 文件窗格：单击导航窗格中的对象，则在此窗格中显示该对象所有内容，如文件夹、文件等。
- 预览窗格：如果在文件窗格选中了某个文件，单击工具栏右侧的"显示预览窗格"按钮，则显示文件的内容，再单击此按钮，则隐藏文件的内容。Windows 7 支持多种文件的预览，包括音乐、视频、图片、文档等。
- 细节窗格：位于窗口工作区的下方，显示所选对象的基本信息，如对象名、类型、作者、修改日期等。
- 状态栏：位于窗口的最下方，显示当前操作对象所包含的项目数，或所选项目数等。
- 滚动条：当工作区的内容太多而不能完全显示时，窗口的右侧或底部将自动出现滚动条，可通过拖动滚动条来查看窗口中的内容。

2．窗口的基本操作

（1）打开对象窗口

打开对象窗口的主要方法如下。

- 单击"开始"按钮，在弹出的"开始"菜单中选择一个对象。
- 双击对象图标。
- 右击对象图标，弹出快捷菜单，如图 2-16（a）所示，选择"打开"命令。

（2）移动窗口

当窗口不是最大化状态时，可以改变窗口的位置。可用以下方法移动窗口。

- 拖动标题栏到指定位置。
- 右击标题栏，弹出快捷菜单，如图 2-16（b）所示。选择"移动"命令，当鼠标变为移动指针时，通过键盘上的方向键移动窗口到合适位置，按【Enter】键或单击"确认"按钮。

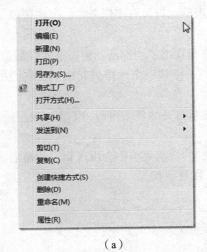
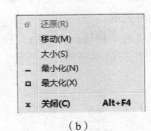

（a）　　　　　　　　　　　　　　（b）

图 2-16　快捷菜单

（3）改变窗口大小

窗口的大小有 3 种状态：一是铺满整个桌面，即最大化状态；二是为了节省桌面空间，把打开的窗口缩小为任务栏中的图标，即最小化状态；三是介于最大化和最小化之间。

改变窗口大小的操作方法如下。

- 最大化窗口：单击标题栏右侧的"最大化"按钮或双击标题栏。窗口最大化后，"最大化"按钮变为"向下还原"按钮。单击此按钮，可还原为最大化之前的窗口大小。
- 最小化窗口：单击标题栏右侧的"最小化"按钮，或者右击标题栏，在弹出的快捷菜单中选择"最小化"命令。按【Windows 徽标键+D】组合键，能将所有的窗口最小化到任务栏，再次按下【Windows 徽标键+D】组合键，则恢复所有的窗口。
- 调整窗口的大小：将鼠标指针置于窗口的边框上，当指针变成双向箭头时拖动，可以调整窗口的宽度或高度；在窗口的任意一角进行拖动，可同时调整窗口的高度和宽度。
- 窗口的 Aero 行为：Aero 行为是指用户可将窗口拖动到屏幕的不同边界而改变它们的布局。例如，将窗口拖动到屏幕左侧边界，则窗口自动占用左侧的一半屏幕。同样，将窗口拖动到屏幕右侧边界，窗口会自动放大至右侧的一半屏幕。如果用户拖动窗口至屏幕顶部边界，则可将窗口最大化，当窗口最大化后，用户还可拖动该窗口使其返回原始大小。

（4）切换窗口

Windows 是一个多任务的操作系统，用户可以打开多个窗口，但当前活动窗口只有一个。为了对当前窗口进行操作，需要在各个窗口之间进行切换。窗口切换的操作方法主要有以下几种。

①通过窗口的可见区域

当窗口不是最小化状态时，单击该窗口的任何可见的部分。

②通过任务栏

- 单击任务栏上的缩略图可将其切换为当前窗口。

③使用组合键

- 按【Alt+Tab】组合键进行切换，弹出窗口提示框，选择需要的窗口。
- 按【Alt+Esc】组合键，可以直接在当前已经打开的窗口间进行切换。

（5）排列窗口

可以对打开的窗口进行排列，以快速选择当前窗口。右击任务栏的空白区域，在弹出的菜单中选择排列方式即可，如图 2-17 所示。

- 层叠窗口：窗口按前后顺序依次排列在桌面上，当前活动窗口显示在最前方。
- 堆叠显示窗口：横向平铺桌面，将窗口一个挨一个地排列起来，使它们尽可能地布满桌面空间，不会出现层叠或覆盖的情况。
- 并排显示窗口：窗口纵向分割桌面，显示打开的各个窗口，不会出现层叠或覆盖的情况，即每个窗口都是可见的。

当选择了窗口的某种排列方式后，在任务栏的快捷菜单中会出现相应的撤消该选项的命令，如图 2-18 所示。执行该项撤消命令，窗口便可恢复原状。

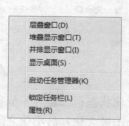

图 2-17　窗口排列方式

图 2-18　撤消层叠排列

（6）关闭窗口

可用以下方法来关闭窗口。

- 单击标题栏中的"关闭"按钮。
- 右击标题栏，在弹出的快捷菜单中选择"关闭"命令。
- 双击控制菜单按钮。
- 按【Alt+F4】组合键。
- 当窗口最小化时，直接单击任务缩略图上的"关闭"按钮，或右击图标，选择跳转列表的"关闭窗口"命令。

在关闭窗口时，如果没有执行保存命令，系统会弹出一个对话框，询问是否对所做的修改进行保存。单击"是"按钮，保存操作，关闭窗口；单击"否"按钮，不保存，直接关闭窗口；单击"取消"按钮，则不关闭窗口。

3. 对话框

对话框是大小固定的窗口，通常用来接收用户的选择。Windows 提供了大量的对话框，每一个对话框都是针对特定的任务而设计的。下面以 Windows 7 "设备和打印机"中默认的打印机属性对话框为例，说明对话框的组成与操作。单击"开始"按钮，选择"设备和打印机"，在当前窗口中选中"发送至 OneNote 2010"右击，在弹出的快捷菜单中选择"打印机属性"命令选项，选择"高级"选项卡，得到如图 2-19 所示对话框。

（1）对话框的组成

对话框一般包含标题栏、选项卡、文本框、列表框、命令按钮、单选按钮、复选框和微调按钮等，如图 2-19 所示。

● 标题栏：位于对话框的最上方，显示该对话框的名称。

● 选项卡：当对话框的内容比较多时，将其分类放在不同的页，即选项卡中，单击相应的选项卡可以切换到不同的设置页。

● 文本框：用来输入文本信息。

● 列表框：列出可供选择的项目。

● 命令按钮：每个按钮代表一个可执行的命令。

● 单选按钮：每个选项前面都有一个圆圈，只能选择其中的一项。当该项被选中时中间有个小黑点。

● 复选框：每个选项前面都有一个小方框，可以选择其中的一项、多项或不选。当某项被选中时，小方框中出现"√"标志。

有的对话框中还有微调按钮，即 ，由上、下两个箭头组成。单击上箭头，数字增加；单击下箭头，数字减少。当然，也可以从键盘输入数值。

（2）对话框的操作

对话框的移动、关闭和切换等操作与窗口的操作相同，这里不再赘述。可以使用鼠标或键盘在对话框的各个元素之间进行切换。按【Ctrl+Tab】组合键，可以从左到右切换各个选项卡，按【Ctrl+Shift+Tab】组合键，返回前一个选项卡。按【Tab】键，在同一个选项卡的各元素之间进行切换。当对话框的命令按钮名中含有"…"时，单击该按钮时会弹出另一个对话框。

图 2-19　对话框实例

4. 菜单的基本操作

在 Windows 操作系统中，菜单是指可提供给用户的一系列操作和命令的列表。一般来说，可以将菜单分为下拉菜单和快捷菜单两类。例如，窗口的"菜单栏"中存放的就是下拉菜单，可以选择其中的菜单项进行操作。右击所选对象，即可弹出一个快捷菜单，如图 2-16 所示。

（1）命令选项的含义

- 显示为灰色暗淡的菜单项，表示当前不可用。
- 命令后有实心三角符号的，表示该命令有下级菜单。
- 命令前有"√"符号，表示该命令正在起作用。单击取消"√"符号，该命令不起作用。
- 菜单分隔线，用来按功能划分命令组。
- 命令前有"·"的，表示选中该命令组命令中的一项，并且只能选中一项。
- 命令后有"…"的，表示选择该命令后，会弹出对话框。
- 菜单项后的组合键，是一种快捷键。当菜单不出现时，直接按此组合键可执行相应的命令。

（2）选择菜单项的方法

单击某菜单，则显示该菜单中的所有项目。

- 单击某菜单项。
- 直接按菜单项后圆括号中的字母键。

2.3 文 件 管 理

2.3.1 资源管理器

顾名思义，资源管理器是用来管理计算机所有资源的工具。Windows 7 的资源管理器比之前的版本有很大的变化，其布局清晰，科学，更人性化，能够有助于提高计算机的使用效率。资源管理器的进入点是"库"，"计算机"的进入点是计算机。利用 Windows 资源管理器，在一个窗口中便可以浏览磁盘上的所有内容，方便、快捷地完成查看、移动和复制文件夹或文件等操作，而不必打开多个窗口。

1. 资源管理器的启动

启动"资源管理器"的常用方法如下。

- 单击"开始"按钮，选择"所有程序"→"附件"→"Windows 资源管理器"命令。
- 右击"开始"按钮，在弹出的快捷菜单中选择"打开 Windows 资源管理器"命令。
- 按【Windows 徽标键+E】组合键。

2. 对象的显示方式

资源管理器的窗口就是"计算机"窗口（见图 2-12）。单击"导航窗格"中的一个对象，在右侧的"文件窗格"中显示该对象的所有资源。依次单击工具栏右侧"更改您的视图"按钮，则用不同的方式显示"文件窗格"中的对象。单击其右侧的向下箭头（"更多选项"按钮），在弹出的菜单中选择相应的命令，如图 2-20 所示。

- 图标：包括超大图标、大图标、中等图标和小图标 4 种显示方式，不包含对象的其他信息。
- 列表：以一列或几列方式显示"文件窗格"中的所有对象，以便快速查找某个对象。

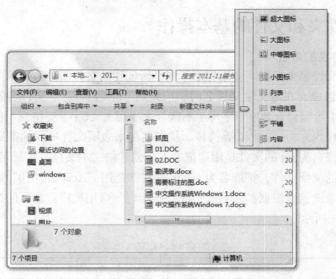

图 2-20　文件显示方式

- 详细信息：显示相关文件或文件夹的基本信息，包括名称、修改日期、类型和大小等。
- 平铺：中等图标显示"文件窗格"中的所有对象，包含详细信息，如文件的名称、大小和类型。
- 内容：图标比中等图标稍小一些，并包含详细信息。

3. 对象的排序方式

选择"查看"菜单的"排序方式"，可对"文件窗格"中的对象进行排序，如图 2-21 所示。确定对象排序为"递增"，这时文件夹在前，文件在其后。

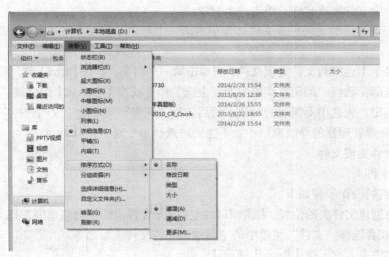

图 2-21　排序方式

- 名称：每组对象名按 ASCII 字符顺序与汉字拼音顺序排列。
- 修改日期：每组对象名按修改时间由远及近顺序排列。
- 类型：文件名按类型（不是扩展名）顺序排列。
- 大小：文件名按其所占空间由小到大顺序排列。

2.3.2 文件夹和文件的基本操作

1. 文件和文件夹的命名

文件用图标和文件名来标识。应用程序不同，所创建的文件图标也不相同。文件名由主文件名和扩展名两部分组成。在定义主文件名时，应做到"见名知意"。文件名的长度不能超过 255个字符，在文件名中可以包含数字、字母（不区分大小写）、汉字、空格或一些特殊的符号，但不允许出现\、/、:、*、?、"、<、>和|等符号。扩展名用来表明文件所属的类别，它通常由几个字符组成。例如，扩展名为.txt 的文件是用"记事本"创建的文本文件，扩展名为.docx 的文件是用"Word 2010"创建的文档文件，扩展名为.accdb 的文件是用"Access 2010"创建的数据库文件。只要双击文件名，系统就会根据扩展名的不同打开相应的应用程序。常见的扩展名及它们所代表的文件类型如表 2-1 所示。

表 2-1　　　　　　　　　　　　　　　　文件的扩展名及文件类型

扩 展 名	文 件 类 型	扩 展 名	文 件 类 型
.txt	文本文件	.exe	可执行文件
.avi	视频文件	.docx	Word 2010 文档文件
.rar	压缩文件	.xlsx	Excel 2010 工作簿文件
.wav	声音文件	.pptx	PowerPoint 2010 演示文稿文件
.bmp	图形文件	.accdb	Access 2010 数据库文件

文件夹的图标是固定的，像一本半打开的书。文件夹的命名同文件的命名，但没有扩展名。

2. 选定文件夹或文件

在对文件夹或文件进行操作之前，首先选定要操作的对象。选定对象的方法如下。

- 选择一个文件夹或文件：单击一个对象。
- 选择多个连续的文件夹或文件：先单击第一个对象，按住【Shift】键，再单击最后一个对象。
- 选择多个不连续的文件夹或文件：先单击第一个对象，按住【Ctrl】键，再单击其他对象。
- 选择全部：选择"编辑"菜单中的"全选"命令或按【Ctrl+A】组合键。
- 反向选定：先选中不需要的对象，然后选择"编辑"菜单的"反向选择"命令。

注意，在资源管理器的导航窗格中，不能同时选择多个对象。

3. 创建文件夹或文件

（1）创建文件夹

创建文件夹的操作步骤如下。

① 确定要创建文件夹的位置，右击窗口的空白处，在弹出的快捷菜单中选择"新建"下的"文件夹"命令，或者选择"文件"菜单中的"新建"→"文件夹"命令。

② 输入文件夹名称，按【Enter】键确认。

（2）创建文件

创建文件的方法如下。

- 打开要创建文件的应用程序，选择"文件"菜单中的"新建"命令，编辑结束选择"文件"菜单中的"保存"命令。
- 确定要创建文件的位置，右击文件窗格的空白处，在弹出的快捷菜单中选择"新建"命令，在下拉菜单中选择要创建的文件类型。一般要对主文件名更名，但扩展名不要改动。这时，建立一个空文件。

4．打开文件夹或文件

可用以下 3 种方法之一打开文件夹或文件。

● 双击要打开的文件夹或文件。

● 右击要打开的对象，在弹出的菜单中选择"打开"命令，或者使用"打开方式"下的命令指定打开文件的应用程序。

● 启动应用程序后，选择"文件"菜单中的"打开"命令，找到文件将其打开。

5．复制文件夹或文件

在使用计算机的过程中，为了防止文件损坏，或因计算机病毒等原因造成文件丢失，对文件进行备份是十分重要的。复制是指在指定的目标位置上建立源对象的副本，而不影响源对象的存放位置。可以用以下方法来完成文件夹或文件的复制操作。

（1）使用菜单命令

操作步骤如下。

① 选定要复制的文件夹或文件，选择"编辑"菜单中的"复制"命令，或者右击，在弹出的菜单中选择"复制"命令，或单击工具栏中的"组织"按钮，在弹出的菜单中选择"复制"命令。

② 打开目标文件夹，选择"编辑"菜单中的"粘贴"命令，或在窗口的空白处右击，在弹出的菜单中选择"粘贴"命令，或单击工具栏中的"组织"按钮，在弹出的菜单中选择"粘贴"命令。

（2）使用鼠标

选定要复制的对象，如果源对象与目标位置位于同一个驱动器下，按住【Ctrl】键的同时拖动到目标文件夹，如果源对象与目标位置不在同一个驱动器下，直接将选定的对象拖动到目标文件夹即可。拖动鼠标的过程中，在图标的右下角有相应的操作提示。

（3）使用快捷键

操作步骤如下。

① 选定要复制的对象，按【Ctrl+C】组合键复制。

② 打开目标文件夹，按【Ctrl+V】组合键粘贴。

【例 2-3】 在 D 盘新建文件夹，将其命名为"myfolder"，将"C:\Windows\System32"下的 calc.exe（计算器程序）复制到"D:\myfolder"文件夹中。

操作步骤如下。

① 双击"计算机"图标，打开"本地磁盘(D:)"。

② 选择"文件"→"新建"→"文件夹"命令，将该文件夹命名为"myfolder"。

③ 通过文件窗格打开"C:\Windows\System32"文件夹，找到"calc.exe"文件。右击该对象，在弹出的快捷菜单中选择"复制"命令。

④ 通过文件窗格打开"D:\myfolder"文件夹，在窗口空白处右击，在弹出的快捷菜单中选择"粘贴"命令。

也可以用其他方法完成文件的复制，略。

6．移动文件夹或文件

移动操作是指改变文件夹或文件的存放位置，执行"剪切"和"粘贴"命令即可完成移动操作。"剪切"和"复制"命令一样，都是将源文件夹或文件复制到"剪贴板"中，但执行"剪切"和"粘贴"命令之后，源位置的文件夹或文件将不存在。

（1）使用菜单命令

操作步骤如下。

① 选定要移动的文件夹或文件，选择"编辑"菜单中的"剪切"命令，或者右击，在弹出的菜单中选择"剪切"命令，或者单击工具栏中的"组织"按钮，在弹出的菜单中选择"剪切"命令。

② 打开目标文件夹，选择"编辑"菜单中的"粘贴"命令，或在窗口的空白处右击，在弹出的菜单中选择"粘贴"命令，或单击工具栏中的"组织"按钮，在弹出的菜单中选择"粘贴"命令。

（2）使用鼠标

选定要移动的对象，如果源对象与目标位置位于同一个驱动器下，直接将其拖动到目标文件夹，如果源对象与目标位置不在同一个驱动器下，按住【Shift】键的同时将其拖动到目标文件夹。

（3）使用快捷键

操作步骤如下。

① 选定要移动的对象，按【Ctrl+X】组合键剪切。

② 打开目标文件夹，按【Ctrl+V】组合键粘贴。

7. 删除文件夹或文件

删除文件夹或文件的方法与删除图标的操作方法一致，即选定要删除的文件夹或文件，然后将其删除即可。在资源管理器窗口选中要删除的对象，选择"组织"下的"删除"命令。

8. 文件夹和文件的属性

文件夹和文件的常规属性仅有"只读"与"隐藏"。

● 只读：如果将文件夹或文件设置为"只读"属性，则不能对此文件进行修改。

● 隐藏：具有这种属性的文件夹或文件在常规显示中将看不到。

设置属性的具体操作步骤如下。

① 选定要设置属性的文件夹或文件，如 D:\myfolder，选择"文件"菜单的"属性"命令，或右击，在弹出的菜单中选择"属性"命令，弹出"属性"对话框，如图 2-22 所示。

② 选择"常规"选项卡，单击"只读"或"隐藏"复选框，将该对象设置为"只读"或"隐藏"属性。

③ 单击"确定"按钮，使设置生效。

图 2-22　文件夹属性对话框

2.3.3　库及其操作

"库"（Libraries）是 Windows 7 中新一代文件管理系统，在以前版本的 Windows 操作系统中，文件管理意味着用户需要在不同的文件夹和子文件夹中组织这些文件。"库"能够快速地组织、查看、管理存在于多个位置的内容。无论在计算机中的什么位置，使用库都可以将这些文件夹、文件联系起来，并且用户可以像在文件夹中一样进行搜索、编辑、查看等。通过 Windows 7 中的"库"功能，用户可以创建跨越多个照片、文档存储位置的库，可以像在单个文件夹中那样组织和编辑文件。

Windows 7 包含 4 个默认的"库"，分别是视频库、图片库、文档库和音乐库，并且将个人文档中相应的文件放入了库中。打开"计算机"窗口，单击导航窗格中的"库"图标，打开"库"窗口，如图 2-23 所示。

图 2-23　Windows 7 中的库

1．什么是库

"库"收集不同位置的文件，将其显示为一个集合，无论其存储在何位置，也无需从其存储位置移动这些文件。用户只需要把常用的文件夹、文件加入到库中，库就可以替用户记住对象的位置。在某些方面，"库"类似于文件夹。例如，打开库时将看到一个或多个文件。但是与文件夹不同的是，"库"可以收集存储在多个位置的文件。"库"实际上不存储对象，只是"监视"所包含项目的文件夹，并允许用户以不同的方式访问和排列这些项目。用户在使用资源管理器时，配合使用"库"功能，可以更好地管理视频和照片、文档等。

2．对象如何入库

"库"窗口和一般的文件夹窗口非常相似。在默认情况下，文档库中会包含用户个人文件夹中的"我的文档"文件夹中的对象。下面以文档库为例，讲解向库中添加对象的主要步骤。

① 打开"文档库"窗口，如图 2-24 所示。单击库名称下方的"包含："文字旁的位置链接。

图 2-24　"文档库"窗口

② 打开"文档库位置"对话框，如图 2-25 所示。用户可以将文件夹包含到库中，并且设置整个文件夹在库中的位置和默认保存位置。单击"添加"按钮，打开选择文件夹的对话框。

③ 选择要包含的文件夹，如选择"D:\myfolder"文件夹，如图 2-26 所示。单击"包括文件夹"按钮。添加的文件夹会显示在"文档库位置"对话框中，如图 2-27 所示。这时该文件夹已经设为文档库中包含的文件夹。

图 2-25　"文档库位置"对话框　　　　　图 2-26　选择要添加到库中的文件夹

用户在如图 2-27 所示"库位置"列表中，选中对象右击，在弹出的快捷菜单中可以调整文件夹在库中的次序和默认保存位置。设置完成后，单击该对话框中的"确定"按钮，返回到文档库窗口。

3. 自定义库

在默认情况下，Windows 7 内置了 4 个库。用户可以根据不同的需要，自己建立库。要建立一个自定义库，主要操作步骤如下。

① 打开"库"窗口，单击"库"窗口工具栏中的"新建库"按钮。

② "库"窗口中会出现一个新的库，用户可以为其设置一个名称，如输入"我的资料"。建立完成后，双击新建库的图标可以进入库中，这时用户可以为新建的库添加一个（或多个）文件夹，如图 2-28 所示。

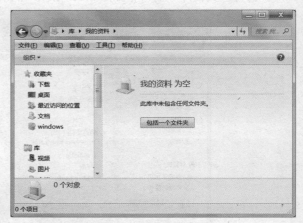

图 2-27　向文档库中添加完文件夹　　　　图 2-28　为新建库包含文件夹

③ 单击"包括一个文件夹"按钮，在这里设置新建库所包含的文件夹，单击"包括文件夹"

按钮，返回到"我的资料库"窗口。

4．删除库

删除库和删除对象一样。打开"库"窗口，右击要删除的库，在弹出的快捷菜单中选择"删除"命令，在删除确认对话框中，单击"是"按钮，完成该库的删除。

2.4 控 制 面 板

控制面板是 Windows 7 操作系统的重要组成部分，通过控制面板可以对计算机的硬件和软件系统进行个性化设置。控制面板如同 Windows 设置的目录，大多数的设置都能在控制面板中找到。

启动控制面板的操作方法如下。

- 单击"开始"按钮，选择"控制面板"命令。
- 打开"计算机"窗口，单击工具栏上的"打开控制面板"。

"控制面板"可以设置查看的方式，即类别、大图标和小图标。类别视图，显示 8 个大类；图标视图（大图标或小图标），显示项目的完整列表。

打开控制面板后，呈现的是类别视图，单击某个绿色标题进入分类面板。分类面板的左侧是控制面板主页，显示 8 类标题，单击可快速切换到其他分类面板。分类面板的右侧是其子类，单击蓝色的标题可进行相关设置。

2.4.1 鼠标的设置

打开"控制面板"，选择图标视图。单击"鼠标"项，打开"鼠标属性"对话框，如图 2-29所示。下面，重点介绍几个常用的选项卡。

- 鼠标键：用来设置鼠标的配置。例如：将鼠标左键与右键互换，以满足特殊需要；拖动"速度"滑块设置鼠标的双击速度；若选中"启用单击锁定"复选框，则可以在单击之后不用一直按着鼠标按钮就可以拖曳或选择区域，再次单击此框将解除锁定。

- 指针：用来设置指针的显示方案。单击方案按钮，在下拉列表中选择你喜欢的指针方案。单击"使用默认值"按钮还原设置。

- 指针选项：在"移动"设置中，可以调节鼠标移动速度，从而使鼠标移动更加流畅。若选中"对齐"复选框，则在打开对话框、安装程序之类的窗口时，

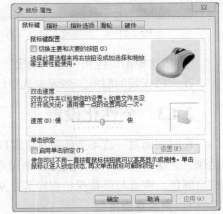

图 2-29　"鼠标属性"对话框

Windows 会自动将鼠标指针移到对话框的默认按钮。例如，"下一步"、"确定"按钮等。若选中"可见性"复选框，则显示鼠标指针轨迹，并设置轨迹的长短。设置结束要单击"确定"按钮，使设置生效。

2.4.2 输入法的设置

打开"控制面板"，选择图标视图。单击"区域和语言"超链接，打开"区域和语言"对话框。选择"键盘和语言"选项卡，单击"更改键盘"按钮，弹出"文本服务和输入语言"对话框，如

图 2-30 所示。也可以右击任务栏的"输入法指示器"按
钮，在快捷菜单中选择"设置"命令，也弹出"文本服
务和输入语言"对话框。

添加输入法的操作步骤如下。

① 选择"常规"选项卡，单击"添加"按钮。

② 打开"添加输入语言"对话框，拖动列表框滑块
选中需添加的输入法，这里选中"简体中文全拼（版本
6.0）"输入法对应的复选框，如图 2-31 所示，单击"确
定"按钮。

③ 返回到"文本服务和输入语言"对话框，可以看
到"简体中文全拼（版本 6.0）"输入法已经添加到"已
安装的服务"列表框中了，如图 2-32 所示。

图 2-30　"文本服务和输入语言"对话框

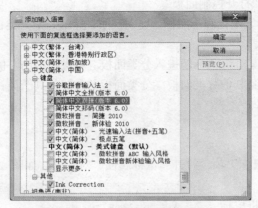

图 2-31　"添加输入语言"对话框

图 2-32　完成输入法的添加

④ 依次单击"应用"和"确定"按钮即可将其添加到输入法列表中。

在"已安装的服务"列表中选中已安装的输入法，单击"删除"按钮可将该输入法删除。

2.4.3　个性化设置

长时间面对一成不变的桌面、窗口显示、屏幕保护图案等用户界面，可能会感觉非常的单调、
枯燥、乏味。Windows 7 允许多个用户分别为自己设置不同的桌面风格，包括主题、桌面背景、
窗口颜色、声音与屏幕保护程序等，从而为用户提供焕然一新的用户界面。

1. 更改桌面主题

Windows 内置了许多漂亮、个性化的 Windows 主题，用户只需单击，便可快速在主题间切换。
选择"控制面板"的图标视图，单击"个性化"超链接，打开"个性化"窗口，如图 2-33 所示。
也可在桌面空白处右击，在弹出的快捷菜单中选择"个性化"命令，打开"个性化"窗口。

在"个性化"窗口中，分为"我的主题"、"Aero 主题"与"基本和高对比度主题"。默认情
况下，"我的主题"中没有任何主题。用户可以通过单击某个主题图片，立即更改桌面背景、窗口
颜色、声音效果和屏幕保护等。

【例 2-4】将"建筑"设置为桌面主题，并保存到"我的主题"中。

操作步骤如下。

①　在"个性化"窗口中，单击"Aero 主题"下的"建筑"超链接，如图 2-34 所示，即将该主题设置为桌面主题。

图 2-33　"个性化"窗口

图 2-34　选中"建筑"主题

②　单击"保存主题"超级链，弹出"将主题另存为"对话框，在"主题名称"文本框中输入主题的名称，如图 2-35 所示，单击"保存"按钮。

③　返回"个性化"窗口，可以看到在"我的主题"中显示了刚才保存过的"建筑"主题，如图 2-36 所示。

图 2-35　保存主题

图 2-36　"个性化"窗口

如果系统自带的主题不能满足用户的需要，可以单击"联机获取更多主题"超链接，从互联网上下载更多漂亮的主题来美化桌面。

2．更改桌面背景

在"个性化"窗口中，单击下方的"桌面背景"超链接，打开"桌面背景"窗口，如图 2-37 所示。选择背景图片的方法是单击图片左上角的复选框。可选中多个图片，并设置更改图片的时间间隔，单击"保存修改"按钮。之后，每隔一段时间，桌面背景就会更改。

可以将其他图片设置为桌面背景，在"桌面背景"窗口中单击"浏览"按钮，打开"浏览文件夹"对话框，选择存放桌面壁纸的文件夹，如图 2-38 所示，然后选择自己喜欢的图片设置为桌面背景。

图 2-37　"桌面背景"窗口

图 2-38　浏览文件夹

　　用户也可以直接找到并选中要设置成桌面背景的图片，右击弹出快捷菜单，选择"设置为桌面背景"选项，即可将该图片设置为桌面背景。

3. 设置窗口颜色和外观

　　在"个性化"窗口中，单击"窗口颜色"超链接，打开"窗口颜色和外观"窗口，如图 2-39 所示。可以从中选择一种颜色，取消选中"启用透明效果"复选框，在"颜色浓度"选项中，拖动滑块调整窗口边框的透明度。再单击"显示颜色混合器"按钮，展开颜色混合器，调整细致的边框颜色设置。

　　在完成以上的设置后，如果想对窗口外观进行更为细致的设置，可以单击"高级外观设置"选项。在打开的"窗口颜色和外观"对话框中，如图 2-40 所示，可以设置窗口标题栏和菜单的字体、字号、颜色，以及滚动条的大小等。

图 2-39　"窗口颜色和外观"窗口

图 2-40　"窗口颜色和外观"对话框

4. 设置系统声音

　　"声音"是组成 Windows 7 主题的一部分，系统声音指系统操作过程中发出的声音，如启动系统发出的声音、关闭程序发出的声音和操作错误提示的声音等。在"个性化"窗口中，单击"声音"超链接，打开"声音"对话框。选择"声音"选项卡，在"声音方案"下拉列表框中选择适合的声音方案，按照需要为"程序事件"设置自定义的声音文件，测试无误后，单击"确定"按钮，使设置生效。

5. 设置屏幕保护程序

计算机屏幕长时间显示一个画面容易老化，屏幕保护程序能使显示器处于节能状态。屏幕上出现移动的文字或图片，这样可以有效地保护显示器。Windows 7 提供了变幻线、彩带、气泡和三维文字等几种屏幕保护程序，选择屏幕保护程序后，可以设置它的等待时间，在这段时间内如果没有对计算机进行任何操作，显示器将进入屏幕保护状态。移动鼠标或按任意键，就可以退出屏幕保护程序。

设置屏幕保护程序的操作步骤如下。

① 打开"个性化"窗口，单击下方的"屏幕保护程序"超链接，打开"屏幕保护程序设置"对话框。在"屏幕保护程序"下拉列表框中选择所需的选项，如"彩带"，如图 2-41 所示。

② 在"等待"数值框中输入开启屏幕保护程序的时间，如输入"10"。

③ 单击"确定"按钮，设置生效。

设置电源使用方案可节省电能。打开"控制面板"，选择图标视图。单击"电源选项"超链接，打开"电源选项"窗口，如图 2-42 所示。单击"更改计划设置"超链接，打开"编辑计划设置"窗口，选择计算机使用的睡眠设置和显示设置，单击"保存修改"按钮，使设置生效。

图 2-41　"屏幕保护程序设置"对话框

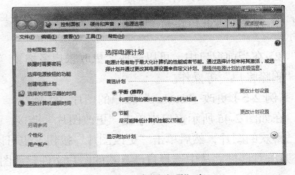

图 2-42　"电源选项"窗口

2.4.4　用户帐户管理

Windows 是一个多用户的操作系统，可以创建多个用户，即多人共用一台计算机。不同的用户类型拥有不同的权限，他们之间相互独立，各自拥有自己的操作环境而互不影响。

用户帐户分为管理员帐户和标准帐户，标准帐户相对管理员帐户权限更低，无法对计算机系统的关键配置进行更改。使用标准用户完全可以满足日常计算机的使用，可以运行大多数应用程序。相对于标准用户帐户，管理员帐户的权限高得多，可以随时更改系统的关键配置。例如，更改硬件设备、系统的高级设置、系统保护、系统管理单元配置等，并且可以配置安装应用程序。总的来说，管理员帐户是对计算机拥有完整的权限，所进行的安装、调整、设置都将影响到当前计算机中的所有用户帐户。

1. 创建用户帐户

只有具有管理员权限的用户才能创建和删除用户帐户，创建用户帐户的操作步骤如下。

① 打开"控制面板"，选择类别视图。在"用户帐户和家庭安全"功能区中单击"添加或删除用户帐户"超链接，弹出"管理帐户"窗口，如图 2-43 所示。

② 单击"创建一个新帐户"链接，弹出"创建新帐户"窗口。

③ 在文本框中输入新帐户的名称，如 teacher，选择创建的帐户类型，如图 2-44 所示，然后单击"创建帐户"按钮。

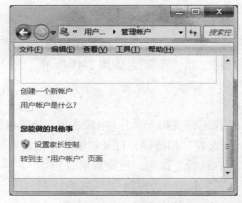

图 2-43 "管理帐户"窗口

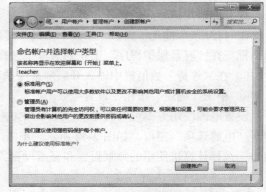

图 2-44 "创建新帐户"窗口

2. 更改用户帐户

更改用户帐户的操作步骤如下。

① 打开"管理帐户"窗口，选中需要更改的帐户图标，打开"更改帐户"窗口，如图 2-45 所示。

② 在当前窗口中，可以完成"更改帐户名称"、"创建密码"、"更改图片"、"更改帐户类型"和"删除帐户"等操作。

【例 2-5】更改"teacher"帐户的图片。

在如图 2-45 所示窗口中单击"更改图片"链接，弹出"选择图片"窗口。从图片列表中选择自己喜欢的图片，然后单击"更改图片"按钮。也可以单击"浏览更多的图片…"超链接，弹出"打开"对话框。从中选择自己喜欢的图片文件，如图 2-46 所示，然后单击"打开"按钮即可。

图 2-45 "更改帐户"窗口

图 2-46 "浏览更多图片"对话框

2.4.5 配置打印机

打印机是重要的输出设备，在使用打印机之前要安装打印机及其驱动程序。安装的打印机可以是本地打印机，即连接在本台计算机上的；也可以是网络打印机，即通过局域网共享的连接在其他计算机上的打印机。

网络打印机的安装步骤如下。

① 打开"控制面板"，选择图标视图。选择"设备和打印机"超链接，也可以在"开始"菜单中单击"设备和打印机"按钮，单击"添加打印机"按钮，弹出"添加打印机向导"对话框，如图 2-47 所示。

② 选择"添加网络、无线或 Bluetooth 打印机"选项，单击"下一步"按钮，直接输入打印机的名字，如"\\wrj-pc\Canon LBP2900"，如图 2-48 所示。或者直接选择"浏览打印机"单选按钮，然后单击"下一步"按钮，查找局域网中共享的打印机，如图 2-49 所示。

图 2-47　选择打印机的类型　　　　图 2-48　输入打印机的名称

③ 单击"下一步"按钮，提示已成功添加打印机。再单击"下一步"按钮，完成打印机的安装，如图 2-50 所示。

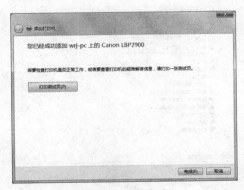

图 2-49　浏览局域网中的打印机　　　　图 2-50　安装完成

如果要在计算机中安装新的硬件设备，可单击"设备和打印机"的"添加设备"按钮。Windows 7 支持"即插即用"，系统会自动找到它。利用添加硬件向导，可以完成硬件设备及其驱动程序的安装。

2.4.6 删除应用程序

用户自己创建的文件或文件夹，无用时可直接删除。但删除不再使用的应用程序，彻底的方法是卸载。首先打开"控制面板"，切换到图标视图，单击"程序和功能"超链接，打开"程序和功能"窗口。"卸载或更改程序"列表列出了本机上安装的所有应用程序。选择要删除的应用程序，单击"卸载/更改"按钮，根据向导提示一步步完成该应用程序的卸载。当然，也可以使用应用程序自带的卸载程序，完成应用程序的删除操作。

2.4.7 设备管理

为了解计算机安装的所有硬件设备及其相关信息，如驱动程序的路径，以及资源的分配和运转情况等，可使用系统提供的设备管理功能。如果没有给硬件设备安装正确的驱动程序，该设备便不能正常工作，在设备名前有一个黄色的问号。在安装完操作系统后，应在"设备管理器"窗口中查看硬件设备的驱动情况，为没有安装驱动程序的设备安装驱动程序，以使其正常工作。

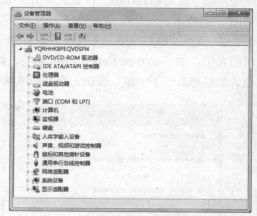

图 2-51 "设备管理器"窗口

打开"控制面板"，选择图标视图。单击"设备管理器"超链接，打开"设备管理器"窗口，如图 2-51 所示。要查看某硬件的相关信息，可单击设备名前的"展开"按钮。在打开的下拉列表中，右击某项，如图 2-52 所示，选择"属性"命令。你就可以了解设备类型、制造商、设备状态，以及驱动程序等情况。

要查看硬件的相关信息，也可双击硬件设备图标。例如，查看本台计算机安装的网卡相关信息，如图 2-53 所示。

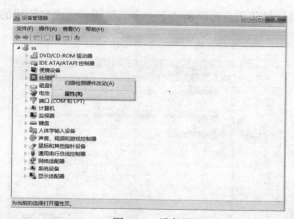

图 2-52 设备属性

图 2-53 网卡属性

2.5 系统的日常维护

定期维护计算机是一种良好的习惯。系统维护包括磁盘管理、任务管理，以及系统备份等。

2.5.1　磁盘管理

磁盘是计算机用来存储信息的设备，是计算机硬件设备的重要组成部分。合理、高效地使用和管理磁盘是提高计算机使用效率的重要因素。

1. 查看磁盘属性

磁盘的属性包括磁盘类型、文件系统、磁盘大小和卷标等信息。打开"计算机"窗口，右击要查看的磁盘分区，在弹出的菜单中选择"属性"命令，弹出磁盘属性对话框，如图 2-54 所示。"常规"选项卡显示了磁盘的文件系统类型、已用空间、可用空间及磁盘分区容量等信息。在文本框中可以输入磁盘卷标，用来为磁盘命名，卷标最多包含 32 个字符。

2. 格式化磁盘

新磁盘在使用之前，必须经过格式化，磁盘只有经过格式化处理才能进行读、写操作。当磁盘中毒或需要删除所有内容时，也可进行格式化。请注意，格式化磁盘会删除磁盘上的所有内容。

磁盘格式化的操作步骤如下。

① 打开"计算机"窗口，右击要格式化的磁盘图标，如选中 U 盘。

② 选择"文件"菜单中的"格式化"命令，或者右击，在弹出的菜单中选择"格式化"命令，弹出"格式化"对话框，如图 2-55 所示。

图 2-54　"本地磁盘(D:)属性"对话框

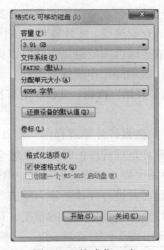

图 2-55　格式化 U 盘

③ 单击"开始"按钮，系统弹出提示对话框，如图 2-56 所示，单击"确定"按钮，开始进行格式化。格式化完毕后，系统弹出提示框。

3. 磁盘清理

在使用计算机的过程中，经常会产生一些临时文件和垃圾文件，它们都将占用磁盘空间。通过磁盘清理，可以删除不用的文件，释放更多的磁盘空间，提高搜索的效率。

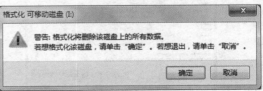

图 2-56　确认格式化

磁盘清理的操作步骤如下。

① 单击"开始"按钮，选择"所有程序" → "附件" → "系统工具" → "磁盘清理"命令，弹出"磁盘清理：驱动器选择"对话框。

② 在"驱动器"下拉列表中选择要整理的磁盘驱动器，如选择"本地磁盘（C：）"选项，然后单击"确定"按钮，弹出"本地磁盘（C：）的磁盘清理"对话框，如图 2-57 所示。

③ 选择要删除的文件，单击"确定"按钮，弹出提示对话框如图 2-58 所示。

图 2-57 磁盘清理对话框

图 2-58 确认删除对话框

④ 单击"删除文件"按钮，系统开始清理磁盘。

4. 磁盘碎片整理

磁盘上存放了大量的文件，用户对文件进行创建、删除和修改等操作时，使一些文件不是存储在物理上连续的磁盘空间，而是被分散地存放在磁盘的不同地方。随着"碎片"的增多，其将会影响数据的存取速度，使计算机的工作效率下降。"磁盘碎片整理程序"可以将文件的碎片组合到一起，形成连续可用的磁盘空间，以提高系统性能。

磁盘碎片整理的操作步骤如下。

① 单击"开始"按钮，选择"所有程序"→"附件"→"系统工具"→"磁盘碎片整理程序"命令。

② 打开"磁盘碎片整理程序"窗口，如图 2-59 所示。在该窗口中可以看到所有磁盘，以及上一次运行碎片整理程序的时间，系统会默认自动安排磁盘碎片整理时间。

③ 选择需要碎片整理的驱动器，单击"分析磁盘"按钮，系统将分析该磁盘是否要进行碎片整理。若磁盘需要进行碎片整理，单击"磁盘碎片整理"按钮。单击"配置计划"按钮，可以更改"磁盘碎片整理"计划执行的频率、日期、时间以及磁盘，如图 2-60 所示。

图 2-59 "磁盘碎片整理程序"窗口

图 2-60 "修改计划"对话框

2.5.2 任务管理器

任务管理器是 Windows 中经常使用的系统工具，用来查看和管理计算机中运行的程序及 CPU

的使用情况。随着操作系统的不断发展，任务管理器也在不断地改进，Windows 7 中的任务管理器能够显示更详细的进程信息，这样可以帮助用户明确正在运行的进程是否安全。可以通过以下方法来启动 Windows 任务管理器。

● 右击任务栏的空白处，在弹出的菜单中选择"启动任务管理器"命令，打开"Windows 任务管理器"窗口，如图 2-61 所示。

● 按【Ctrl+Alt+Delete】组合键，单击"启动任务管理器"按钮。

● 按【Ctrl+Shift+Esc】组合键。

下面，重点介绍几个常用的选项卡。

● 应用程序：查看当前正在运行的程序，这里大多数是指当前打开的窗口。

● 进程：可以看到当前所运行的进程，包括用户进程和系统进程。

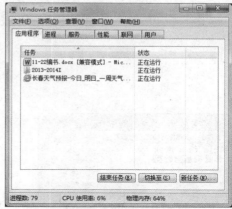

图 2-61　"Windows 任务管理器"窗口

● 服务：可以看到详细的服务列表、服务描述信息，以及服务的运行状态。

● 性能：查看当前正在运行程序的资源占用情况，如 CPU 使用率以及简单的使用记录、当前内存使用量以及内存使用记录等。

1. 切换应用程序

在"Windows 任务管理器"窗口中选择"应用程序"选项卡，在"任务"列表中选择某任务，单击"切换至"按钮，即可把选中的任务切换成当前窗口。

2. 结束应用程序

在"Windows 任务管理器"窗口中选择"应用程序"选项卡，选中要结束的任务，单击"结束任务"按钮，即可退出该应用程序。当计算机的键盘或鼠标不响应任何操作时，采用这种方法结束程序是恰当的。

2.6　Windows 7 的附件

Windows 7 的附件相比之前的版本，功能更强大，界面更友好，操作也更加简单。

2.6.1　记事本

"记事本"是一个纯文本编辑软件，是指利用它创建的文本文件不能进行页面与排版格式的设置。单击"开始"按钮，选择"所有程序"→"附件"→"记事本"命令，打开"记事本"窗口。

【例 2-6】输入如图 2-62 所示文本，然后将其保存在 D:\myfolder 中，文件命名为 lizi.txt。

操作步骤如下。

① 打开"记事本"窗口，输入文本。

② 选择"文件"菜单的"保存"命令。在第一次保存时会弹出"另存为"对话框，选择保存的位置 D:\myfolder，输入文件的名字"lizi.txt"，如图 2-63 所示。

③ 单击"保存"按钮，完成操作。

对工作区的文本，选择"格式"菜单中的"字体"命令，弹出"字体"对话框，可以对字体、字形和字号等进行设置。

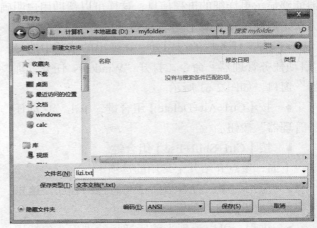

图 2-62　"记事本"窗口　　　　　　　　　图 2-63　　"另存为"对话框

一般而言，使用"记事本"建立的文本文件扩展名是.txt。

2.6.2　画图

"画图"工具是 Windows 中最基本的作图工具。在 Windows 7 中，"画图"工具发生了非常大的变化，不仅在界面上显得更加美观，内置的功能也更加细致。通过画图工具，可以为图片实现更多效果。

"画图"是一个位图编辑软件，可以绘制图形、对图片进行编辑等。单击"开始"按钮，选择"所有程序"→"附件"→"画图"命令，打开"画图"窗口，如图 2-64 所示。

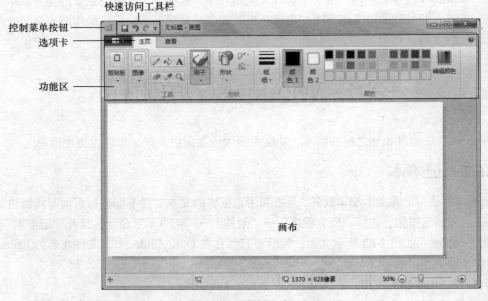

图 2-64　"画图"窗口

1."画图"窗口的组成

新的"画图"工具布局更加简单、直观，整体布局分为 3 个部分。

- 快速访问工具栏：可以进行一些常用的操作。
- 功能区：这是画图工具的主体，用来控制画图工具的功能以及工具等。
- 画布：指绘图区，拖动画布的右下角，可改变画布大小。单击"主页"选项卡左边的"画图"下拉菜单，选择"属性"命令，在弹出的对话框中输入宽度和高度的值，精确定义画布尺寸。

利用"画图"程序创建的图形文件，其默认的扩展名为.png，也可以将图形文件保存为.jpg或.gif等类型。

2. 绘制基本图形

（1）画直线

选择"主页"选项卡，单击"形状"组中的"直线"按钮，然后在"粗细"下拉列表中选择一种线宽，在画布中按住鼠标左键并拖动至适当的位置，释放左键即可画出直线。

　　　按住【Shift】键同时拖动鼠标，可画出沿水平、垂直或 45°方向的直线。

（2）画椭圆和矩形

选择"主页"选项卡，单击"形状"组中的"椭圆"按钮或"矩形"按钮，在"填充"下拉列表中选择一种填充方式，在画布上拖动鼠标至适当的位置，释放左键即可画出一个椭圆或矩形。

　　　在绘制椭圆或矩形时，按住【Shift】键同时拖动鼠标，则可画出圆形或正方形。

（3）画多边形

选择"主页"选项卡，单击"形状"组中的"多边形"按钮，单击"填充"下拉按钮，在弹出的下拉列表中选择一种填充方式，然后在画布中拖动鼠标画出一条线，在每个转角处单击，以画出各条边，画到最后一个顶点时双击。

（4）绘制任意图形

可利用"铅笔"、"刷子"和"喷枪"等工具随意绘制图形。选择"主页"选项卡，单击"工具"组中这 3 个按钮中的一个，然后在画布上按住左键并拖动鼠标，则随鼠标的移动就可在画布上画出任意形状的图形。

（5）填充颜色

选择"主页"选项卡，单击"工具"组中的"用颜色填充"按钮，单击要填充颜色的区域处，即可将该区域用前景色填充。若右击要填充颜色的区域处，则用背景色填充该区域。可以通过"颜色"组中的"颜色 1"和"颜色 2"按钮，分别设置前景色和背景色。

（6）擦除图形

对于图像中不需要的内容，可利用"橡皮擦"来擦除。选择"主页"选项卡，单击"工具"组中的"橡皮擦"按钮，在要擦除的区域按住左键不放，然后拖动鼠标进行擦除。被擦除后的区域将以背景色显示出来。

　　　也可以先用"裁剪"和"选择"工具选择要擦除的内容，直接按【Delete】键删除所选的区域。

2.6.3　命令提示符

命令提示符是 DOS 操作系统的环境，所有的操作都使用命令来完成。在 Windows 操作系统中，一直保留可进入 DOS 环境。单击"开始"按钮，选择"所有程序"→"附件"→"命令提示符"命令，打开"命令提示符"窗口。也可以在"开始"菜单的"搜索框"中输入"cmd"，单击"cmd.exe"进入 DOS 环境。输入 Exit 命令，可以退出 DOS 环境，返回 Windows 环境。

例如，为了查看字符编码，可输入命令：debug D:\myfolder\lizi.txt。

在光标之后输入 d，则显示字符的十六进制编码（见图 2-65）。一个西文字符占一个字节，如 T 的编码是 54。一个汉字占两个字节，如"计"的编码是 BC C6，每个字节的最高位一定是 1（见第 1 章 1.4.4 小节）。

图 2-65　"命令提示符"窗口

debug 命令是将磁盘文件装入内存，d（display）是显示内存的内容（十六进制），q 是退出 debug 环境。

2.6.4　截图工具

Windows 7 中截图工具的功能非常强大，甚至可以和专业的屏幕截图工具相媲美。单击"开始"按钮，选择"所有程序"→"附件"→"截图工具"命令，可以打开"截图工具"窗口，如图 2-66 所示。

截图工具不仅可以按照多种形式截取图片，还能对截取的图片进行编辑。可以将截图复制到剪贴板，或者以多种图片格式保存到磁盘上。

截图工具能够截取的图形分为 4 种：任意格式截图、矩形截图、窗口截图和全屏幕截图，如图 2-67 所示。

图 2-66　"截图工具"窗口

截图工具不仅截图功能强，而且还可以进行多种选择设置。单击"截图工具"窗口中的"选项"按钮，打开"截图工具选项"对话框，如图 2-68 所示。下面介绍常用的几项设置。

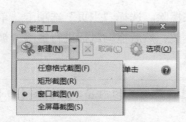

图 2-67　截图的类型

图 2-68　"截图工具选项"对话框

- 隐藏提示文字：将鼠标放在图标、按钮上时，可能会显示特殊提示文字，如果希望在截图时不截取这些内容，可以选择此复选框。

- 包含截图下的 URL：当对浏览器中的内容进行截图时，截图工具会自动捕获网页的统一资源定位符（Uniform Resource Locator，URL），在用户将截图以 HTML 格式保存时会显示在截图下方，如图 2-69 所示。

URL ——

图 2-69　截图中的 URL

习　题　2

一、单项选择题

1. 操作系统是（　　　）的接口。

　　A. 硬件与系统软件　　　　　　　　B. 用户与计算机

　　C. 主机与外设　　　　　　　　　　D. 高级语言与机器语言

2. Windows 7 是（　　　）的操作系统。

　　A. 单用户单任务　　　　　　　　　B. 单用户多任务

　　C. 多用户多任务　　　　　　　　　D. 多用户单任务

3. 当鼠标指针变成"旋转圆圈"形状时，通常情况是（　　　）。

　　A. 正在选择　　　　　　　　　　　B. 系统正忙

　　C. 后台运行　　　　　　　　　　　D. 选定文字

4. 在 Windows 7 中，"桌面"是指（　　　）。

　　A. 整个屏幕　　　　　　　　　　　B. 某一个窗口

　　C. 所有的窗口　　　　　　　　　　D. 当前打开的窗口

5. 要重新排列桌面上的图标，首先应该右击（　　　）。

　　A. 窗口空白处　　　　　　　　　　B. "任务栏"空白处

　　C. 桌面空白处　　　　　　　　　　D. "开始"按钮

6. 在 Windows 7 窗口中，对文件和文件夹不可以按（　　　）排序。

　　A. 名称　　　　　　　　　　　　　B. 内容

C. 类型   D. 大小

7. 下列关于"回收站"的叙述中，错误的是（   ）。

   A. "回收站"可以暂时存放硬盘上被删除的信息

   B. 放入"回收站"中的信息可以还原

   C. "回收站"的大小是可以调整的

   D. "回收站"可以存放 U 盘上被删除的信息

8. 下列关于"快捷方式"的叙述中，错误的是（   ）。

   A. 快捷方式是打开其对应程序的捷径

   B. 快捷方式图标可以删除、复制或移动

   C. 可在桌面上创建"打印机"的快捷方式

   D. 删除快捷方式后，对应的应用程序也将被删除

9. 删除某个应用程序快捷方式图标，则（   ）。

   A. 该应用程序连同其图标一起被删除

   B. 只删除了该应用程序，对应的图标被隐藏

   C. 只删除了图标，对应的应用程序被保留

   D. 该应用程序连同其图标一起被隐藏

10. 使用快捷键（   ）等同于单击"开始"按钮。

   A.【Alt+Esc】   B.【Ctrl+Esc】   C.【Tab+Esc】   D.【Shift+Esc】

11. 在 Windows 7 中，U 盘上被删除的文件（   ）。

   A. 可以通过"回收站"还原   B. 不可以通过"回收站"还原

   C. 被保存在硬盘上   D. 被保存在内存中

12. 在 Windows 7 中，应遵循的原则是（   ）。

   A. 先选择命令，再选中操作对象   B. 先选中操作对象，再选择命令

   C. 同时选择操作对象和命令   D. 允许用户任意选择

13. 不能在"任务栏"中进行的操作是（   ）。

   A. 快速启动应用程序   B. 排列和切换窗口

   C. 排列桌面图标   D. 设置系统日期和时间

14. 窗口的标题栏除了起到标识窗口的作用外，用户还可以用它来（   ）。

   A. 调整窗口的大小   B. 改变窗口的位置

   C. 关闭窗口   D. 以上都可以

15. 在对话框中切换各个选项卡，可以使用快捷键（   ）。

   A.【Ctrl+Tab】   B.【Ctrl+Shift】   C.【Alt+Shift】   D.【Ctrl+Alt】

16. 不能打开资源管理器的操作是（   ）。

   A. 右击"开始"按钮

   B.【WIN+E】

   C. 选择"开始"→"所有程序"→"附件"→"Windows 资源管理器"命令

   D. 右击"计算机"图标→"属性"

17. 在"资源管理器"窗口中，导航窗格显示（   ）。

   A. 所有未打开的文件夹   B. 系统的逐层文件夹

   C. 打开文件夹下的子文件夹与文件   D. 所有已打开的文件夹

18. 在资源管理器中，单击文件夹左边的"展开"按钮，将（　　　）。

　　A. 在导航窗格展开该文件夹

　　B. 在导航格显示该文件夹中的子文件夹和文件

　　C. 仅在文件格中显示该文件夹中的子文件夹

　　D. 仅在文件窗格中显示该文件夹中的文件

19. 在 Windows 7 中，文件名最多允许输入（　　　）个字符。

　　A. 8　　　　　　　　B. 16　　　　　　　　C. 255　　　　　　　　D. 任意多

20. 下列关于文件夹和文件的说法中，正确的是（　　　）。

　　A. 在一个文件夹中可以有同名文件

　　B. 在一个文件夹中可以有同名文件夹

　　C. 在一个文件夹中可以有同名的文件夹与文件

　　D. 在不同文件夹中可以有同名文件

21. 下列文件的扩展名中，（　　　）表示纯文本文件。

　　A. .txt　　　　　　　B. .exe　　　　　　　C. .docx　　　　　　D. .bmp

22. 在 Windows 7 中，选定多个不连续的对象，需要在单击鼠标的同时按住（　　　）键。

　　A. Alt　　　　　　　B. Ctrl　　　　　　　C. Tab　　　　　　　D. Shift

23. 在 Windows 7 环境下，下列组合键中与剪贴板操作无关的是（　　　）。

　　A.【Ctrl+P】　　　　B.【Ctrl+C】　　　　C.【Ctrl+X】　　　　D.【Ctrl+V】

24. 在 Windows 7 中，剪贴板的作用是（　　　）。

　　A. 保存临时删除的文件或文件夹

　　B. 保存进行剪贴或复制操作时对象的信息，供粘贴使用

　　C. 保存经常使用的硬盘程序，提高系统运行速度

　　D. 保存 Windows 附件中的应用程序

25. "编辑"菜单中的"剪切"和"复制"命令有时是灰色的，只有当（　　　）后，这两个命令才可以使用。

　　A. 双击　　　　　　B. 选中对象　　　　　C. 右击　　　　　　D. 单击

26. 在 Windows 中，按住【Ctrl】键后，拖动左键可在同一驱动器下的文件夹之间实现的操作是（　　　）。

　　A. 剪切　　　　　　B. 复制　　　　　　　C. 粘贴　　　　　　D. 移动

27. 拖动左键可在不同驱动器下的文件夹之间实现的是（　　　）操作。

　　A. 移动　　　　　　B. 复制　　　　　　　C. 无任何操作　　　　D. 删除

28. 使用（　　　）对话框，可以显示或隐藏文件的扩展名。

　　A. "自定义文件夹"　　　　　　　　　　　B. "文件夹选项"

　　C. "查找"　　　　　　　　　　　　　　　D. "运行"

29. 屏幕保护程序的作用是（　　　）。

　　A. 保护眼睛　　　　　　　　　　　　　　B. 减少屏幕辐射

　　C. 保护硬盘　　　　　　　　　　　　　　D. 保护显示器

30. 使用（　　　）命令可以将文件的碎片组合到一起，形成一个整体磁盘空间，以提高系统性能。

　　A. 磁盘格式化　　　B. 磁盘碎片整理　　　C. 磁盘查错　　　　D. 磁盘清理

31. 使用"画图"程序绘制圆形，应在按住（　　）键的同时拖动鼠标。

    A. Shift   B. Ctrl   C. Alt   D. Space

二、上机操作题

1. Windows 7 基本操作

（1）在桌面上创建"画图"程序和"计算器"程序的快捷方式。

（2）按不同的方式排列桌面图标。

（3）对"计算机"窗口进行如下操作：打开、最小化、最大化、移动和关闭操作。打开多个窗口，按不同的方式排列窗口，并进行切换。

2. Windows 7 文件管理

（1）打开 C:\Windows\system32 文件夹，选中多个连续的对象（文件夹或文件）和多个不连续的对象。

（2）在"C:\Windows"中查找以"D"开头的文件。

（3）在 D 盘新建一个文件夹，并命名为 class，在该文件夹下建立一个子文件夹，将其命名为 student。

（4）查找 C 盘中扩展名为.jpg 的所有文件，并将满足条件的文件复制到 D:\class\student 文件夹下。

（5）将 D 盘中的 class 文件夹，用 3 种不同的方法分别复制到 E 盘、桌面和"Administrator"中。

（6）将 E 盘中的 class 文件夹删除，再从"回收站"中将其还原。

（7）查看 D 盘中的 class 文件夹的属性，将其设置上隐藏属性。

（8）将文件的扩展名隐藏，再将其显示出来。

3. 控制面板的操作

（1）添加五笔字型输入法，然后将该输入法删除。

（2）自定义"桌面"，设置桌面背景、屏幕保护、屏幕的分辨率和刷新率。将桌面图标隐藏，再将桌面图标显示出来，并按不同的方式排列桌面图标。

（3）创建一个新用户，用户名、登录图片自定，设置用户帐户密码，最后将该用户删除。

（4）安装虚拟打印机。

（5）安装 QQ 2014 应用程序，然后将其卸载。

（6）打开"设备管理器"窗口，查看本机的硬件设备及相关属性。

4. 磁盘管理操作

（1）查看各个磁盘分区的属性。

（2）用不同的方法打开"任务管理器"，用其切换、结束程序。

（3）使用磁盘清理功能清理系统盘。

（4）使用磁盘碎片整理程序整理系统盘磁盘空间。

5. 附件的操作

（1）使用附件中的"记事本"，输入一段文字，介绍一下自己。要求：不少于 300 字，将文件保存在 D 盘的 class 文件夹下（需要先把隐藏的文件夹或文件显示出来），文件名为"自我介绍.txt"。

（2）使用附件中的"画图"程序绘制一幅画，然后将文件保存在 D 盘的 class 文件夹下，设置文件名为"画图 1.png"，并将该图片设置为桌面背景。

（3）打开"截图工具"截取整个桌面和当前活动窗口，并将其保存在 D 盘的 class 文件夹下命名为"截图 1.png"和"截图 2.png"。

第 3 章
字处理软件 Word 2010

Microsoft Office 是微软公司为 Microsoft Windows 和 Apple Macintosh 操作系统而开发研制的办公软件。Office 凭借其友好的界面、方便的操作、完善的功能和易学易用等优点成为办公自动化的主流软件，其应用范围几乎涵盖了电脑办公的各个领域。

Office 2010 中文版包括 Word、Excel、PowerPoint、Access、Outlook 和 Visio 等办公软件。

● Word 2010 是一款功能强大的文档制作软件，它集文本的输入、编辑、排版和打印等于一体，帮助用户创建更加实用美观的文档。

● Excel 2010 是一个集电子表格制作、数据管理与分析于一体的处理软件，用户可以用它来分析、交流和管理信息，以便做出更加有根据的决策。

● PowerPoint 2010 是专门用来制作幻灯片的软件，能够制作出集文字、图形、图像、声音和视频剪辑等多媒体元素于一体的演示文稿。用户将要表达的信息组织在一组图文并茂的画面中，用于介绍公司的产品、展示学术成果等。

● Access 2010 是用于设计和管理数据库的软件，它能帮助用户创建、使用和维护数据库，以开发功能强大的数据库应用系统。

● Outlook 2010 是一个集电子邮局、日历、通信和时间管理为一体的应用型办公软件，使用它可以收发电子邮件、管理联系人信息、记日记、安排日程和分配任务等。

● Visio 2010 是一个专业化办公绘图软件，帮助用户创建系统的业务和技术图表，说明复杂的流程或设想，以及展示组织结构或空间布局。

本章主要学习 Word 2010。

3.1　初识 Word 2010

自 Word 2007 开始，Word 采用全新的操作界面，使用户的操作变得更简单、更直观。在此基础上，Word 2010 提供功能更为全面的文本和图形编辑工具，以帮助用户创建更具专业水准的文档。

3.1.1　Word 2010 的启动与退出

1. 启动 Word 2010

启动 Word 2010，主要有以下两种方法。

● 单击"开始"按钮，选择"所有程序"中的"Microsoft Office"，在弹出的下拉菜单中选择"Microsoft Word 2010"命令。

- 双击桌面上的 Microsoft Word 2010 快捷方式图标。

2．退出 Word 2010

退出 Word 2010 的常用方法如下。

- 单击 Word 窗口标题栏上的"关闭"按钮。
- 双击 Word 窗口左上角"控制菜单"按钮。
- 按【Alt+F4】组合键。
- 选择"文件"选项卡中的"退出"命令。

3.1.2　Word 2010 的工作界面

启动 Word 2010 之后，将打开 Word 2010 的工作界面，如图 3-1 所示。该界面主要由标题栏、快速访问工具栏、功能区、文档编辑区、标尺、状态栏与视图工具栏等几部分组成。

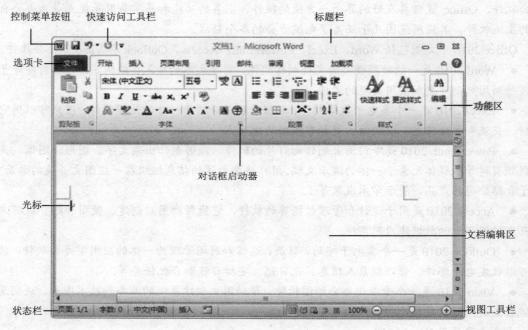

图 3-1　Word 2010 工作界面

1．标题栏

标题栏位于窗口的最上方，用于显示正在操作的文档和应用程序名称信息。右侧有 3 个窗口控制按钮："最小化"、"最大化/向下还原"和"关闭"，单击可以执行相应的操作。

2．快速访问工具栏

快速访问工具栏位于标题栏的左侧，默认包括"保存"、"撤消"和"恢复" 3 个按钮。单击它右侧的"自定义快速访问工具栏"按钮，即，可以将经常使用的工具添加到快速访问工具栏中。

3．功能区

功能区是 Word 2010 中各种操作命令的集合，主要由选项卡、组和命令按钮等组成。选项卡与功能区是对应的关系，选择某个选项卡即可打开相应的功能区。在功能区中单击相应"组"中的命令按钮，即可完成所需的操作。有些组右下角会有一个"对话框启动器"按钮，即，单击它则会弹出相应的对话框或任务窗格以进行更详细的设置。

4．文档编辑区

文档编辑区是用户进行文本输入、编辑和查阅文档的区域。该区域内闪烁的黑色竖线称为光标，它用来确定文档的编辑位置。

5．状态栏

状态栏位于窗口最底端的左侧，主要用于显示当前文档的状态，包括当前页码、字数以及所使用的语言等信息。

6．视图工具栏

视图工具栏位于状态栏的右侧，包括视图方式、缩放比例和显示比例 3 部分。单击该区域的相应按钮，可以快速实现视图方式的切换和调整显示比例。

7．后台视图

后台视图是 Office 2010 新增的功能。单击"文件"选项卡，即可查看后台视图，如图 3-2 所示。用户可以在后台视图中进行新建文档、保存文档、打印文档、保护文档以及设置 Word 选项等操作。

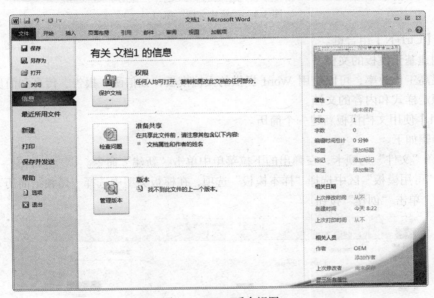

图 3-2　Office 后台视图

3.1.3　文档的基本操作

这里所说的文档，是指使用字处理软件 Word 撰写的报告、公文、稿件、论文、合同与书信等。Word 文档的基本操作包括新建文档、保存文档、关闭文档、打开文档和保护文档等。

1．新建文档

启动 Word 2010，系统会自动新建一个名为"文档 1.docx"的空白文档。用户可以直接使用它，或者根据 Word 提供的模板新建带有格式和内容的文档。在 Word 2010 中，还可以创建一些具有特殊功能的文档，如博客文章、书法字帖等。

（1）创建空白文档

创建空白文档主要有以下几种方法。

● 选择"文件"选项卡，在弹出的下拉菜单中单击"新建"命令。在"可用模板"区中选择"空白文档"选项，如图 3-3 所示，单击"创建"按钮。

图 3-3 "新建文档"窗口

- 按【Ctrl+N】组合键。

（2）创建基于模板的文档

为了提高工作效率，可以使用 Word 提供的文档模板，如信函、报告、传真和简历等，快速创建具有固定样式和内容的文档。

【例 3-1】使用文档模板新建一个简历。

操作步骤如下。

① 选择"文件"选项卡，在弹出的下拉菜单中单击"新建"命令。

② 在"可用模板"区中选择"样本模板"选项，在模板类型中选择"黑领结简历"选项，如图 3-4 所示，单击"创建"按钮。

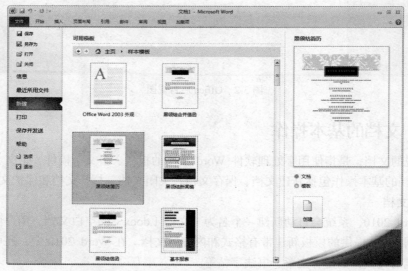

图 3-4 "样本模板"窗口

2. 保存文档

新建一篇文档后，用户必须将文档保存到磁盘文件中，以便对文档进行添加、修改和格式设置等操作。如果不保存，所做的一切工作就白费了。

（1）保存新建的文档

第一次保存文档时，用户需要指定文件的保存位置及文件名等信息。

保存新建文档有以下几种方法。

● 选择"文件"选项卡，在弹出的下拉菜单中单击"保存"命令，弹出"另存为"对话框，如图 3-5 所示。选择文档所要保存的位置，包括盘号与文件夹；在"文件名"后的文本框中输入文件名；在"保存类型"下拉列表中选择文档类型，默认的类型是.docx。设置完成后，单击"保存"按钮。

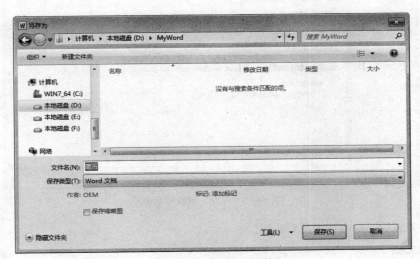

图 3-5 "另存为"对话框

● 单击"快速访问工具栏"中的"保存"按钮。

● 按【Ctrl+S】组合键。

（2）另存文档

另存文档是将已保存的文档改名存盘，或另存为一个副本到磁盘的其他位置。另存文档既可以保存对原文档所做的修改，又不会影响原文档的内容，而且还可以选择文档的另存格式。

另存文档的操作步骤如下。

① 选择"文件"选项卡，在弹出的下拉菜单中单击"另存为"命令，弹出如图 3-5 所示的"另存为"对话框。

② 在"另存为"对话框中，设置另存位置和另存名称，完成后单击"保存"按钮。

（3）设置自动保存

在编辑文档的过程中，为了防止因断电、死机等意外情况所造成的损失，Word 提供了自动保存功能。

设置文档自动保存的操作步骤如下。

① 选择"文件"选项卡，在弹出的下拉菜单中单击"选项"按钮，弹出"Word 选项"对话框。

② 选择"保存"选项卡，在"将文件保存为此格式"下拉列表中选择文档的保存类型，这里选择"Word 文档（*.docx）"选项。选中"保存自动恢复信息时间间隔"复选框，并在其右侧的文本框中设置文档自动保存的时间间隔，默认情况下为"10 分钟"，如图 3-6 所示。

图 3-6　"保存"设置对话框

③ 设置完成后，单击"确定"按钮。

3．关闭文档

用户对文档进行处理之后，需要保存并将该文档关闭，以保证文档的安全。关闭文档即关闭当前打开的文档，并不是退出 Word 程序。

关闭文档的主要方法如下。

- 选择"文件"选项卡，在弹出的下拉菜单中单击"关闭"命令。
- 按【Ctrl+F4】组合键。

4．打开文档

所谓打开文档，是将 Word 文件装入到文档编辑区中。当用户要修改已保存的文档时，首先要将其打开。

打开文档主要有以下几种方法。

- 选择"文件"选项卡，在弹出的下拉菜单中单击"打开"命令，弹出"打开"对话框，如图 3-7 所示。选择要打开文档的盘号、文件夹及文件名等，然后单击"打开"按钮。例如，打开 Word 文档"春"。
- 按【Ctrl+O】组合键。
- 双击要打开的 Word 文件（.docx 或.doc），启动 Word 2010 并打开文档。
- 选择"文件"选项卡，在弹出的下拉菜单中选择"最近所用文件"命令，在其右侧的列表中单击最近曾使用的文件。

5．保护文档

为控制其他人访问文档或防止未经授权查阅和修改文档，可以对文档设置密码进行保护。密码分为打开权限密码和修改权限密码两种。

为文档设置密码的操作步骤如下。

图 3-7 "打开"对话框

① 选择"文件"选项卡，在弹出的下拉菜单中单击"信息"命令。在"信息"窗口中单击"保护文档"按钮，在快捷菜单中选择"用密码进行加密"命令，如图 3-8 所示。

② 在弹出的"加密文档"对话框中输入密码，如图 3-9 所示，单击"确定"按钮。

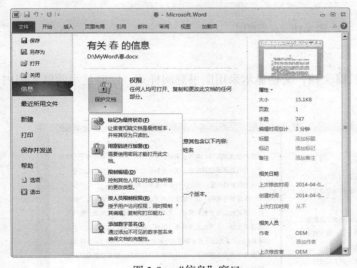

图 3-8 "信息"窗口

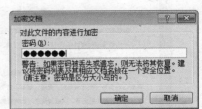

图 3-9 "加密文档"对话框

③ 在弹出的"确认密码"对话框中再次输入密码，然后单击"确定"按钮。

3.1.4 文档的视图方式

使用 Word 编辑文档时，需要用不同的方式来查看文档的编辑效果。为此，Word 2010 提供 5 种文档视图，即页面视图、阅读版式视图、Web 版式视图、大纲视图和草稿视图。用户可以根据编辑文档的不同用途来进行选择。

用户可以在"视图"选项卡的"文档视图"组中单击不同的视图按钮，或者单击视图工具栏中的视图按钮来实现视图方式的切换。

1. 页面视图

这种视图方式的最大特点是"所见即所得"，文档的显示效果和实际打印的效果一致。在页面视图下，用户可以直观地对页边距、页眉和页脚等页面元素进行设置，如图 3-10 所示。

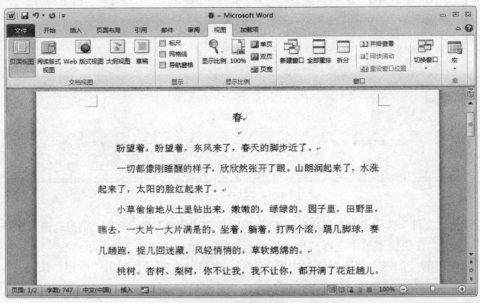

图 3-10　页面视图

2. 阅读版式视图

阅读版式视图最适合用户阅读长篇文档，文档显示采用图书翻阅样式，同时显示两屏文档内容，如图 3-11 所示。

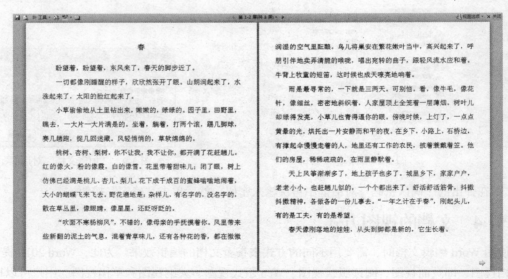

图 3-11　阅读版式视图

3. Web 版式视图

在该视图下，用户浏览文档的效果与在 Web 浏览器中看到的效果相似，适合预览具有网页效果的文本，如图 3-12 所示。

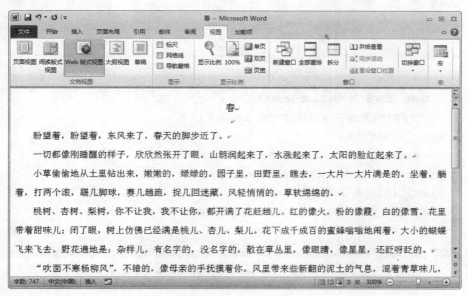

图 3-12　Web 版式视图

4．大纲视图

在该视图下，用户不仅能够方便地查看文档结构，而且可以快速地修改各大纲级别，如图 3-13 所示。

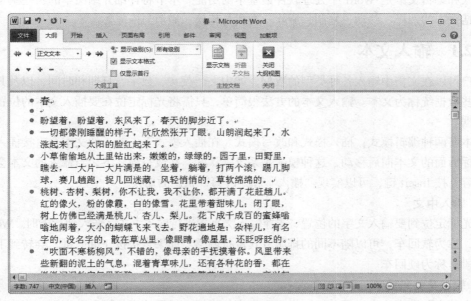

图 3-13　大纲视图

5．草稿视图

在该视图下，取消了页面边距、页眉页脚和图片等信息，仅显示标题和正文，是最节省系统资源的视图方式，如图 3-14 所示。

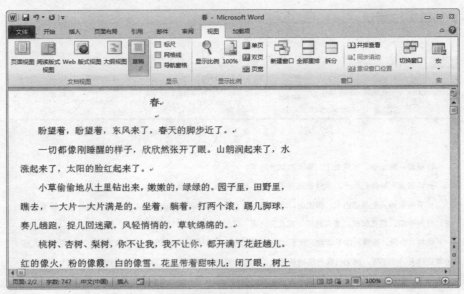

图 3-14　草稿视图

3.2　文本的输入与编辑

输入和编辑文本是 Word 字处理软件最基本的功能。本节将详细介绍文本的一些基本编辑操作，包括文本的选择、移动、复制、删除、查找与替换、撤消与恢复等。

3.2.1　输入文本

用户可以在文档中输入各种类型的数据，如中文、英文、数字、日期和时间，以及其他符号等，这些数据统称为文本。输入文本的方法很简单，只需将光标定位在要插入文本的位置，然后输入数据。

文本有两种编辑模式：插入模式和改写模式。在插入模式下，输入的文本会直接插入到文档中，光标后面的文本向后移动，这种模式是系统默认的。在改写模式下，新输入的文本会覆盖原有的内容。按 Insert 键，可以实现"插入"和"改写"状态的切换。

1. 输入中文

将光标定位到要输入文字的位置，选择输入法直接进行输入。文字输入到行末时，Word 会自动换行，称为软回车，可以随不同的排版方式进行调整。如果直接按 Enter 键，会转到下一行并另起一段，称为硬回车。

2. 输入英文和数字

输入英文和数字比中文简单，同样需要先定位光标，然后按字母键和数字键。作为练习，请读者输入本章开头语，并存入 D 盘 MyWord 文件夹中，文件名为"导言.docx"。

3. 输入日期和时间

若要输入当前的日期和时间，可使用 Word 的插入日期和时间功能。首先定位插入日期和时间的位置，然后选择"插入"选项卡。单击"文本"组中的"日期和时间"按钮，弹出"日期和时间"对话框，如图 3-15 所示。在"语言（国家/地区）"下拉列表中选择中文或英文，在"可用格式"列表框中选择需要的日期或时间样式，单击"确定"按钮。

图 3-15　"日期和时间"对话框

4. 输入符号

对于键盘上的符号，只需按下对应的键即可完成输入。但是，对于键盘上没有的一些符号或者特殊符号，就需要使用下述的方法进行输入。

将光标定位插入符号的位置，选择"插入"选项卡，单击"符号"组中的"符号"按钮，在弹出的下拉列表中选择所需的符号，如图 3-16 所示。若想选择更多的符号，单击"其他符号"选项，弹出"符号"对话框，如图 3-17 所示。从列表中选择符号或特殊字符，然后单击"插入"按钮。

图 3-16　"符号"下拉列表

图 3-17　"符号"对话框

3.2.2　选择文本

在文档中输入文本后，需要对文本进行各种编辑操作。首先，要选择待编辑的文本，这就是通常所说的"先选后作"。下面介绍选择文本的具体方法。

1. 选择连续文本

将光标移动到文本的起始位置，然后拖动到结束处，则选择的内容以浅蓝色显示。要选择连续的长文本，首先将光标定位到文本的开始位置，然后按住【Shift】键的同时单击所选文本的结束位置。

2. 选择一个单词

只需双击该单词。

3. 选择行文本

将光标移动到该行的左侧，当指针变为指向右上方箭头，即 ⇗ 时单击，则选择一行文本，若拖动，则选择连续几行文本。

4. 选择一个段落

将光标移动到该段的左侧，当指针变为指向右上方箭头，即 ⇗ 时双击，或在该段落任意位置连续三击左键，则选择该段文本。

5. 选择多段不相邻的文本

首先按上面方法选择一段文本，然后按住【Ctrl】键，再选择其他段文本。

6. 选择垂直文本

首先按住【Alt】键，将光标移动到文本的开始位置，然后拖动到结束处，即可选择一块垂直文本。

7. 选择整篇文档

将光标移动到文档的左侧，当指针变为指向右上方箭头，即⇗时三击左键，或者按【Ctrl+A】组合键，即可选择整篇文档。

3.2.3　移动与复制文本

移动文本是指将文本从一个位置移动到另一个位置，而复制文本是使相同的文本重复出现。

1. 移动文本

移动文本主要有以下几种方法。

● 利用剪贴板。首先，选择要移动的文本，选择"开始"选项卡，单击"剪贴板"组中的"剪切"按钮。然后，将光标定位到目标位置，单击"剪贴板"组中的"粘贴"按钮。

● 使用快捷键。首先选择要移动的文本，按【Ctrl+X】组合键。然后，将光标定位到目标位置，按【Ctrl+V】组合键。

● 使用鼠标。首先选择要移动的文本，直接拖动到目标位置即可。

2. 复制文本

复制文本主要有以下几种方法。

● 利用剪贴板。首先，选择要复制的文本，选择"开始"选项卡，单击"剪贴板"组中的"复制"按钮。然后，将光标定位到目标位置，单击"剪贴板"组中的"粘贴"按钮。

● 使用快捷键。首先，选择要复制的文本，按【Ctrl+C】组合键。然后，将光标定位到目标位置，按【Ctrl+V】组合键。

● 使用鼠标。首先选择要复制的文本，将指针指向已选择的文本，按住 Ctrl 键拖动到目标位置。

3.2.4　删除文本

对于不需要的文本，可以实施删除操作。

● 按 BackSpace 键，删除光标前的一个字符。

● 按 Delete 键，删除光标后的一个字符。

● 选择要删除的文本，按 BackSpace 键或 Delete 键，可删除所选文本。

3.2.5　查找与替换文本

在编辑与查看文档过程中，使用 Word 提供的查找与替换功能可以快速地在文档中查找指定的文本，或者将指定的文本替换为其他文本。

1. 查找文本

具体操作步骤如下。

① 将光标定位到文档中，选择"开始"选项卡，单击"编辑"组中的"查找"按钮，打

开"导航"任务窗格。在"搜索文档"区域中输入需要查找的文本，如图 3-18 所示。此时，在文档中查找到的文本以黄色突出显示。如果想要进行更精确的查找，单击"编辑"组中的"查找"右侧的下拉按钮，在弹出的下拉菜单中选择"高级查找"选项，弹出"查找和替换"的对话框。

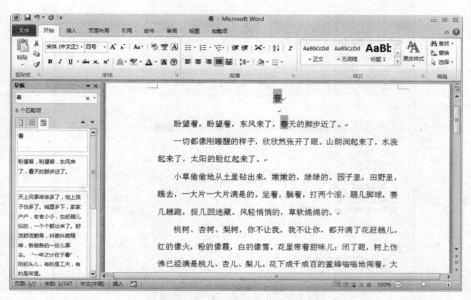

图 3-18 在"导航"任务窗格中查找文本

② 选择"查找"选项卡，在"查找内容"文本框中输入查找内容，如"春天"，如图 3-19 所示。单击"更多"按钮，将展开高级设置选项，可设置搜索方向、区分全/半角等，如图 3-20 所示。

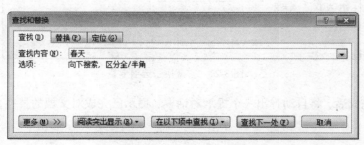

图 3-19 "查找"选项卡

③ 单击"查找下一处"按钮，光标后的第一个"春天"以蓝底显示，再次单击该按钮将继续查找。

④ 当查找完成后，将自动弹出一个提示对话框，提示已完成对文档的查找，单击"确定"按钮。

2. 替换文本

① 将光标定位到文档中的某位置，选择"开始"选项卡，单击"编辑"组中的"替换"按钮，弹出"查找和替换"的对话框。

② 选择"替换"选项卡，在"查找内容"文本框中输入查找内容，如输入"春天"，在"替

换为"文本框中输入要替换的内容，如"春天里"，如图 3-21 所示。

③ 单击"全部替换"按钮，则所有符合条件的内容将被全部替换。如果需要选择性替换，则单击"查找下一处"按钮，需要替换的单击"替换"按钮，不需要替换的继续单击"查找下一处"按钮。反复执行，直至文档结束。

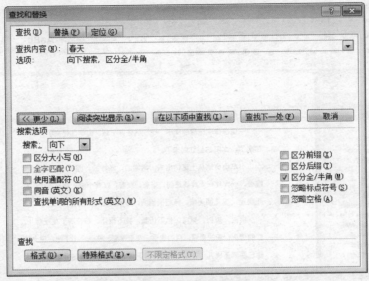

图 3-20　扩展后的"查找"选项卡

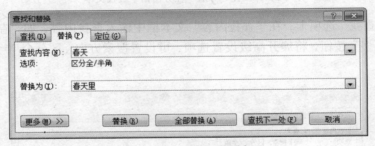

图 3-21　　"替换"选项卡

④ 当替换完成后，将自动弹出一个提示对话框，提示已完成对文档的替换，单击"确定"按钮。

3.2.6　撤消与恢复操作

在输入文本或编辑文档时，Word 会自动记录用户所执行的每一步操作。若执行了错误的操作，可以使用撤消命令取消操作，且撤消的操作还可以恢复。

1. 撤消操作

撤消操作主要有以下几种方法。

● 单击快速访问工具栏中的"撤消"按钮，可取消上一步的操作。连续单击该按钮，可撤消最近执行的多步操作。

● 按【Ctrl+Z】组合键，可撤消最近一次的操作。连续按【Ctrl+Z】组合键，可撤消多步操作。

2. 恢复操作

恢复操作主要有以下几种方法。

● 单击快速访问工具栏中的"恢复"按钮，可恢复上一步的撤消操作。连续单击该按钮，可恢复最近执行的多步撤消操作。

● 按【Ctrl+Y】组合键，可恢复最近一次的撤消操作。连续按【Ctrl+Y】组合键，可恢复多步撤消操作。

3.3　文档的格式化

在文档中输入文本并进行编辑后，为了使其更加美观，符合人们的需要，常常要对文档的格式进行一系列设置，主要包括设置字体格式、段落格式、特殊版式与文档样式等。

3.3.1　设置字体格式

文档中的文本默认为"宋体"、"五号"字。为了美化文档，提高文档的可读性，用户可以对文档中的文本进行字体格式的设置。字体格式设置主要包括设置字体、字号、字形和字体颜色等。

设置字体格式主要有以下几种方法。

1. 使用浮动工具栏

Word 为了方便用户对字体格式进行设置，提供了一个浮动工具栏，如图 3-22 所示。当用户选择文本后，该工具栏将自动显示。浮动工具栏可以帮助用户快速设置字体、字形、字号、字体颜色等格式。操作很简单，只要单击其中的按钮，或在相应的下拉列表中选择所需要的选项即可。

2. 使用"字体"组

使用浮动工具栏可设置一些基本的字体格式，但要设置较复杂的字体格式，则要使用"开始"选项卡的"字体"组进行设置，如图 3-23 所示。

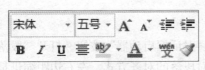

图 3-22　浮动工具栏

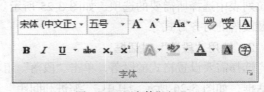

图 3-23　"字体"组

选择需要设置字体格式的文本，单击"字体"组相应按钮，或在相应的下拉列表中选择所需要的选项。

3. 使用"字体"对话框

如果需要将文本格式设置得更加特殊和美观，可单击"字体"组右下角的"对话框启动器"按钮，打开"字体"对话框，如图 3-24 所示。其中，"字体"选项卡除可设置字体、字形、字号等外，还可设置特殊效果，如下划线型、删除线、文本边框与阴影等。"高级"选项卡可调整文本的字符间距与缩放比例等。

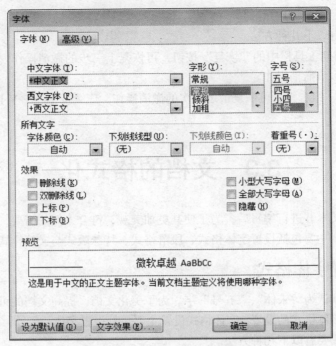

图 3-24　"字体"对话框

3.3.2　设置段落格式

为了使文档层次分明、排列有序，需要设置段落格式，包括设置对齐方式、调整行距、段落间距和缩进方式等。

设置段落格式主要有以下几种方法。

1．使用"段落"组

选择需要设置格式的段落，在"开始"选项卡的"段落"组中单击相应的按钮，或在相应的下拉列表中选择所需要的选项，如图 3-25 所示。"段落"组常用来设置段落的项目符号、编号，以及段落的对齐方式等。

2．使用"段落"对话框

选择需要设置格式的段落，单击"段落"组右下角的"对话框启动器"按钮，打开"段落"对话框，如图 3-26 所示。其中，"缩进和间距"选项卡可对段落的对齐方式、左右边距缩进量与其他段落间距等进行设置，"换行和分页"选项卡可对分页、行号和断字等进行设置，"中文版式"选项卡可对中文文稿的特殊版式进行设置。

段落缩进是指段落中的文本与页边距之间的距离。常用的段落缩进包括首行缩进、悬挂缩进、左缩进和右缩进等 4 种。

- 首行缩进，指段落第一行的起始位置与页面左边距的缩进量。中文段落普遍采用首行缩进 2 个字符。
- 悬挂缩进，指段落中除首行以外的其他行与页面左边距的缩进量。悬挂缩进常用于一些较为特殊的场合，如报刊、杂志等。
- 左缩进，指整个段落左边界与页面左边距的缩进量。
- 右缩进，指整个段落右边界与页面右边距的缩进量。

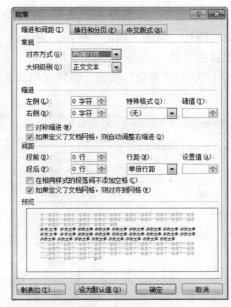

图 3-25　"段落"组　　　　图 3-26　"段落"对话框

3.3.3　设置项目符号和编号

在编辑条理性很强的文档时，用户可以插入项目符号或编号，以使文档的层次和结构更加清晰。

1. 设置项目符号

Word 提供了多种项目符号样式，同时允许用户将符号或图片设置为项目符号，这样可使文档更美观，更具个性化。

添加项目符号的操作步骤如下。

① 选择需要设置项目符号的段落，单击"段落"组中的"项目符号"下拉按钮。在弹出的下拉列表中选择项目符号，如图 3-27 所示。

② 进一步可选择图片为项目符号。单击"定义新项目符号"按钮，打开"定义新项目符号"对话框，如图 3-28 所示。

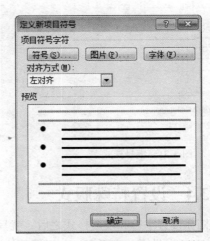

图 3-27　"项目符号"下拉列表　　　　图 3-28　"定义新项目符号"对话框

③ 单击"图片"按钮，弹出"图片项目符号"对话框，如图 3-29 所示。在图片列表中选择需要的图片，单击"确定"按钮，返回到"定义新项目符号"对话框。在"预览"窗格可看到图片项目的效果。

④ 单击"确定"按钮，将其应用到文档中，效果如图 3-30 所示。

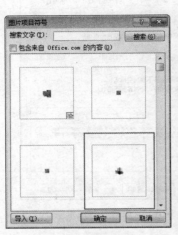

图 3-29　"图片项目符号"对话框

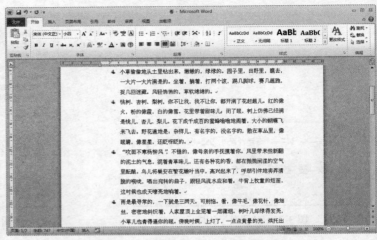

图 3-30　添加项目符号的效果

2. 设置编号

设置编号的方法与设置项目符号类似，就是将项目符号变成顺序排列的编号，主要用于操作步骤、主要论点和合同条款等。选择需要设置编号的段落，单击"段落"组中的"编号"下拉按钮，在弹出的编号库中选择一种编号的样式，如图 3-31 所示，则所选编号被应用到文档中，如图 3-32 所示。

图 3-31　编号样式

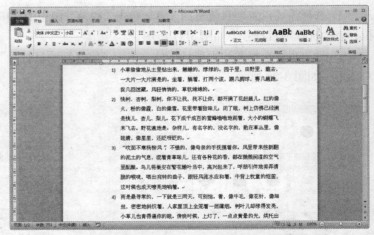

图 3-32　添加编号的效果

3.3.4　设置特殊版式

文档在设置字符和段落格式之后，就具有了一定的形式。为了满足用户编辑特殊版式文档的需要，Word 提供了首字下沉、分栏等其他功能。

1. 首字下沉

为了突出显示段落的第一个汉字，可以使用 Word 提供的首字下沉功能，其主要应用于报刊、杂志等特殊文档中。

设置首字下沉的操作步骤如下。

① 将光标定位到要设置首字下沉的段落中，选择"插入"选项卡，单击"文本"组中的"首字下沉"按钮。在弹出的下拉列表中选择所需的首字下沉的样式，如图 3-33 所示。

② 进一步，可单击"首字下沉选项"按钮，打开"首字下沉"对话框，如图 3-34 所示。这时，选择一种下沉方式，并可以设置"字体"、"下沉行数"和"距正文"等。设置完毕后，单击"确定"按钮，即可看到所选段落的首字下沉效果，如图 3-35 所示。

图 3-33　"首字下沉"下拉列表

图 3-34　"首字下沉"对话框

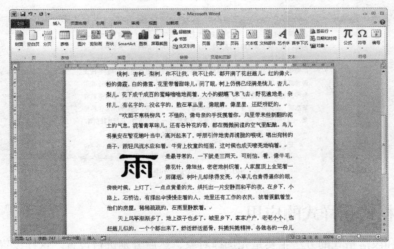

图 3-35　首字下沉效果

2. 分栏

分栏排版是一种新闻样式的排版方式，它被广泛应用于报刊、杂志和广告单等印刷品中。使用分栏排版可以使文档美观整齐，易于阅读。

设置分栏的操作步骤如下。

① 选择需要分栏的文本，选择"页面布局"选项卡，单击"页面设置"组中的"分栏"按钮，在弹出的下拉列表中选择分栏数量，如图 3-36 所示。

② 进一步，可单击"更多分栏"按钮，打开"分栏"对话框，这里选择"三栏"选项。在"应用于"下拉列表中选择"所选文字"选项，选中"栏宽相等"和"分隔线"复选框，如图 3-37 所

示。设置完毕后，单击"确定"按钮，即可看到所选文本的分栏效果，如图 3-38 所示。

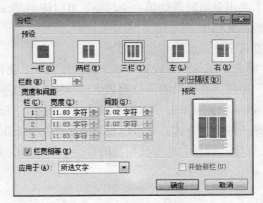

图 3-36　"分栏"下拉列表　　　　　　　　　　图 3-37　"分栏"对话框

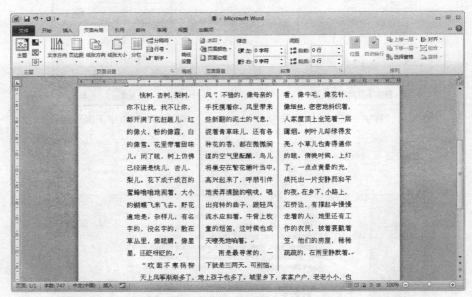

图 3-38　分栏效果

3.3.5　格式和样式的应用

设置字符和段落格式的方法主要是先选择对象，然后分别进行设置。这样设置格式的方式比较慢，尤其在编辑复杂文档或长文档时，可能会花费较长的时间。为此，用户可以借助格式刷或文档样式来提高工作效率。

1.　格式刷

格式刷是用于复制选择对象格式的工具。使用它不仅能对逐个对象进行格式复制，而且能提高文档的排版速度。

使用格式刷的操作步骤如下。

① 选择具有某种格式的文本或段落。

② 选择"开始"选项卡，单击"剪贴板"组中的"格式刷"按钮。此时指针变为刷子形状，即 ，然后应用于该格式的文本或段落。

单击格式刷，只能复制格式到一个对象上。如果要复制格式的对象比较多时，可使用双击格式刷的方法。

2．样式

样式实际上是一组定义好的格式，这些格式包括字体、字号、字形、段落间距、行间距和缩进量等，其作用是方便用户对重复的格式进行设置。在处理长文档时，使用样式不仅在速度上快于格式刷，而且还能使整篇文档保持统一的风格。

Word 中的样式可分为系统内置样式和自定义样式。

（1）套用系统内置样式

在 Word 中，系统提供了一个样式库，用户可以直接套用其中的样式。用户既可以使用"样式"中的样式，也可以使用"样式"任务窗格中的样式。

套用系统内置样式的操作步骤如下。

① 选择需要使用样式的文本。

② "开始"选项卡的"样式"组列出了几种常用样式，如标题 1、标题 2 和正文等，如图 3-39所示，可单击直接使用。

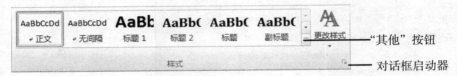

图 3-39　样式库

③ 若想选择其他样式，可单击"样式"组右侧的"其他"按钮。在弹出的下拉列表中可查看全部的样式选项，如图 3-40 所示。或者单击"样式"组中的"对话框启动器"按钮，打开"样式"任务窗格，其中列出了系统自带的各种样式，如图 3-41 所示。用户可根据情况选择自己所需要的样式。

图 3-40　"样式"下拉列表

图 3-41　"样式"任务窗格

（2）自定义样式

当系统提供的样式不能满足用户的要求时，用户可以根据自己的实际需要自定义样式。

创建自定义样式的操作步骤如下。

① 选择要应用新建样式的文本，单击"样式"任务窗格中的"新建样式"按钮，即 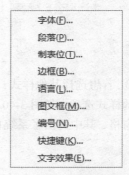，弹出"根据格式设置创建新样式"对话框，如图 3-42 所示，在"名称"文本框中输入新样式的名称。

② 在"样式类型"下拉列表中选择样式的类型，如段落、字符等。

③ 在"样式基准"下拉列表中选择一种标准样式。

④ 在"后续段落样式"下拉列表中选择应用该样式段落的后续段落的样式。

⑤ 在"格式"选项组中设置新样式的格式。也可单击"格式"按钮，在弹出的下拉菜单中选择要详细设置的格式选项，或为其制定快捷键，如图 3-43 所示。

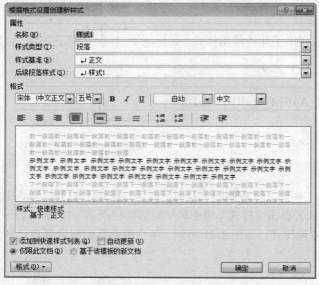

图 3-42　"根据格式设置创建新样式"对话框　　　　图 3-43　"格式"按钮下拉菜单

⑥ 设置完毕后，单击"确定"按钮，新创建的样式就会显示在"样式"窗格。

3.3.6　应用主题

文档主题是一套具有统一设计元素的格式选项，其中包括一组主题颜色、主题字体（包括标题和正文文本字体）和主题效果（包括线条和填充效果）。通过应用文档主题，可以快速地设置整个文档的格式，使文档具有专业和时尚的外观。文档主题在 Word、Excel 和 PowerPoint 应用程序之间共享，可以确保应用相同主题的 Office 文档保持统一的外观。

为文档设置主题的操作步骤如下。

① 选择"页面布局"选项卡，单击"主题"组中的"主题"按钮。

② 在弹出的下拉列表中显示系统内置的主题，如图 3-44 所示。单击需要的一种主题，即可完成文档主题的设置。

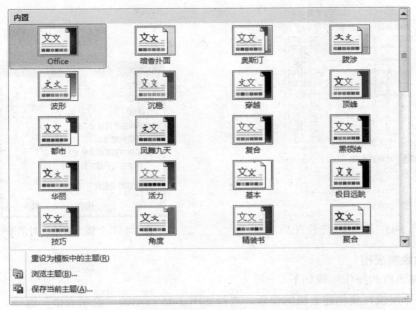

图 3-44 "主题"下拉列表

3.4 表格制作

在实际工作中，用户常常需要将数据以表格形式直观地表现出来。表格由单元格组成，在单元格中可以输入文本，也可以插入图片。Word 为表格的制作提供强大的功能支持，并预置了各种精美的表格样式供用户选用。

3.4.1 创建表格

在文档中，创建表格有以下几种方法。

1. 自动插入表格

如果用户需要插入的表格不大于 10 列 8 行，可选择"插入"选项卡，通过单击"表格"组中的"表格"按钮来实现。

【例 3.2】插入一个 5 列 6 行的表格。

操作步骤如下。

① 将光标定位在要创建表格的位置，选择"插入"选项卡，单击"表格"组中的"表格"按钮。

② 在弹出的表格中拖动，如图 3-45 所示，当表格的列数和行数满足要求时释放鼠标即可。

2. 使用"插入表格"对话框

当插入的表格大于 10 列 8 行时，可使用对话框进行精确设置。其操作步骤如下。

① 将光标定位在要创建表格的位置，选择如图 3-45 所示的"插入表格"选项。

② 弹出"插入表格"对话框，如图 3-46 所示。直接输入列数与行数，或者使用微调按钮进行选择，然后单击"确定"按钮。

图 3-45　"表格"下拉列表

图 3-46　"插入表格"对话框

3．手动绘制表格

手动绘制表格的操作步骤如下。

① 将光标定位在要创建表格的位置，选择如图 3-45 所示的"绘制表格"选项。

② 当指针变为笔状（✐）时拖动，绘制出所需要的表格。

创建不规则的表格时常使用这种方法，或者在规则表格基础上，通过添加或擦除表格线来实现。

4．使用"快速表格"命令

为了快速制作出美观的表格，Word 提供了各种样式的表格模板，用户可以应用这些现成的表格样式来创建自己需要的表格。操作步骤很简单，将光标定位在要创建表格的位置，选择如图 3-45 所示中的"快速表格"选项，打开如图 3-47 所示的下拉列表，从中选择需要的表格模板，即可在文档中插入相应的表格。

5．插入 Excel 表格

为了使 Word 制作的表格和使用 Excel 产生的表格一样，可在 Word 文档中插入 Excel 表格。

在 Word 中插入 Excel 表格的操作步骤如下。

① 将光标定位在要创建表格的位置，选择如图 3-45 所示的"Excel 电子表格"选项，系统将自动生成一个 Excel 表格。

② 将鼠标指针移动到电子表格框的控点上，拖动表格以确定表格显示的列数和行数。

③ 在表格外空白处单击，即可插入 Excel 表格。

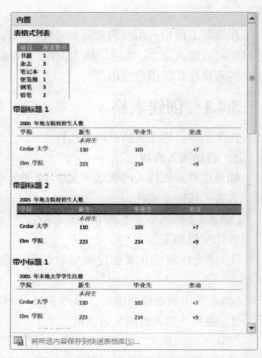

图 3-47　"快速表格"下拉列表

作为练习，请读者输入如图 3-48 所示的表格中的数据，并将其保存到 D 盘 MyWord 文件夹中，文件名为"通讯录.xlsx"。

图 3-48 Excel 电子表格

对 Excel 表格的操作，详见第 4 章。

3.4.2 选择表格对象

在文档中插入表格之后，就可以对表格进行操作。无论是向表格中输入数据，还是编辑表格中的数据，首先应选择单元格并将光标定位到该单元格中，然后再执行相应的操作。

1. 选择一个单元格

将指针移动到单元格的左边线上，待指针变为一个黑色箭头（➚）时，单击选择该单元格。

2. 选择连续的单元格

将指针定位到连续单元格区域的第一个单元格，然后拖动到最后一个。或者将指针定位到连续单元格区域的第一个单元格，按住 Shift 键再单击最后一个单元格。

3. 选择不连续的单元格

先选择一个单元格或一个连续单元格区域，按住 Ctrl 键并继续拖动其他需要选择的单元格或连续区域。

4. 选择行

将指针移到一行左边线的左侧，当指针变为右向空心箭头（◁）时单击。

5. 选择列

将指针移到一列上边线的上方，当指针变为向下黑色箭头（⬇）时单击。

6. 选择整个表格

将指针指向表格的左上角，当指针变为十字双向箭头（✥）时单击，即可选择整个表格。

另外，将指针定位于表格中，将自动激活"表格工具"的"设计"选项卡和"布局"选项卡。用户可以选择"布局"选项卡，单击"表"组中的"选择"按钮，在下拉列表中选择单元格、列、行等，如图 3-49 所示。

图 3-49 "表格工具"的"布局"选项卡

3.4.3 调整表格布局

用户可以使用"布局"选项卡中的各选项对表格进行调整，其中包括插入与删除单元格、合并与拆分单元格、调整行高与列宽、设置对齐方式，以及设置标题行跨页重复等。

1. 插入与删除单元格

若要在表格中添加数据，可通过插入单元格来实现。而对于不需要的单元格，则可以将其从表格中删除。

（1）插入单元格

插入单元格的操作步骤如下。

① 在表格中将光标定位到要插入单元格的位置，如果要同时插入多个单元格，则在表格中选取数目相同的单元格。

② 选择"表格工具"的"布局"选项卡，单击"行和列"组中的"对话框启动器"按钮。弹出"插入单元格"对话框，如图 3-50 所示，在其中选择一种插入方式。

③ 单击"确定"按钮，按照设定的方式插入单元格。

（2）删除单元格

删除单元格的操作步骤如下。

① 在表格中选择要删除的一个或多个单元格。

② 选择"表格工具"的"布局"选项卡，单击"行和列"组中的"删除"按钮。在弹出的下拉菜单中选择"删除单元格"选项。在弹出的"删除单元格"对话框中选择删除方式，如图 3-51 所示。

③ 单击"确定"按钮，按照设定的方式删除选择的单元格。

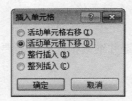

图 3-50　"插入单元格"对话框

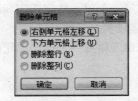

图 3-51　"删除单元格"对话框

2. 插入与删除行和列

用户在编辑表格时，有时会遇到表格的行数或列数不够，或者表格的行数或列数过多的情况。这时，需要用户在表格中插入或删除行和列。

（1）插入行和列

插入行或列的操作步骤如下。

① 在表格中将光标定位到要插入行或列的位置，如果要同时插入多行或多列，则在表格中选取数目相同的行或列。

② 选择"表格工具"的"布局"选项卡，单击"行和列"组中的"在上方插入"按钮或"在下方插入"按钮，可在选择的行的上方或下方插入行，单击"在左侧插入"按钮或"在右侧插入"按钮，可在选择的列的左侧或右侧插入列。

（2）删除行和列

删除行或列的操作步骤如下。

① 选择要删除的行或列。

② 选择"表格工具"的"布局"选项卡，单击"行和列"组中的"删除"按钮，如图 3-52 所示。在弹出的下拉列表中，选择"删除行"选项，删除所选的行，选择"删除列"选项，删除

所选的列。

3. 合并与拆分单元格

用户在编辑表格的过程中，经常需要将多个单元格合并成一个单元格，或者将一个单元格拆分成多个单元格，这时需要对单元格进行合并与拆分操作。

（1）合并单元格

合并单元格的操作步骤如下。

① 选择要合并的单元格区域。

② 选择"表格工具"的"布局"选项卡，单击"合并"组中的"合并单元格"按钮，将所选择的单元格合并为一个单元格。

（2）拆分单元格

拆分单元格的操作步骤如下。

① 将光标置于要拆分的单元格中。

② 选择"表格工具"的"布局"选项卡，单击"合并"组中的"拆分单元格"按钮，弹出"拆分单元格"对话框，如图 3-53 所示。分别在"列数"和"行数"文本框中输入要拆分的列数和行数。

③ 设置结束后，单击"确定"按钮。

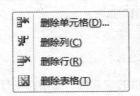
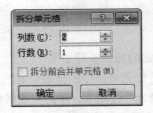

图 3-52　"删除"下拉列表　　　　图 3-53　"拆分单元格"对话框

4. 调整行高与列宽

为了适应表格内容的需要，用户可随时调整行高和列宽，Word 中提供了多种调整方法。

（1）使用鼠标

将指针移动到表格的行线上，当指针变为形状时，向上或向下拖动可以调整表格的行高。将指针移动到表格的列线上，当指针变为形状时，向左或向右拖动可以调整表格的列宽。

（2）精确设置

对于有严格要求的表格，可以精确设置表格中的行高与列宽。选择要调整高度的行，选择"表格工具"的"布局"选项卡，在"单元格大小"组中的"表格行高"文本框中输入数值。选择要调整宽度的列，选择"表格工具"的"布局"选项卡，在"单元格大小"组中的"表格列宽"文本框中输入数值。

（3）平均分布

由于表格的调整，使表格出现每行的高度或每列的宽度不一致的情况，这影响表格的美观。可以选择"表格工具"的"布局"选项卡，单击"单元格大小"组中的"分布行"或"分布列"按钮，快速平均分配多行的高度或多列的宽度。

5. 设置单元格对齐方式

单元格对齐是指单元格中文本的垂直与水平方向的对齐。选择要设置的单元格或单元格区域，在"表格工具"的"布局"选项卡的"对齐方式"组中，提供了 9 种垂直与水平组合对齐方式，单击其中的对齐按钮即可。

6. 设置标题行跨页重复

如果一张表格跨页显示，应该为每页表格设置相同的标题行。其操作步骤如下。

① 将光标定位在指定为表格标题的行中。

② 选择"表格工具"的"布局"选项卡，单击"数据"组中的"重复标题行"按钮即可。

3.4.4 应用表格样式

创建表格之后，用户可以对表格样式进行修饰，从而使表格外观更美观，结构更清晰，在内容的排列上更具有条理性。

1. 设置表格样式

Word 中提供丰富的表格样式供用户选择，并且在套用表格样式的同时还可以对样式选项进行设置。选择"表格工具"的"设计"选项卡，如图 3-54 所示。

图 3-54　"表格工具"的"设计"选项卡

设置表格样式的操作步骤如下。

① 将光标定位到表格中的任意位置。

② 选择"设计"选项卡，单击"表格样式"组右下角的"其他"按钮，在打开的下拉列表中显示 Word 提供的所有表格样式，如图 3-55 所示，在其中选择一种样式。

③ 在"表格样式选项"组选中或取消对应的复选框，可以设定当前表格是否应用表格样式中与选项对应的样式，如标题行、第一列等。

2. 设置表格边框与底纹

为表格添加边框和底纹时，可以是整个表格，也可以是指定的单元格区域。

（1）设置表格边框

设置表格边框的操作步骤如下。

① 选择要设置边框的单元格区域。

② 选择"设计"选项卡，单击"表格样式"组的"边框"下拉按钮，在打开的下拉列表中选择添加边框的形式，如图 3-56 所示。

③ 选择"边框和底纹"选项，打开"边框和底纹"对话框，如图 3-57 所示。在"边框"选项卡中分别设置边框类型、样式、颜色和宽度。然后，在右侧的预览区域中单击对应的按钮，设置边框线条的显示与否。

④ 设置完毕后，单击"确定"按钮。

可以使用如图 3-56 所示的"斜下框线"选项绘制斜线表头。如果需要修改已有表格的结构，选择"设计"选项卡，单击"绘图边框"组的"擦除"按钮，擦去不需要的表格线。

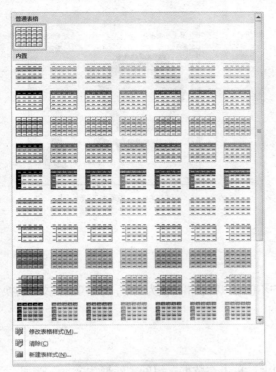

图 3-55 "表格样式"下拉列表

图 3-56 "边框"下拉列表

图 3-57 "边框和底纹"对话框

（2）设置表格底纹

设置表格底纹的操作步骤如下。

① 选择要设置底纹的单元格区域。

② 选择"设计"选项卡，单击"表格样式"组的"底纹"下拉按钮，在打开的下拉列表中选择添加底纹的颜色，如图 3-58 所示。

③ 选择"其他颜色"选项，在弹出的"颜色"对话框中选择一种颜色，如图 3-59 所示。

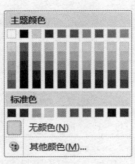

图 3-58　"底纹"下拉列表

图 3-59　"颜色"对话框

④ 设置完毕后，单击"确定"按钮。

3.4.5　表格与文本的转换

Word 还提供表格与文本的转换功能，用户不仅可以将表格转换为文本，而且可以将文本转换为表格。

1. 表格转换为文本

将表格转换为文本的操作步骤如下。

① 选择需要转换为文本的表格。

② 选择"表格工具"的"布局"选项卡，单击"数据"组的"转换为文本"按钮。

③ 在弹出的"表格转换成文本"对话框中，选择"制表符"单选按钮，如图 3-60 所示，单击"确定"按钮。

2. 文本转换为表格

在 Word 文档中，可以很容易地将文本转换为表格，其前提是使用分隔符将文本合理分隔。常见的分隔符有段落标记（用于创建表格行）、制表符（用于创建表格列）、逗号等。

将文本转换为表格的操作步骤如下。

① 为转换成表格的文本添加分隔符，如段落标记和制表符。然后，选中这些文本。

② 选择"插入"选项卡，单击"表格"组中的"表格"下拉按钮。在打开的下拉列表中选择"文本转换成表格"选项。

③ 弹出"将文字转换成表格"对话框，在"列数"文本框输入转换为表格的列数，在"文字分隔位置"选项组中选择"制表符"单选按钮，如图 3-61 所示，然后单击"确定"按钮。

图 3-60　"表格转换成文本"对话框

图 3-61　"将文字转换成表格"对话框

3.5 图文排版

在编辑文档的过程中，为了使文档更加美观，更具有说服力，用户可以在其中适当地插入一些图片或照片。Word 提供一个剪贴画库供用户选择，也可以插入图片、艺术字、自选图形、SmartArt 图形和屏幕截图等。

3.5.1 插入并编辑图片

在文档中插入的图片分为两种：一种是剪贴画库中的图片，另一种是计算机中保存的图片文件。

1. 插入剪贴画

使用 Word 提供的剪贴画库，可以节省用户在网上查找图画的时间。

插入剪贴画的操作步骤如下。

① 在文档中将光标定位到要插入剪贴画的位置。选择"插入"选项卡，单击"插图"组的"剪贴画"按钮，在窗口右侧显示"剪贴画"任务窗格，如图 3-62 所示。

② 在"搜索文字"文本框中输入剪贴画的名称，如"符号"，在"结果类型"下拉列表中选择剪贴画的类型，如"插图"、"照片"等。

③ 单击"搜索"按钮，则显示搜索到的剪贴画。

④ 单击一个所需的剪贴画，即可将所选剪贴画插入到文档中。

图 3-62 "剪贴画"任务窗格

提示 将"搜索文字"文本框置空，则把指定类型的剪贴画全部搜索出来。

2. 插入图片文件

图片不仅可以用来美化文档，还可以帮助用户更好地表达文档的含义。这样，制作的文档图文并茂，更具有吸引力。

插入图片的操作步骤如下。

① 在文档中将光标定位到要插入图片的位置。选择"插入"选项卡，单击"插图"组中的"图片"按钮，打开"插入图片"对话框，如图 3-63 所示。

② 在指定的文件夹下选择所需图片，单击"插入"按钮。

3. 设置图片格式

在文档中插入剪贴画或图片之后，"图片工具"的"格式"选项卡将被激活，如图 3-64 所示。利用其功能，可对图片亮度和对比度进行调整，对图片样式进行修改，对图片的排列方式和大小进行设置等。

图 3-63 "插入图片"对话框

图 3-64 "图片工具"的"格式"选项卡

（1）调整图片效果

"格式"选项卡的"调整"组，如图 3-65 所示，单击相应的按钮可对图片或剪贴画的效果进行调整。各选项的含义如下。

- 更正：调整图片的亮度和对比度。
- 颜色：调整图片的颜色饱和度与色调，对图片重新着色，或者更改图片中某个颜色的透明度。可以将多个颜色效果应用于图片。
- 艺术效果：可以对图片应用复杂的艺术效果，使其看起来更像素描或油画。
- 压缩图片：打开"压缩图片"对话框，压缩图片尺寸，以适合输出。
- 更改图片：打开"插入图片"对话框，更改为其他图片，但不会改变原图片的大小和格式。
- 重设图片：放弃对此图片所做的全部格式更改。

（2）设置图片样式

在"图片样式"组中可对图片或剪贴画的样式进行设置，如图 3-66 所示。用户可选择一个样式直接应用于图片，也可通过单击"图片边框"、"图片效果"或"图片版式"按钮自定义图片样式。

图 3-65 "调整"组

图 3-66 "图片样式"组

各选项的含义如下。

- 图片样式：在列表中直接选择图片样式，也可单击右下角的"其他"按钮，在打开的下拉列表中选择需要的样式。
- 图片边框：在下拉列表中为图片边框选择线颜色、宽度和线型。

- 图片效果：在下拉列表中为图片选择某种视觉效果。

- 图片版式：将图片转换为 SmartArt 图形，不仅保留了原来的图片内容，还在图片中添加了一个空白文本框，用户可以在文本框中输入内容来为图片添加标题或提示语。

（3）设置图片排列方式

如图 3-67 所示，可以在"排列"组中选择图片或剪贴画的排列方式。

各选项的含义如下。

- 位置：如果图片嵌入文本中，在下拉列表中选择图片在文本中的放置位置。

- 自动换行：在下拉列表中选择图片与文本的环绕方式，如图 3-68 所示，如选择"四周型环绕"选项，则效果如图 3-69 所示。

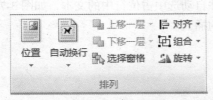

图 3-67 "排列"组　　　　　　　　　　　图 3-68 "文字环绕"下拉列表

- 上移一层：如果图片未嵌入文本中，选择此项，可使图片浮于文字上方或上移一层。

- 下移一层：如果图片未嵌入文本中，选择此项，可使图片置于文字下方或下移一层。

- 对齐：选择多张未嵌入文本的图片，在下拉列表中可选择这些图片的对齐方式。

- 组合：将几个对象组合到一起，以便作为单个对象进行处理。

- 旋转：在下拉列表中可选择图片的旋转角度。实际上，拖动旋转手柄调整图片的方向更简单。

（4）设置图片大小

如图 3-70 所示，可以在"大小"组中设置图片的大小，各选项的含义如下。

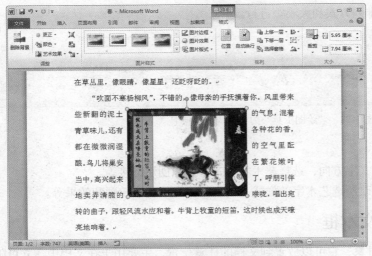

图 3-69 设置"文字环绕"的效果　　　　　　　图 3-70 "大小"组

● 裁剪：单击该按钮，拖动控制点对图片进行裁剪，也可以在下拉列表中选择剪裁的形状或纵横比。
● 高度：更改形状或图片的宽度。在文本框中输入高度值，或使用微调按钮进行选择。
● 宽度：更改形状或图片的高度。在文本框中输入宽度值，或使用微调按钮进行选择。

3.5.2　插入并编辑艺术字

艺术字是 Word 内置的具有特殊效果的文字。在编辑文档的过程中，用户可以插入自己喜欢的艺术字。

1．插入艺术字

插入艺术字的操作步骤如下。

① 在文档中将光标定位到要插入艺术字的位置，选择"插入"选项卡，单击"文本"组中的"艺术字"按钮，在打开的下拉列表中选择需要的艺术字样式，如图 3-71 所示。

② 此时在文档中出现艺术字样式的占位符，并自动选中占位符中的文本，如图 3-72 所示。

③ 在占位符中输入新的文本后，完成艺术字的插入。

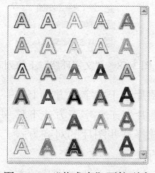

图 3-71　"艺术字"下拉列表　　　　　图 3-72　艺术字占位符

2．设置艺术字格式

在文档中插入艺术字后，"绘图工具"的"格式"选项卡将被激活，如图 3-73 所示。在其中可对艺术字样式进行修改，对排列方式和大小等进行设置。

图 3-73　"绘图工具"的"格式"选项卡

各组的含义如下。
● "文本"组：可以调整文字方向，选择艺术字对齐方式和创建链接等。
● "艺术字样式"组：更改所选艺术字的样式、文本的填充颜色、轮廓和效果等。

3.5.3　插入并编辑文本框

文本框是一种特殊的图形对象，它可以放置到文档的任意位置，主要用于在文档中建立可随意移动的特殊文本。在 Word 中，不仅可以插入有样式的文本框，也可以手动绘制文本框。

1. 插入文本框

插入文本框的操作步骤如下。

① 在文档中将光标定位到要插入文本框的位置，选择"插入"选项卡，单击"文本"组中的"文本框"按钮。

② 在"文本框"下拉列表的"内置"选项组中选择合适的文本框样式，如选择"简单文本框"，如图 3-74 所示。

③ 在插入的文本框中输入所需要的文字。

 选择图 3-74 中所示的"绘制文本框"或"绘制竖排文本框"选项，拖动十字形指针，可绘制横排或竖排文本框。

2. 设置文本框格式

在文档中插入文本框后，"绘图工具"的"格式"选项卡将被激活，如图 3-73 所示。在其中可对文本框样式进行修改，对对齐方式、高度和宽度等进行设置。

3.5.4　插入并编辑形状

为了使编辑的文档更加生动有趣，用户可以在文档中插入系统自带的各种形状。形状包括线条、箭头及各种由线条组成的简单图形。

1. 插入形状

插入形状的操作步骤如下。

① 选择"插入"选项卡，单击"插图"组中的"形状"按钮，如图 3-75 所示。

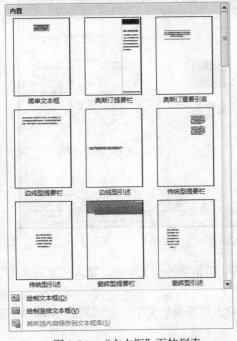

图 3-74　"文本框"下拉列表

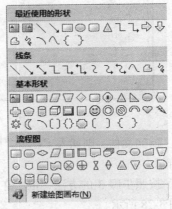

图 3-75　"形状"下拉列表

② 在打开的下拉列表中选择需要的形状，在要插入的位置拖动十字形指针，可在文档中绘制

一个所选图形。

2．设置形状格式

在文档中插入形状后，"绘图工具"的"格式"选项卡将被激活，如图 3-73 所示。在其中可对插入的形状进行编辑加工，如添加文字、选择样式、设置阴影效果和三维效果等。

各组的含义如下。

● "插入形状"组：单击"文本框"按钮，在绘制的形状中添加文字。单击"编辑形状"按钮，可以更改图形的形状。

● "形状样式"组：可在"形状样式"列表中选择一种效果，也可以根据实际需要对形状的填充色、轮廓和艺术效果等进行设置。

3.5.5　插入并编辑 SmartArt 图形

SmartArt 图形结构清晰，样式新颖，可以对文档中一些有层次或数据较为丰富的文本加以图形化说明、解释和完善。这样，将使文档的思路更加清晰，表达的意义更形象，可以提高文档的专业性。

1．插入 SmartArt 图形

插入 SmartArt 图形的操作步骤如下。

① 在文档中将光标定位到要插入 SmartArt 图形的位置，选择"插入"选项卡，单击"插图"组中的"SmartArt"按钮，打开"选择 SmartArt 图形"对话框。

② 该对话框的左侧为 SmartArt 图形类别，中间为类别模板列表，右侧为所选图形的描述。例如，单击左侧窗格中"层次结构"类别，在中间窗格中选择"层次结构"选项，如图 3-76 所示，单击"确定"按钮。

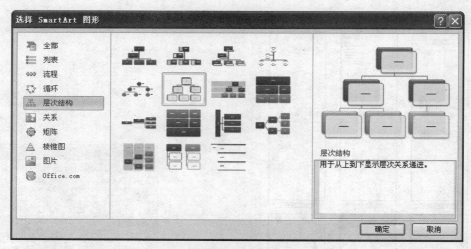

图 3-76　"选择 SmartArt 图形"对话框

③ 返回文档，则插入了一个"层次结构"图形，单击第一个文本框，输入所需的文本，如图 3-77 所示。

④ 按照步骤 3 的方法，依次在每个图形中都输入所需要的文字，完成后的 SmartArt 图形效果如图 3-78 所示。

2．设计 SmartArt 图形

插入 SmartArt 图形后，"SmartArt 工具"的"设计"选项卡将被激活，如图 3-79 所示。可对插入的 SmartArt 图形添加形状，还可对它的布局、颜色和样式等进行编辑。

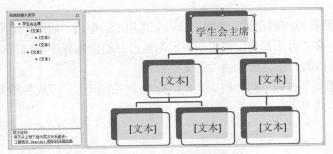

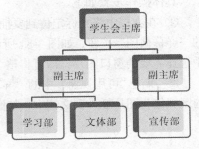

图 3-77　输入所需的文本　　　　　　　　　　图 3-78　插入 SmartArt 图形的效果

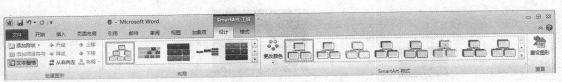

图 3-79　"SmartArt 工具"的"设计"选项卡

各组的含义如下。

- "创建图形"组：在 SmartArt 图形中添加形状、项目符号，以及改变形状的顺序与级别等。
- "布局"组：使用"布局"列表对插入的 SmartArt 图形重新选择。用户可以直接在该列表中直接选择，也可单击该列表右下角的"其他"按钮，在打开的下拉列表中选择。
- "SmartArt 样式"组：根据实际需要选择图形的样式。单击"更改颜色"按钮，可在其下拉列表中为图形设置颜色。使用"SmartArt 样式"列表可以为图形更改样式。
- "重置"组：单击"重设图形"按钮，将取消对 SmartArt 图形所做的全部格式更改。

3. 设置 SmartArt 图形格式

在插入 SmartArt 图形后，若想对 SmartArt 图形的格式进行设置，可选择"SmartArt 工具"的"格式"选项卡，如图 3-80 所示，不但允许改变 SmartArt 图形中各个组成部分的形状及样式，还可对选择的文本进行编辑。

图 3-80　"SmartArt 工具"的"格式"选项卡

各组的含义如下。

- "形状"组：单击"在二维视图中编辑"按钮，可将所选的三维 SmartArt 图形更改为二维视图，还可以调整 SmartArt 图形的形状、大小等。
- "形状样式"组：选择 SmartArt 图形中的形状，为该形状设置样式、填充色和效果等。
- "艺术字样式"组：设置文本的艺术字样式、文本效果等。

3.5.6　插入并编辑屏幕截图

屏幕截图是 Word 2010 新增的一个功能。可以对已打开的多个窗口进行截取，也可以在窗口中选择某个区域截图。

1. 插入屏幕截图

具体操作步骤如下。

① 在文档中将光标定位到要插入屏幕截图的位置，选择"插入"选项卡，单击"插图"组中的"屏幕截图"按钮，如图 3-81 所示。在"可用视窗"列表中显示当前打开的应用程序窗口，从中选择需要的窗口图片，即可将整个窗口画面作为图片插入到文档中。

② 单击"可用视窗"中的"屏幕剪辑"按钮，则切换到桌面。拖动十字形指针，可截取需要的区域作为图片插入到文档中，如图 3-82 所示。

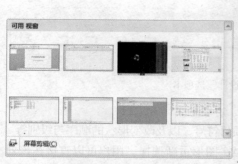

图 3-81　"屏幕截图"下拉列表　　　　　　　　　　图 3-82　截取屏幕图片

2. 删除背景

对插入在文档中的图片，可以删除不需要的部分图片，以强调或突出图片的主题。其操作步骤如下。

① 单击要删除背景的图片。

② 选择"图片工具"的"格式"选项卡，单击"调整"组中的"删除背景"按钮，此时在图片上出现遮幅区域，如图 3-83 所示。

③ 拖动控点调整图片上的区域，使要保留的图片内容浮现出来。调整完成后，选择"背景消除"选项卡，单击"关闭"组中的"保留更改"按钮，完成图片背景消除操作，如图 3-84 所示。

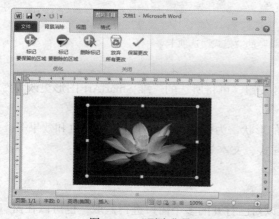

图 3-83　"删除背景"功能　　　　　　　　　　图 3-84　"保留更改"功能

3.5.7　插入文档封面

专业的文档要配以漂亮的封面才会更加完美，Word 2010 提供了一个封面库，其中包含预先设计的各种封面，供用户选择。

添加封面的操作步骤如下。

① 选择"插入"选项卡，单击"页"组中的"封面"按钮，在打开的下拉列表中选择一个封面，如"飞越型"，如图 3-85 所示。

图 3-85　"封面"下拉列表

② 此时，该封面自动插入到文档的第一页中，通过单击选择封面区域可以使用自己的文本替换示例文本。

3.6　页面设置与打印输出

完成文档的编辑之后，就可以将其打印输出。在打印之前，要对页面进行设置，使其打印效果更加合乎要求。

3.6.1　页面设置

页面设置主要包括文字方向、页边距、纸张方向和大小等方面。通常情况下，可以在创建文档时先进行页面设置。

1．设置文字方向

文字方向是指文档中文本的排列方向，默认为水平。Word 提供了多种文字方向。首先打开文档，选择"页面布局"选项卡，单击"页面设置"组中的"文字方向"按钮，在打开的下拉列表中选择要更改的文字方向，如图3-86所示。

2. 设置页边距

页边距是指页面上打印区域之外的空白空间，它用来控制页面中文档内容的宽度和长度。如果要将文档中的内容装订成册，还可以在页面中设置装订线的位置。

设置页边距的方法有以下几种。

（1）选择预置的页边距

Word 提供多种页边距的方案供用户选择。选择"页面布局"选项卡，单击"页面设置"组中的"页边距"按钮，在打开的下拉列表中进行选择，如图3-87所示。

（2）自定义设置页边距

选择"页面布局"选项卡，单击"页面设置"组中的"对话框启动器"，或在"页边距"下拉列表中选择"自定义边距"选项，弹出"页面设置"对话框，如图3-88所示。选择"页边距"选项卡，分别输入相应的上、下、左、右边距值，然后单击"确定"按钮。

图 3-86　"文字方向"下拉列表

图 3-87　"页边距"下拉列表

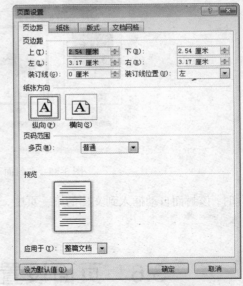

图 3-88　"页面设置"对话框

3. 更改纸张方向

纸张方向分"横向"和"纵向"两种，Word 默认的纸张方向为纵向。单击"页面设置"组中的"纸张方向"按钮，在打开的下拉列表中进行选择。

4. 设置纸张大小

在打印文档前应根据实际需要对打印的纸张大小进行设置，Word 默认的纸张大小为 A4。如果打印机采用了其他型号的纸张，就需要进行相应的设置。单击"页面设置"组中的"纸张大小"，在打开的下拉列表中进行选择。

3.6.2 页眉与页脚设置

页眉和页脚是指在文档页面顶部和底部添加的相关说明信息，它能够增加文档的可读性，使文档的整体结构更加美观。例如，偶数页页眉是书名，奇数页页眉是章名，既醒目又方便查找。

1. 插入页眉和页脚

添加页眉和页脚时，必须切换到页眉和页脚编辑状态。这时，将无法对文档内容进行处理。添加页眉和页脚的操作步骤如下。

① 选择"插入"选项卡，单击"页眉和页脚"组中的"页眉"按钮，在打开的下拉列表中选择一种页眉样式，如"空白"。

② 在页眉编辑区输入相应的页眉信息，如"作者：朱自清"。

③ 页眉设置完毕后，选择"页眉和页脚工具"的"设计"选项卡。单击"导航"组中的"转至页脚"按钮，切换到页脚编辑区，输入相应的页脚信息，如页码。

④ 设置结束，单击"关闭"组中的"关闭页眉和页脚"按钮，返回文档编辑状态，如图 3-89 所示。

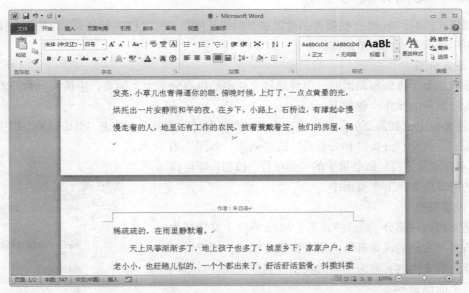

图 3-89　在文档中插入页眉和页脚的效果

2. 设置页眉和页脚

设置页眉和页脚时，自动激活"页眉和页脚工具"的"设计"选项卡，如图 3-90 所示。可以使用各选项对页眉和页脚进行详细的设计。

图 3-90　"页眉和页脚工具"的"设计"选项卡

各组的含义如下。

● "页眉和页脚"组：单击"页眉"或"页脚"按钮，在打开的下拉列表中选择页眉库或页脚库中的页眉页脚样式；单击"页码"按钮，在打开的下拉列表中可以选择并插入所需样式的页码。

● "插入"组：包括"日期和时间"、"文档部件"、"图片"和"剪贴画"4个选项。选择其中的一个可以在页眉或页脚区域内插入相应的对象。

● "导航"组：单击"转至页眉"或"转至页脚"按钮，可以在页眉和页脚之间进行切换。单击"上一节"或"下一节"按钮，可以为文档的各节创建不同的页眉或页脚。

● "选项"组：选中"首页不同"复选框，表示第一页与其他页应用不同的页眉和页脚；选中"奇偶页不同"复选框，表示奇数页与偶数页应用不同的页眉和页脚。

● "位置"组：在"页眉顶端距离"和"页脚底端距离"文本框中输入相应的数值，设置页眉距顶端或页脚距底端的距离。

● "关闭"组：单击"关闭页眉和页脚"按钮，退出页眉和页脚编辑状态。

3.6.3 文档分页与分节

在编辑文档时，Word会根据页面设置和文档的长度自动对文档进行分页。如果要在任意位置分页，可以使用分页或分节操作。

1. 设置分页

如果只是为了排版布局需要，单纯地将文档中的内容分为上下两页，应插入分页符。

插入分页符的操作步骤如下。

① 将光标定位到需要分页的位置，选择"页面布局"选项卡，单击"页面设置"组中的"分隔符"按钮，打开"分页符和分节符"选项列表，如图3-91所示。

② 单击"分页符"命令集中的"分页符"按钮，即可将光标后的内容放置到下个页面中。

2. 设置分节

节是文档的一部分。默认方式下，Word将整个文档视为一节，所有对文档的设置都是应用于整篇文档的。用户可以使用分节符将文档内容分为不同的页面，这样就能针对不同的节进行页面设置。

插入分节符的操作步骤如下。

① 将光标定位到需要分节的位置，选择"页面布局"选项卡，单击"页面设置"组中的"分隔符"按钮，打开"分页符和分节符"选项列表，如图3-91所示。

② 分节符包括"下一页"、"连续"、"偶数页"和"奇数页"等4种。

● "下一页"：分节符后的文档从新的一页开始。

● "连续"：新节与其前面一节同处于当前页中。

● "偶数页"：新节从下一个偶数页开始。

● "奇数页"：新节从下一个奇数页开始。

③ 选择一种分节方式，如单击"下一页"选项，则光标后面的内容分为新的一节，该节从新

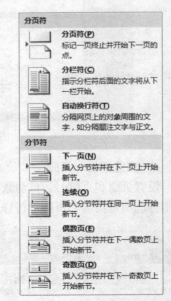

图3-91 "分页符和分节符"选项

的一页开始。

3.6.4　页面背景设置

为了使文档更加美观，可以为其添加页面背景。"页面布局"选项卡的"页面背景"组提供了"水印"、"页面颜色"和"页面边框"等来设置不同效果的页面背景。

1. 添加水印

水印就是把文本或图片作为页面背景，它通常用于公司或机关的机要文件。

为文档设置水印背景的操作步骤如下。

① 选择"页面布局"选项卡，单击"页面背景"组中的"水印"按钮。在打开的下拉列表中提供了多种水印样式，如图 3-92 所示。

② 选择"自定义水印"选项，弹出"水印"对话框，在其中可以设置"图片水印"或"文字水印"。选择"文字水印"单选按钮，在"文字"文本框中输入要添加的水印文字，并设置水印文字的字体、字号和颜色，如图 3-93 所示。

③ 设置结束，单击"确定"按钮。

2. 设置页面背景

可以为文档设置漂亮的页面背景，如渐变背景、纹理背景、图案背景或图片背景等。

为文档设置页面背景的操作步骤如下。

① 选择"页面布局"选项卡，单击"页面背景"组中的"页面颜色"按钮，在打开的下拉列表中选择合适的页面颜色。

图 3-92　"水印"下拉列表

② 选择"填充效果"选项，弹出"填充效果"对话框，如图 3-94 所示。通过设置各个选项卡中的内容，就可以为页面添加各种各样的背景效果。

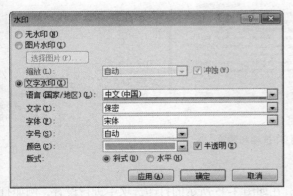

图 3-93　"水印"对话框

图 3-94　"填充效果"对话框

③ 设置完毕后，单击"确定"按钮。

注意　　　页面背景效果是无法打印输出的。

3. 设置页面边框

页面边框是指在页边距位置显示的框线。在 Word 中，用户除了可以将简单的线条设置为页面边框外，还可设置各种艺术型页面边框。

为文档设置页面边框的操作步骤如下。

① 选择"页面布局"选项卡，单击"页面背景"组中的"页面边框"按钮，弹出"边框和底纹"对话框，如图 3-57 所示。

② 在对话框中可以选择边框类型，设置边框的样式、颜色及宽度，或者选择"艺术型"下拉列表中的样式。

③ 设置完毕后，单击"确定"按钮。

3.6.5　打印文档

在打印文档之前，用户通过打印预览可以查看实际的打印效果。若不满意，再重新进行设置。

1. 打印预览

选择"文件"选项卡，单击"打印"命令，可预览打印输出的效果，如图 3-95 所示。拖动右下角的"显示比例"滑块，可显示一页或多页。

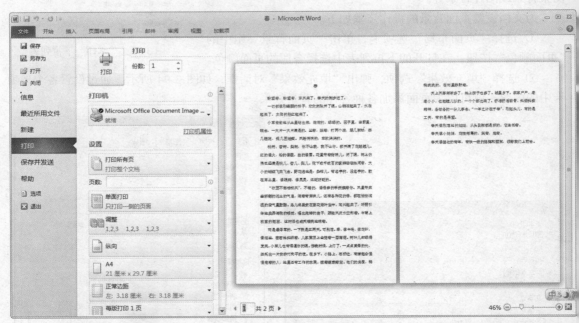

图 3-95　打印选项和预览

2. 打印文档

选择"文件"选项卡，单击"打印"命令，在如图 3-95 所示的打印选项中进行设置，例如打印的份数、打印的范围、打印的纸张型号等。设置完成后，单击"打印"按钮，即可实现文档的打印输出。

3.7 其他功能

Word 的功能很强，除能完成前面介绍的输入、编辑等常规操作外，还能实现插入公式、语法检查、审阅与修订文档、生成目录和邮件功能等工作。

3.7.1 插入公式

当需要在文档中输入公式时，可以使用公式编辑器来完成，也可以直接在文档中使用公式工具来编辑。

1. 使用公式编辑器

在文档中插入公式的操作步骤如下。

① 将光标定位到要插入公式的位置，选择"插入"选项卡，单击"文本"组中的"对象"按钮。

② 弹出"对象"对话框，在"对象类型"列表中选择"Microsoft 公式 3.0"选项，如图 3-96 所示。

③ 单击"确定"按钮，进入公式编辑窗口，同时显示"公式"工具栏。

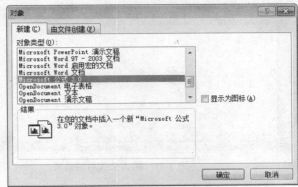

图 3-96 "对象"对话框

④ 使用"公式"工具栏中的按钮可以输入各种符号，如图 3-97 所示。

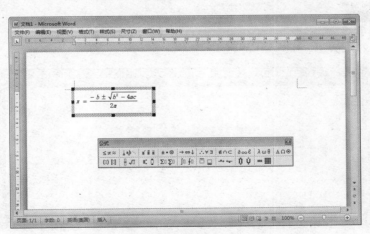

图 3-97 输入公式

⑤ 完成后，单击公式编辑框外的任意位置，退出公式编辑状态，并返回到文本编辑状态，如图 3-98 所示。

2. 使用公式工具

常使用公式工具自动生成公式，这大大提高插入公式的速度。

在文档中使用公式工具的操作步骤如下。

① 将光标定位到要插入公式的位置，选择"插入"选项卡，单击"符号"组中的"公式"按

钮，在打开的下拉列表中提供了一些常用的公式，如图 3-99 所示。

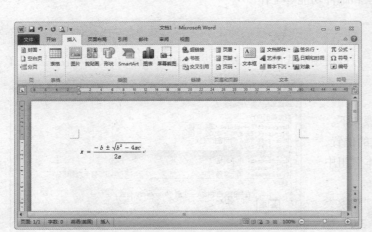

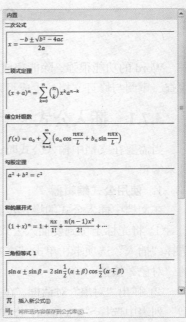

图 3-98　插入公式后的效果　　　　　　　　　　　图 3-99　"公式"下拉列表

② 单击某公式，将其插入到文档中，同时自动显示"公式工具"的"设计"选项卡，如图 3-100 所示。

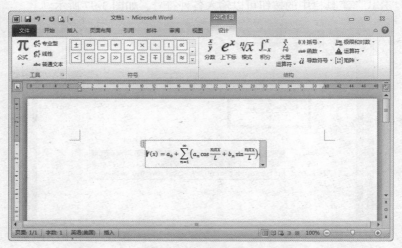

图 3-100　插入公式

③ 这时，可输入或修改公式。使用"设计"选项卡中的"符号"按钮插入符号，选择"结构"组的各种符号修改公式。编辑完成后，单击公式区域外的任意位置返回文本编辑状态。

3.7.2　检查与修订

无论是在文档编辑过程中，还是文档编辑完成后，都可以对文档进行全面的拼写和语法检查，以便快速修订。

1. 拼写和语法检查

在编辑文档的过程中难免会出现一些拼写或语法错误，使用 Word 提供的拼写和语法检查功能，就能及时地处理错误的语句。

默认情况下，系统会在输入文本时自动检查拼写和语法错误，并用红色波浪线指示可能出现的拼写错误，用绿色波浪线指示可能出现的语法问题。

（1）快速更正

右击文档中用红色或绿色波浪线标识的文本，在弹出的快捷菜单中 Word 会给出修改建议，如图 3-101 所示。

（2）使用"拼写和语法"对话框

选择"审阅"选项卡，单击"校对"组中的"拼写和语法"按钮，打开"拼写和语法"对话框，在其中进行修改，如图 3-102 所示。

图 3-101　快速更正

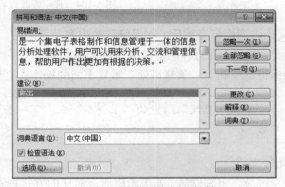

图 3-102　"拼写和语法"对话框

2. 修订文档

在 Word 中，可以使用修订功能对文档进行修改，该功能可以实现多人对同一文档的修改，以便协同工作。

修订文档的操作步骤如下。

① 选择需要修改的文本，然后选择"审阅"选项卡，单击"修订"组中的"修订"按钮。

② 单击"显示标记"按钮，在"批注框"的级联菜单中选择"在批注框中显示修订"选项，如图 3-103 所示。

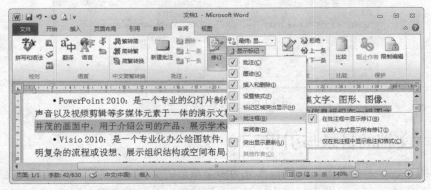

图 3-103　修订

③ 这时，文档将进入修订状态。对文档中内容进行修改时，就可以在右侧显示所删除的内容，如图 3-104 所示。

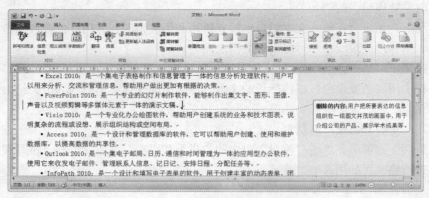

图 3-104　显示修改内容

④ 文档内容修订完成后，如果修订的内容是正确的，选择"审阅"选项卡，单击"更改"组中的"接受"按钮。在打开的下拉菜单中选择"接受并移动下一条"选项，即可接受修订的内容。之后，光标将定位到下一条修订处。重复上面的操作，直到文档中不再有修订的内容。

　　　　单击"更改"组中的"上一条"或"下一条"按钮，可以快速地找到要接受修订的内容。

3. 比较文档

文档经过最终审阅以后，如果希望通过对比的方式查看修订前后文档的区别，Word 提供了精确比较的功能。

比较文档的操作步骤如下。

① 选择"审阅"选项卡，单击"比较"组中的"比较"按钮，在列表中选择"比较"选项，弹出"比较文档"对话框。

② 在"原文档"区域中，通过浏览找到原始文档；在"修订的文档"区域中，通过浏览找到修订完成的文档，如图 3-105 所示。

③ 单击"确定"按钮，两个文档之间的不同之处将突出显示，以供用户查看。

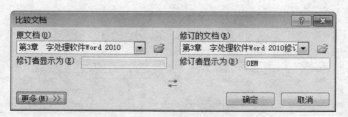

图 3-105　"比较文档"对话框

3.7.3　文档的目录与引用

在编辑图书、学术论文等篇幅很长且分为多个章节的文档时，为了清晰地看出文章所要讨论的主要内容与所在页码，可以为其制作目录，方便打印以及装订成册后阅读。对于某些内容，还可以为其添加脚注与尾注进行注释，使文本更完整、规范、专业。使用题注功能可以保证长文档中图片、表格和图表等顺序地自动编号。

1. 插入目录

在为文档创建目录时，系统会自动搜索文档中具有特定样式的标题，然后在指定位置生成目录。在自动生成目录之前，首先要把文档标题分级别应用样式，如把文档的第一级标题（如章）设置为"标题 1"样式，把文档的第二级标题（如节）设置为"标题 2"样式，以此类推，之后才能插入目录。

在文档中插入目录的操作步骤如下。

① 将光标定位到要插入目录的位置，选择"引用"选项卡。单击"目录"组中的"目录"按钮，打开的下拉列表提供了几种样式的目录，如图 3-106 所示。

② 选择"插入目录"选项，弹出"目录"对话框。选择"目录"选项卡。用户可以按照需要设计目录样式，如图 3-107 所示。

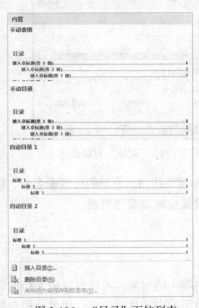

图 3-106　"目录"下拉列表

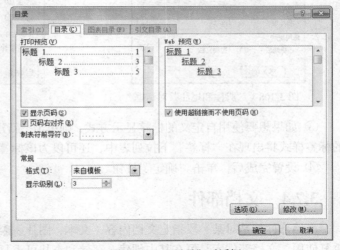

图 3-107　"目录"对话框

③ 设计好目录样式之后，单击"确定"按钮。

2. 插入脚注与尾注

脚注和尾注主要用于为文档中的文本提供解释、相关的参考资料等信息。脚注一般位于页面的底部，用于对当前页面中的指定文本进行注释。尾注一般位于文档的末尾，用于对当前文档中的指定文本进行注释。

插入脚注与尾注的操作步骤如下。

① 选择要添加脚注或尾注的文本，选择"引用"选项卡，单击"脚注"组中的"插入脚注"按钮或"插入尾注"按钮。

② 此时，在所选文本的页面底端显示脚注编号为 1，或在文档结尾处显示尾注编号为 i。在光标位置输入脚注或尾注内容。

③ 若要更改脚注或尾注的格式，单击"脚注"组的"对话框启动器"按钮，弹出"脚注和尾

注"对话框，按照需求进行修改即可，如图 3-108 所示。

3．插入题注

题注是一种可以为文档中的图表、表格、公式或图片等添加的编号标签。在文档的编辑过程中，对题注进行添加或删除操作时，所有题注编号将自动更新。

插入题注的操作步骤如下。

① 选择要添加题注的对象，选择"引用"选项卡，单击"题注"组中的"插入题注"按钮。

② 弹出"题注"对话框，可以根据添加题注的不同对象，在"选项"区域的下拉列表中选择不同的标签类型，如图 3-109 所示。

图 3-108　"脚注和尾注"对话框

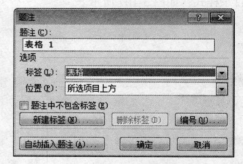

图 3-109　"题注"对话框

③ 如果想要使用自定义的标签显示方式，则单击"新建标签"按钮，为新的标签命名后，新的标签样式将出现在"标签"下拉列表中，还可以为该标签设置位置与编号类型。

④ 设置完成后，单击"确定"按钮。

3.7.4　文档部件

文档部件就是对某一段指定文档内容（文本、图片、表格等）的封装，可以对这段文档内容重复使用。文档部件库是可在其中创建、存储和查找可重复使用的内容片段的库，内容片段包括自动图文集、文档属性（如标题和作者）和域。

将文档中内容保存为文档部件并重复使用的操作步骤如下。

① 选中准备作为文档部件的内容，如表格。

② 选择"插入"选项卡，单击"文本"组中的"文档部件"按钮。在弹出的下拉列表中选择"将所选内容保存到文档部件库"选项，如图 3-110 所示。

③ 打开"新建构建基块"对话框，在"名称"文本框中输入"课程表"，并在"库"类别下拉列表中选择"表格"选项，如图 3-111 所示，单击"确定"按钮，完成文档部件的创建。

④ 将光标定位到要插入文档部件的位置，选择"插入"选项卡，单击"表格"组中的"表格"按钮，在弹出的下拉列表中选择"快速表格"选项，从其下拉列表中选择刚刚新建的"课程表"文档部件，即可将其直接重用在文档中，如图 3-112 所示。

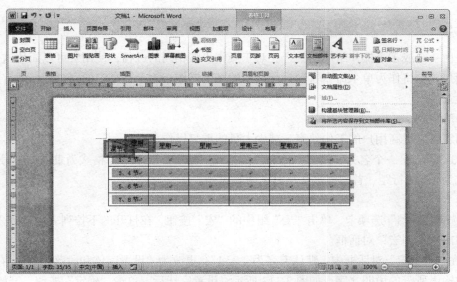

图 3-110　选择创建为文档部件的表格

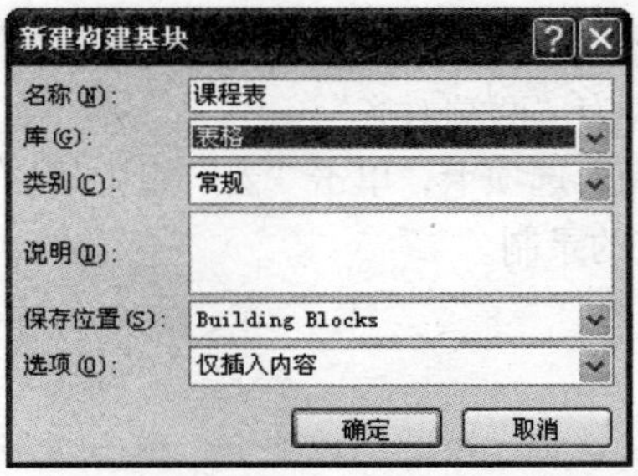

图 3-111　"新建构建基块"对话框

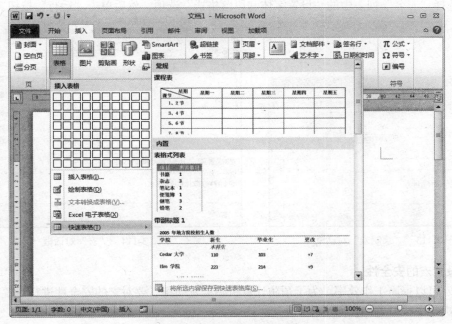

图 3-112　使用已创建的文档部件

3.7.5 宏

宏是由一个或多个操作组成的集合。对于操作步骤相同的过程，使用宏可以简化这个过程。宏一旦创建，它将作为单个命令自动执行其中的每个操作。为了提高宏的安全性，通常要对宏进行安全设置。

1. 录制宏

使用宏可以提高用户的工作效率，减少大量的重复操作。

【例3-3】创建一个名为"设置字体和段落格式"的宏。要求字体格式为隶书、三号、加粗；段落格式为1.5倍行距、首行缩进2字符、两端对齐。

操作步骤如下。

① 选择"视图"选项卡，单击"宏"组中的"宏"按钮，在打开的下拉列表中选择"录制宏"选项，弹出"录制宏"对话框。

② 在"录制宏"对话框中，默认宏名为"宏1"，更改为"设置字体和段落格式"。在"说明"文本框中输入所需的说明文字，如图3-113所示。设置完毕后，单击"确定"按钮，开始录制宏。

③ 在"开始"选项卡的"字体"组中设置字体为"隶书"，字号为"三号"，"加粗"。然后，单击"段落"组中"对话框启动器"按钮，弹出"段落"对话框。在其中设置行距为"1.5倍行距"，首行缩进为"2字符"，对齐方式为"两端对齐"。

④ 录制完成后，选择"视图"选项卡，单击"宏"组中的"宏"按钮，在打开的下拉列表中选择"停止录制"选项，完成宏的录制。

2. 运行宏

运行宏的操作步骤如下。

① 选择需要运行宏的文本，选择"视图"选项卡，单击"宏"组中的"宏"按钮。在打开的下拉列表中选择"查看宏"选项，弹出"宏"对话框，如图3-114所示。

② 选择"宏名"列表中的"设置字体和段落格式"选项，然后单击"运行"按钮。

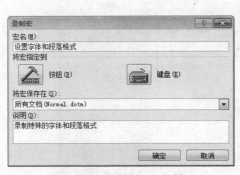

图3-113　"录制宏"对话框

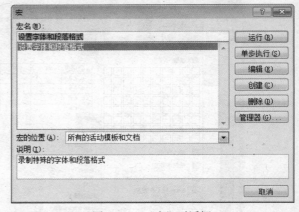

图3-114　"宏"对话框

3. 设置宏的安全性

使用宏可以提高工作效率。为了预防计算机感染宏病毒，要对宏的安全性进行设置。

对宏进行安全设置的操作步骤如下。

① 选择"文件"选项卡，单击"选项"命令，弹出"Word选项"对话框。选择"信任中心"，

如图 3-115 所示。

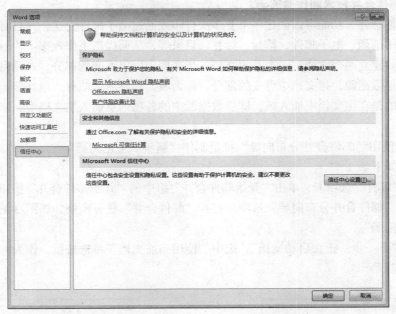

图 3-115 "Word 选项"对话框

② 单击"信任中心设置"按钮，弹出"信任中心"对话框，选择其中一项作为对宏安全的设置，如图 3-116 所示。

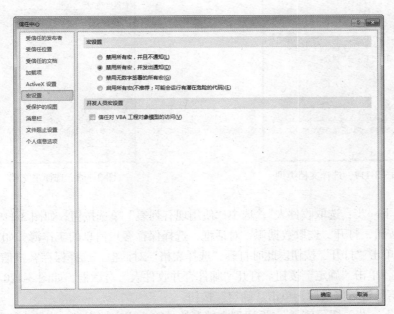

图 3-116 "信任中心"对话框

3.7.6 邮件合并

Word 提供了强大的邮件合并功能，就是将一个主文档与一个数据源结合起来，最终生成主体内容相同、个体内容相异的一系列文档。

1. 使用邮件合并技术制作邀请函

利用"邮件合并"功能可以创建一个要多次打印或通过电子邮件发送，并且每份要发送给不同收件人的套用信函、电子邮件、信封、标签、目录等，从而提高工作效率。

邮件合并要建立两个文档：一个是主文档，指文档中固定不变的部分，如题目、落款、核心内容等；一个是数据源，指文档中可变的部分，称为域，如姓名、职务、地址等。在合并邮件过程中，最主要的是在主文档中插入域，即将数据源中的各项信息插入主文档中，以实现相同邮件的多人发送。

【例 3-4】使用"邮件合并分布向导"批量制作"新年酒会邀请函"。

操作步骤如下。

① 选择"邮件"选项卡，单击"开始邮件合并"组中的"开始邮件合并"按钮。在打开的下拉列表中选择"邮件合并分布向导"选项。打开"邮件合并"任务窗格，如图 3-117 所示，选择文档类型为"信函"。

② 单击"下一步：正在启动文档"，选中"使用当前文档"单选按钮，作为邮件合并的主文档，如图 3-118 所示。

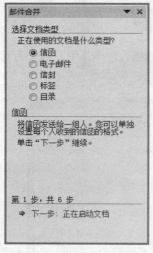

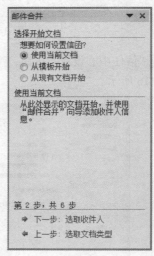

图 3-117　选择文档类型　　　　　　　　　图 3-118　选择主文档

③ 单击"下一步：选取收件人"，选中"使用现有列表"单选按钮，如图 3-119 所示。然后，单击"浏览"按钮，打开"选取数据源"对话框，选择保存客户信息的工作簿，如"D:\MyWord\通讯录.xlsx"，单击"打开"按钮。此时打开"选择表格"对话框，选择保存客户信息的工作表名称，如$sheet1$，单击"确定"按钮。打开"邮件合并收件人"对话框，如图 3-120 所示，对需要合并的收件人信息进行修改后，单击"确定"按钮。

④ 单击"下一步：撰写信函"，返回到文档开始处输入主文档内容。当输入"尊敬的"之后，单击"其他项目"，打开"插入合并域"对话框，如图 3-121 所示。在"域"列表框中，分别选择"姓名"和"职务"，就在文档中插入了"姓名"和"职务"2 个域。当输入"……离不开"之后，插入"公司"域。继续输入，直到结束，如图 3-122 所示。

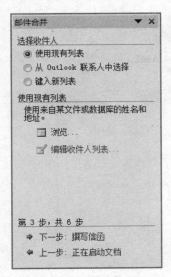

图 3-119　选择收件人

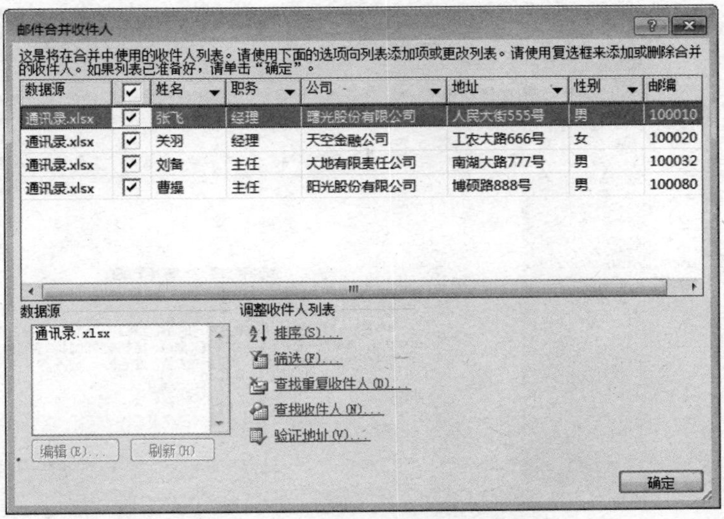

图 3-120　设置邮件合并收件人信息

图 3-121　"插入合并域"对话框

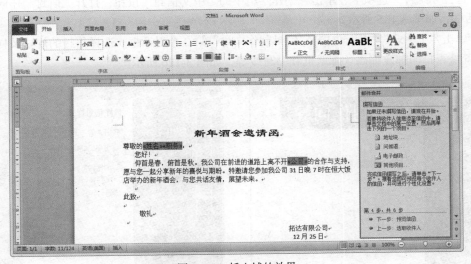

图 3-122　插入域的效果

⑤ 单击"下一步：预览信函"，在"预览信函"区域中，单击" << "或" >> "按钮，按顺序在不同联系人之间进行切换，同时文档中的域也会更改对应的联系人信息，如图 3-123 所示。

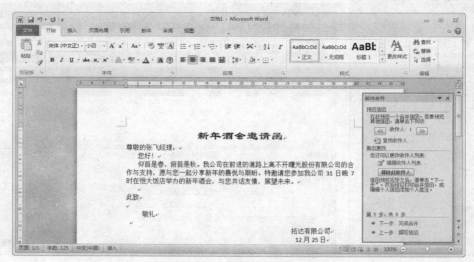

图 3-123　显示插入合并域的效果

⑥ 单击"下一步：完成合并"，选择"编辑单个信函"命令，打开"合并到新文档"对话框。选中"全部"单选按钮，如图 3-124 所示，单击"确定"按钮。

这样，Word 会将 Excel 中存储的收件人信息自动添加到邀请函正文中，合并生成一个新文档。将这个文档保存到 D 盘 MyWord 文件夹中，名叫"新年酒会邀请函.docx"。打开该文档，每页中的邀请函客户信息均由数据源自动创建生成。

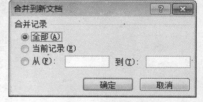

图 3-124　合并到新文档

2. 使用邮件合并技术制作信封

Word 的邮件合并技术提供了非常方便的制作中文信封功能，其操作步骤如下。

① 选择"邮件"选项卡，单击"创建"组中的"中文信封"按钮，打开"信封制作向导"第 1 个对话框，如图 3-125 所示。

② 单击"下一步"按钮，打开"信封制作向导"第 2 个对话框。选择信封的规格及样式，还可以设置是否打印邮政编码、邮票框和书写线等，如图 3-126 所示。

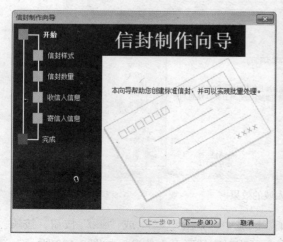

图 3-125　"信封制作向导"第 1 个对话框

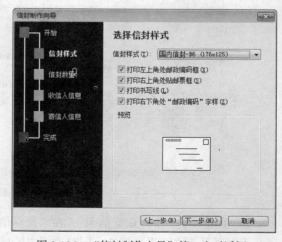

图 3-126　"信封制作向导"第 2 个对话框

③ 单击"下一步"按钮，打开"信封制作向导"第 3 个对话框。选择生成信封的方式和数量，这里选中"基于地址簿文件，生成批量信封"单选按钮，如图 3-127 所示。

④ 单击"下一步"按钮，打开"信封制作向导"第 4 个对话框。单击"选择地址簿"按钮，在"打开"对话框中选择收信人信息的工作薄，如"通讯录.xlsx"，单击"打开"按钮。在"地址薄中的对应项"下拉列表框中，选择与收信人信息匹配的字段，如图 3-128 所示。

⑤ 单击"下一步"按钮，打开"信封制作向导"第 5 个对话框。输入寄信人的姓名、单位、地址和邮编等，如图 3-129 所示。

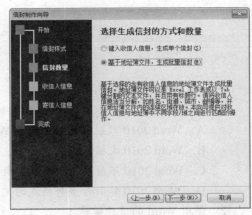

图 3-127　"信封制作向导"第 3 个对话框

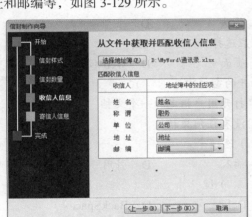

图 3-128　"信封制作向导"第 4 个对话框

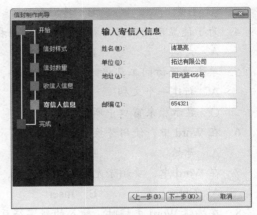

图 3-129　"信封制作向导"第 5 个对话框

⑥ 单击"下一步"按钮，打开"信封制作向导"最后一个对话框。提示用户操作已经完成，单击"完成"按钮。这样，Word 就生成了多个标准的信封，如图 3-130 所示。

图 3-130　使用向导生成的信封

习　题　3

一、单项选择题

1. 下面关于 Word 2010 的叙述中正确的是（　　　）。
    A. Word 2010 只能将文档保存成 Word 格式
    B. Word 2010 文档只能编辑文字，不能插入图形
    C. Word 2010 不能实现"所见即所得"的排版效果
    D. Word 2010 能打开多种格式的文档

2. 退出 Word 的快捷键是（　　　）。
    A.【Ctrl+F4】　　　　B.【F4】　　　　C.【Alt+F4】　　　　D.【Alt+X】

3. 在 Word 文档编辑区中鼠标指针的形状为（　　　）。
    A. I 型　　　　B. 沙漏型　　　　C. 箭头　　　　D. 手型

4. 为了使显示的内容与打印的效果完全相同，应选择（　　　）视图。
    A. 大纲　　　　B. 阅读版式　　　　C. 页面　　　　D. Web 版式

5. 单击快速访问工具栏的"新建"命令，在打开的窗口中（　　　）。
    A. 新建一个文档　　　　　　　　B. 打开用户指定的一个文档
    C. 显示原来窗口中所编辑的文档　　　　D. 没有任何文档

6. 在 Word 中，使用替换功能，应选择（　　　）选项卡。
    A. 开始　　　　B. 文件　　　　C. 插入　　　　D. 引用

7. 在 Word 中，要删除光标右侧的字符，按（　　　）键。
    A. Enter　　　　B. Insert　　　　C. Delete　　　　D. BackSpace

8. 在编辑 Word 文档时，输入的新字符总是覆盖文档中已有的字符，是因为（　　　）。
    A. 当前文档处于改写状态
    B. 当前文档处于插入状态
    C. 连续按两次 Insert 键
    D. 按 Delete 键可防止覆盖发生

9. 使用 Word 时，切换两种编辑状态（插入/改写）的方法是按（　　　）键。
    A. Enter　　　　B. Insert　　　　C. Delete　　　　D. BackSpace

10. 打开一个文档并对其进行修改，执行"关闭"操作后，则（　　　）。
    A. 文档将被关闭，但修改后的内容不能保存
    B. 文档不能被关闭，并提示出错
    C. 文档将被关闭，并自动保存修改后的内容
    D. 弹出对话框，并询问是否保存对文档的修改

11. 关于保存文档，以下说法正确的是（　　　）。
    A. 对新建文档只能执行"另存为"命令，不能执行"保存"命令
    B. 对已有文档不能执行"另存为"命令，只能执行"保存"命令
    C. 对新建文档能执行"保存"和"另存为"命令，但都按照"另存为"去实现
    D. 对已有的文档能执行"保存"和"另存为"命令，但都按照"保存"去实现

12. 在 Word 中，使用【Ctrl+A】组合键将（　　　）。
    A. 撤消上一步操作　　　　　　　　B. 执行复制操作
    C. 选择整个文档　　　　　　　　　D. 仅仅选择文档中所有的文字

13. 要复制文本，首先要进行的操作是（　　　）。
    A. 粘贴　　　　　　B. 复制　　　　　　C. 选择　　　　　　D. 剪切

14. 在 Word 中，选择文本的同时按下 Ctrl 键并拖动，执行的是（　　　）。
    A. 移动操作　　　　B. 复制操作　　　　C. 剪切操作　　　　D. 粘贴操作

15. 在 Word 中，"复制"操作的快捷键是（　　　）。
    A.【Ctrl+X】　　　B.【Ctrl+V】　　　C.【Ctrl+C】　　　D.【Ctrl+Z】

16. 在 Word 中，选择文本并执行"剪切"命令后，（　　　）。
    A. 选择的内容将被复制到光标处
    B. 选择的内容将被复制到剪贴板中
    C. 选择的内容将被移到剪贴板中
    D. 所在的段落内容将被复制到剪贴板中

17. 在 Word 中插入符号，可以选择（　　　）选项卡的"符号"命令。
    A. 开始　　　　　　B. 插入　　　　　　C. 引用　　　　　　D. 视图

18. 在编辑文档时，若指针在某行行首的左侧，（　　　）可以选择光标所在的行。
    A. 右击　　　　　　B. 单击　　　　　　C. 双击　　　　　　D. 三击

19. 在编辑文档时，若连续三击某个字符，则选取该字符所在的（　　　）。
    A. 一个词　　　　　B. 一个句子　　　　C. 一行　　　　　　D. 一个段落

20. 在 Word 中，"撤消"操作的快捷键是（　　　）。
    A.【Ctrl+X】　　　B.【Ctrl+V】　　　C.【Ctrl+C】　　　D.【Ctrl+Z】

21. 在 Word 中，标有"B"字母按钮的作用是使选择对象（　　　）。
    A. 变为斜体　　　　　　　　　　　　B. 变为粗体
    C. 加下画单直线　　　　　　　　　　D. 加下画波浪线

22. 在 Word 的编辑状态下，进行字体设置后显示的是（　　　）。
    A. 光标所在段落后的文字　　　　　　B. 文档中被选择的文字
    C. 光标所在行的文字　　　　　　　　D. 文档的全部文字

23. 在 Word 中，用来设置某段第一行左端起始位置的功能是（　　　）。
    A. 左缩进　　　　　B. 右缩进　　　　　C. 首行缩进　　　　D. 悬挂缩进

24. 在 Word 中，项目符号或编号在（　　　）时会自动出现。
    A. 按 Enter 键　　　　　　　　　　　B. 按 Tab 键
    C. 一行文字输入完毕　　　　　　　　D. 输入文字超过右边界

25. 在 Word 中，"项目符号"命令用在（　　　）前面添加项目符号。
    A. 行　　　　　　　B. 图形　　　　　　C. 段落　　　　　　D. 表格

26. 使用"分栏"操作可以将文档分成（　　　）栏。
    A. 一　　　　　　　　　　　　　　　B. 三
    C. 两　　　　　　　　　　　　　　　D. 按"列数"栏中的数字

27. 下列关于分栏的说法，正确的是（　　　）。
    A. 最多可以设 4 栏　　　　　　　　　B. 各栏的宽度必须相同

C. 各栏的宽度可以不同   D. 各栏之间的间距是固定的

28. 如果要多次应用"格式刷"复制格式，应（   ）"格式刷"按钮。

     A. 单击   B. 双击   C. 右击   D. 拖动

29. 样式是一组被命名保存的（   ）。

     A. 字体   B. 格式集合   C. 段落格式   D. 页面版式

30. 在 Word 中插入表格，下列说法错误的是（   ）。

     A. 只能是 3 列 2 行   B. 可以自动套用格式

     C. 行列数可调   D. 能调整行高和列宽

31. 在 Word 中编辑表格时，选择一个单元格按 Delete 键，则（   ）。

     A. 删除该单元格所在的行

     B. 删除该单元格的内容

     C. 删除该单元格，右方单元格左移

     D. 删除该单元格，下方单元格上移

32. 选取表格中的一个单元格，然后执行删除操作，则（   ）。

     A. 只能删除该单元格所在的一行

     B. 只能删除该单元格所在的一列

     C. 删除该单元格所在的一行或一列

     D. 删除一行，或删除一列，或只删除一个单元格

33. 要将表格中相邻的两个单元格变成一个单元格，应执行（   ）命令。

     A. 删除单元格   B. 合并单元格   C. 拆分单元格   D. 绘制表格

34. 表格转换为文本后，文本插入在（   ）中。

     A. 表格   B. 文档   C. 文本框   D. 图片

35. 文本转换为表格时，可以使用（   ）作为分隔符。

     A. 逗号   B. 制表符   C. 空格   D. 以上三个都行

36. 对于文档中插入的图片，不能进行（   ）操作

     A. 改变大小   B. 修改其中的图形

     C. 移动位置   D. 裁剪

37. 在 Word 中，每一页都要出现的信息应放在（   ）。

     A. 文本框   B. 脚注   C. 第一页   D. 页眉/页脚

38. 在 Word 中，关于打印预览操作叙述错误的是（   ）。

     A. 打印预览是文档视图之一   B. 预览和打印的效果一致

     C. 无法对预览的文档进行编辑   D. 可同时查看多页文档

39. 要打印第 4～6 页与第 16 页的内容，在 "页数" 文本框中输入（   ）。

     A. 4,6,16   B. 4,6-16

     C. 4-6,16   D. 4-6-16

40. 在 Word 中，文字下面有红色波浪线表示（   ）。

     A. 文档已经修改过   B. 该文字本身自带下画线

     C. 可能存在的拼写错误   D. 可能存在的语法错误

41. 在 Word 中，文字下面有绿色波浪线表示（   ）。

     A. 文档已经修改过   B. 该文字本身自带下画线

    C．可能存在的拼写错误   D．可能存在的语法错误

42．将经常使用的几个命令或操作组合成（　　　）来提高工作效率。

    A．快捷键   B．快捷菜单   C．宏   D．按钮

二、上机操作题

1．录入短文：

春

盼望着，盼望着，东风来了，春天的脚步近了。

一切都像刚睡醒的样子，欣欣然张开了眼。山朗润起来了，水涨起来了，太阳的脸红起来了。

小草偷偷地从土里钻出来，嫩嫩的，绿绿的。园子里，田野里，瞧去，一大片一大片满是的。坐着，躺着，打两个滚，踢几脚球，赛几趟跑，捉几回迷藏。风轻悄悄的，草软绵绵的。

桃树、杏树、梨树，你不让我，我不让你，都开满了花赶趟儿。红的像火，粉的像霞，白的像雪。花里带着甜味儿；闭了眼，树上仿佛已经满是桃儿、杏儿、梨儿。花下成千成百的蜜蜂嗡嗡地闹着，大小的蝴蝶飞来飞去。野花遍地是：杂样儿，有名字的，没名字的，散在草丛里，像眼睛，像星星，还眨呀眨的。

"吹面不寒杨柳风"，不错的，像母亲的手抚摸着你。风里带来些新翻的泥土的气息，混着青草味儿，还有各种花的香，都在微微润湿的空气里酝酿。鸟儿将巢安在繁花嫩叶当中，高兴起来了，呼朋引伴地卖弄清脆的喉咙，唱出宛转的曲子，跟轻风流水应和着。牛背上牧童的短笛，这时候也成天嘹亮地响着。

雨是最寻常的，一下就是三两天。可别恼。看，像牛毛，像花针，像细丝，密密地斜织着，人家屋顶上全笼着一层薄烟。树叶儿却绿得发亮，小草儿也青得逼你的眼。傍晚时候，上灯了，一点点黄晕的光，烘托出一片安静而和平的夜。在乡下，小路上，石桥边，有撑起伞慢慢走着的人，地里还有工作的农民，披着蓑戴着笠。他们的房屋，稀稀疏疏的，在雨里静默着。

天上风筝渐渐多了，地上孩子也多了。城里乡下，家家户户，老老小小，也赶趟儿似的，一个个都出来了。舒活舒活筋骨，抖擞抖擞精神，各做各的一份儿事去。"一年之计在于春"，刚起头儿，有的是工夫，有的是希望。

春天像刚落地的娃娃，从头到脚都是新的，它生长着。

春天像小姑娘，花枝招展的，笑着，走着。

春天像健壮的青年，有铁一般的胳膊和腰脚，领着我们上前去。

（1）设置页面纸型为 B5，页面的上、下、左、右边距都设为 2.6 厘米，指定每页 40 行，每行 42 字符。将"春天"为主题的图片设置为背景。

（2）文章标题设置为艺术字样式并居中，将标题段前段后间距都设置为 1.5 行。

（3）将文章中除标题外的段落字体设置成"宋体"、"小四号"；段落设置为"首行缩进 2 字符"，行距为 2 倍行距。

（4）为文章的第 1、2 段和 3 段设置项目符号为"■"。

（5）为文章的第 4 段设置"首字下沉"效果，下沉行数为 3，字体为隶书，距正文 1 厘米。

（6）为第 5 段中的"吹面不寒杨柳风"插入脚注，内容为"引自南宋志南和尚《绝句》中的诗句"。

（7）将第 6 段分成 3 栏，带有分隔线。

（8）在文中插入任一幅"工业"主题的剪贴画，采用文字环绕效果置于文章左上角。

（9）插入页码，位置选择"页面底端"、"右侧"，数字格式选用"I,II,III…"形式。

（10）设置页面边框为红"★"。

2. 制作"课程表"，如表 3-1 所示。具体要求如下。

（1）插入一个 5 行 6 列的表格。

（2）在第 1 行第 1 列的单元格内绘制一条从左上角到右下角的斜线，利用文本框插入行标题"星期"和列标题"课节"。在相应的单元格中输入内容。

（3）调整表格的行高设为 1 厘米，列宽设为 2.4 厘米。

（4）将表格中所有的数据设置为水平、垂直居中。

（5）为表格设置题注为"表 3-1 课程表"。

表 3-1 课程表

课节 ＼ 星期	星期一	星期二	星期三	星期四	星期五
1、2 节	计算机		英语	专业课	专业课
3、4 节	英语	专业课	计算机		高数
5、6 节		思修		专业课	
7、8 节	高数			思修	

3. 插入下面的数学公式。

（1）$\sum_{k=1}^{n} k^2 = \frac{1}{6} n(n+1)(2n+1)$

（2）$f(x) = \lim_{x \to 0} \dfrac{\int_0^x \cos^2 t dt}{x}$

4. 使用邮件合并功能制作内容相同、收件人不同的多份邀请函。具体要求如下。

（1）将表 3-2 所示的内容录入到 Excel 中，并保存在 D 盘 MyWord 文件夹中，文件名叫"人员名单.xlsx"。

表 3-2 人员名单

姓名	性别	部门
陈送	男	会计系
李永	男	金融系
王红	女	英语系
孙英	女	日语系
张文丽	女	计算机系
黄宏	男	数学系

（2）输入如下样文内容，在"尊敬的"后面插入姓名域，并根据性别信息，在姓名后添加"先生"（性别为男）、"女士"（性别为女）。

2014 届毕业生汇报演出

邀请函

尊敬的　　　　：

　　您好！

　　我系于 6 月 20 日晚 7 时在学校礼堂举办"2014 届毕业生汇报演出"，欢迎您莅临指导。

舞蹈系　6 月 15 日

第4章
电子表格处理软件 Excel 2010

表格无处不在，如学生登记表、成绩单、工资表、财务报表等。Excel 2010 是一款出色的电子表格制作软件，功能强大。其用于创建电子表格，实现数据分析处理，包括排序、筛选和分类汇总等，使用公式和函数对数据进行各种计算，创建报表、图表、数据透视图（表）等。

4.1 初识 Excel 2010

4.1.1 Excel 2010 的启动与退出

1. 启动 Excel 2010

启动 Excel 2010，主要有以下两种方法。

● 单击"开始"按钮，选择"所有程序"中的"Microsoft Office"，在弹出的下拉菜单中选择"Microsoft Excel 2010"命令。

● 双击桌面上的 Microsoft Excel 2010 的快捷方式图标。

2. 退出 Excel 2010

退出 Excel 2010 的常用方法如下。

● 单击 Excel 窗口标题栏上的"关闭"按钮。

● 双击 Excel 窗口左上角"控制菜单"按钮。

● 选择"文件"选项卡，单击"退出"按钮。

● 按【Alt+F4】组合键。

4.1.2 Excel 2010 的工作界面

Excel 2010 的工作界面传承了 Excel 2007 的风格，但局部也有些变化，这些改变蕴含了许多新的功能。Excel 2010 的工作界面，如图 4-1 所示。

1. 标题栏

标题栏位于窗口的最上方，从左到右依次是控制菜单按钮、快速访问工具栏、工作簿名称、应用程序名称、最小化按钮、最大化（或向下还原）按钮和关闭按钮。

2. 快速访问工具栏

快速访问工具栏默认包括保存、撤消和恢复等命令。单击"自定义快速访问工具栏"按钮，即 ，选择其中的命令可以将其置于快速访问工具栏中，方便用户使用。

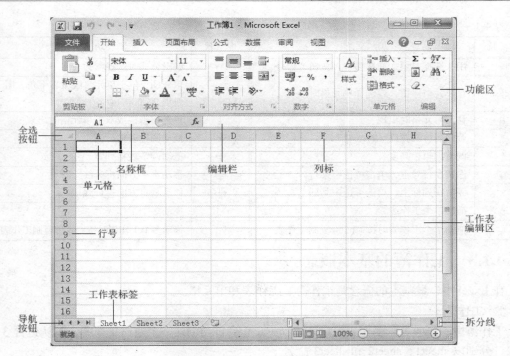

图 4-1　Excel 2010 工作界面

3. 功能区

Excel 2010 的功能区代替了传统的菜单和工具栏。每张选项卡包含的命令是按相近功能分组，能帮助用户完成大部分操作。对于选项卡中没有出现的功能命令，可单击"对话框启动器"按钮，即█，在弹出的对话框中选择某功能，完成相应操作。在功能区右上方还添加了一个"功能区最小化"按钮，即△，单击该按钮可以"隐藏"或"显示"功能区。

4. 名称框与编辑栏

名称框用于显示活动单元格名称，或用户定义的单元格区域名称。编辑栏用于显示、输入、编辑、修改当前单元格中的数据或公式。Excel 2010 的编辑栏默认为折叠状态，当编辑较长内容时，可以单击右侧的"展开编辑栏"按钮，即▼，展开编辑栏，便于数据的查看和编辑。

5. 工作表编辑区

在 Excel 窗口中间的空白网格区域就是工作表编辑区，主要用来输入和编辑数据。工作表编辑区由行号、列标、单元格、工作表标签、水平和垂直滚动条等组成。

6. 状态栏

状态栏位于工作窗口的底部，包括视图切换工具，以及缩放级别和显示比例按钮。单击该区域的相应按钮，可以快速实现视图方式的切换和调整显示比例。

7. 导航按钮

导航按钮位于工作表标签左侧，用于快速浏览工作表标签。

8. 拆分线

拆分线位于水平滚动条右侧和垂直滚动条上方，主要用于拆分工作表区域，便于对工作表中不同区域的数据进行比较。

9. Excel 中的鼠标指针

Excel 的鼠标指针形状非常丰富，不同的指针形状代表不同的含义，如表 4-1 所示。

表 4-1   Excel 中鼠标指针形状

形　状	功　　能	形　状	功　　能
↖	用来选择对象，如选项卡、按钮、命令	👆	编辑公式时选择参数
⊹	在单元格停留，或选择单元格时出现	+	填充柄，位于单元格区域右下角，用于快速填充数据
⇱	移动单元格时出现	Ⅰ	单击编辑栏或双击单元格时出现
↔	调整名称框宽度	⯯	拖动调整表格行高
↕	调整编辑栏高度	↔	拖动调整表格列宽
→	停留在行号上，单击可选中某行	⯮	移动水平方向拆分线
↓	停留在列标上，单击可选中某列	⯈⯇	移动垂直方向拆分线
⯬	拖动单个工作表	⯭	拖动多个工作表
⯮	拖动单个工作表时按 Ctrl 键复制工作表	⯯	拖动多个工作表时按 Ctrl 键复制工作表

4.1.3　工作簿的基本概念

在 Excel 中，最基本的概念是工作簿、工作表和单元格。

1. 工作簿

工作簿由一张或多张工作表组成，启动 Excel 会自动创建一个空白工作簿，默认包含 3 张工作表，分别以 sheet1、sheet2 和 sheet3 命名。

2. 工作表

工作表是一个二维表，由排列成行与列的多个单元格组成，主要用于存储和处理数据。

3. 单元格

单元格是工作表中行与列交叉处的小方格，是编辑数据的最小单位。一张工作表包含许多单元格，每个单元格有一个固定名称。当单元格被选中时，其名称会显示在名称框中。名称用列标和行号的组合来表示，如 A1。其中，列标编号依次是 A～Z，AA～AZ……一直到 XFD，共 16384列，行号是 1～1048576。

表示一个单元格时，直接使用其名称即可，如 F4。表示多个连续的单元格时，要使用该区域的左上角和右下角的单元格名称，中间用"："分隔，如 B2:D4。表示多个不连续的单元格时，则逐一列举所需单元格名称，中间用","分隔，如 A1,B2,C3:D5。

如果将工作簿比作账簿，工作表相当于账簿中的一页，单元格则用于记录一笔数据。

4.1.4　工作簿的基本操作

1. 新建工作簿

启动 Excel 2010 时，系统会自动新建一个名为"工作簿 1.xlsx"的空白工作簿，用户可以直接使用它，或者根据 Excel 提供的模板新建带有格式和内容的工作簿。

（1）创建空白工作簿

创建空白工作簿主要有以下几种方法。

● 选择"文件"选择卡，在弹出的下拉菜单中单击"新建"。在右侧的"可用模板"中选择"空白工作簿"，如图 4-2 所示，单击"创建"按钮。

● 按【Ctrl+N】组合键。

● 在桌面或文件夹的空白位置单击右键，选择"新建"命令，在级联菜单中单击"Microsoft Excel工作表"命令，如图 4-3 所示，即可在当前位置创建一个名为"新建 Microsoft Excel 工作表.xlsx"的文件。

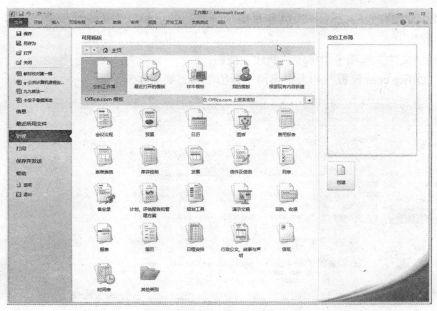

图 4-2 新建空白工作簿

（2）使用模板创建工作簿

同 Word 一样，Excel 也为用户提供了许多工作簿模板，使用这些模板可以快速创建工作簿。模板分两种：一种是"样本模板"，已经安装到本地计算机上；另一种是"Office.com 模板"，即数量繁多的在线模板，使用时需要下载。

【例 4-1】使用"样本模板"制作某单位的考勤表。

操作步骤如下。

① 启动 Excel 2010，选择"文件"选项卡，单击"新建"，如图 4-2 所示。

② 在"可用模板"列表中，单击"样本模板"，选择"考勤卡"，如图 4-4 所示。

③ 单击"创建"按钮，创建一个名为"考勤卡 1.xlsx"的工作簿。

图 4-3 新建空白工作簿

图 4-4 样本模板窗口

【**例 4-2**】使用在线模板制作 2014 年日历。

操作步骤如下。

① 选择"文件"选项卡，单击"新建"按钮。

② 在"Office.com 模板"列表中选择"日历"项，如图 4-5 所示。

图 4-5　日历模板窗口

③ 单击"其他日历"按钮，选择"永久年历"，单击"下载"按钮，系统进入下载过程。

④ 下载结束后，会直接创建一个名为"UniversalCalendar1.xlsx"的工作簿，如图 4-6 所示。

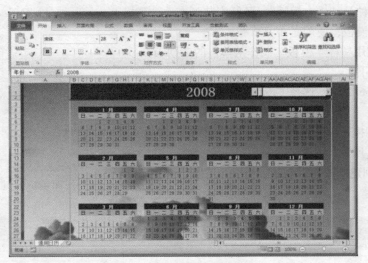

图 4-6　通用日历

利用模板创建的日历默认年份是 2008 年，用户需要单击微调按钮（ ），或在编辑栏中输入 2014，创建 2014 年日历。

2．保存工作簿

对工作簿进行编辑之后，需要将其保存到磁盘文件中，以免内容丢失。保存工作簿分几种情况，用户可以根据需要进行选择。

（1）保存新建工作簿

对于一个新建的 Excel 工作簿可以通过 3 种方法来保存。

- 选择"文件"选项卡，单击"保存"按钮。
- 单击"快速访问工具栏"上的"保存"按钮。
- 按【Ctrl+S】组合键。

无论使用哪种方法，都会弹出"另存为"对话框，如图 4-7 所示。

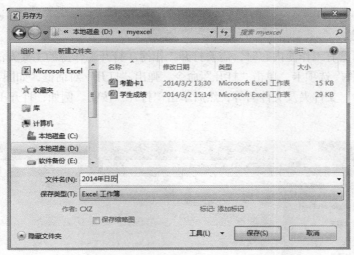

图 4-7　"另存为"对话框

- 保存位置：Excel 2010 默认将工作簿保存在"文档"库，用户可以选择其他位置（盘号与文件夹）进行保存。例如，D 盘 myexcel 文件夹。
- 文件名：用户常常采用"见名知意"的原则进行命名，方便日后查找。如例 4-2，文件名可以叫做"2014 年日历"。
- 保存类型：Excel 2010 默认类型是"Excel 工作簿（.xlsx）"，一般情况下，用户无需更改。

（2）另存已有工作簿

对于一个已经存在的工作簿，用户修改之后也必须保存，否则所做的修改就白费了。用户要是按照原先的位置、名称和类型进行保存，最简单的方法是单击"快速访问工具栏"上的"保存"按钮。这时，系统不再出现"另存为"对话框，直接替换原文件。

如果既要保留原工作簿内容，又想将修改之后的结果保存下来，需要选择"文件"选项卡的"另存为"命令。在"另存为"对话框中重新选择保存位置、文件名和类型后，单击"保存"按钮。

（3）自动保存

为了避免编辑数据时突遇断电或其他意外情况导致数据丢失，要养成随时保存工作簿的好习惯。另外，可借助"自动保存"功能减少损失。选择"文件"选项卡，单击"选项"，弹出"Excel 选项"对话框。单击"保存"，在右侧的"保存工作簿"区中勾选"保存自动恢复信息时间间隔（A）"复选框，设置保存时间间隔或单击微调按钮，最后单击"确定"按钮。

3. 关闭工作簿

对工作簿编辑后，要将其保存并关闭。关闭工作簿的主要方法如下。

- 选择"文件"选项卡，单击"关闭"按钮。

- 单击选项卡最右侧的"关闭窗口"按钮。
- 按【Ctrl+F4】组合键。

关闭当前工作簿不是退出 Excel 2010。

4．打开工作簿

当查看或编辑已有工作簿内容时，需要打开工作簿。打开工作簿的主要方法如下。

- 选择"文件"选项卡，单击"打开"命令，弹出"打开"对话框，如图 4-8 所示。选择要打开工作簿的盘号、文件夹及文件名等，然后单击"打开"按钮。例如，打开工作簿"2014 年日历.xlsx"。

图 4-8 "打开"对话框

- 按【Ctrl+O】组合键。
- 双击要打开的 Excel 文件（*.xlsx 或*.xls），启动 Excel 2010 并打开工作簿。
- 选择"文件"选项卡，在弹出的下拉菜单中选择"最近所用文件"命令，在其右侧的列表中单击最近曾使用的文件。

5．隐藏与保护工作簿

（1）隐藏工作簿

当同时打开多个工作簿时，可以暂时隐藏其中的一个或几个工作簿。选择"视图"选项卡，单击"窗口"组的"隐藏"按钮，将当前工作簿隐藏。

如果要将隐藏的工作簿显示出来。单击"窗口"组的"取消隐藏"按钮，在对话框中选择要显示的工作簿。

（2）保护工作簿

如果不希望别人改变工作簿的结构和窗口，可以设置工作簿保护。选择"审阅"选项卡，单击"更改"组的"保护工作簿"按钮，弹出对话框，如图 4-9 所示。

图 4-9 保护结构和窗口

用户根据需要选择"结构"和"窗口"进行保护，同时设置密码。如果不设置密码，任何人都可以取消对工作簿的保护。

4.2　操作工作表

工作表是组成工作簿的基本单位，是进行数据处理的场所。用户对工作表可以进行选择、插入、删除、移动、复制、重命名与保护等操作。

4.2.1　输入数据

1．选择单元格

在 Excel 中，单元格是工作表的最小单位，所有数据都要输入到单元格才能进行编辑。为此，首先要掌握如何选择单元格。

（1）选择一个单元格

最简单的方法是单击单元格，或者在名称框输入单元格名称（如 A2），按回车键。

（2）选择多个连续单元格区域

直接拖动鼠标选择多个连续单元格，或者选择首个单元格，按住【Shift】键的同时再单击连续区域的最后一个单元格。

（3）选择多个不连续单元格区域

先选择一个单元格区域，按住【Ctrl】键的同时再逐一选择其他单元格。

（4）选择整行或整列

单击行号或列标，可以选择单行或单列。如果要选择连续的多行或多列，在行号或列标上拖动鼠标。如果要选择不连续的多行或多列，只需在选择时按住【Ctrl】键，逐一单击行号或列标即可。

（5）选择全部单元格

单击"全选"按钮，或按【Ctrl+A】组合键。

2．输入普通数据

普通数据是指文本、数字、日期和时间等。数据在输入之后，Excel 会自动判断其类型，并通过显示位置加以区分。例如，文本数据左对齐显示，数字数据右对齐显示。

（1）输入文本

文本在 Excel 中是最常用的，包括字母、汉字以及非计算性的数字等。

- 选择单元格，直接输入文本，然后按回车键或单击其他单元格。
- 双击单元格，在光标处输入文本，按回车键或单击其他单元格。
- 选择单元格，在编辑栏中输入文本，单元格内会自动显示输入的文本。

（2）输入数字

数字数据就是平常所说的数值，如成绩、工资、所得税等。

为了显示数字的小数形式，可以选择"开始"选项卡，单击"数字"组中的"增加小数位数"按钮（🔢）或"减少小数位数"按钮（🔢），逐个增加或减少小数位数。

（3）输入日期和时间

输入日期时，在年、月、日之间使用"/"或"-"隔开，如输入"2013-08-13"或"2013/8/13"，单元格均会显示"2013/8/13"[①]。输入时间时，时、分、秒之间用英文冒号分隔，如"11:47:00"。

---

① .日期数据的分隔符显示为"/"还是"-"，取决于操作系统中的"区域和语言"设置。

在 Excel 中，系统默认的计时单位是 24。若按 12 计时，可以在输入的时间后加"AM"或"PM"来表示上午或下午。

若要快速输入当前日期可以按【Ctrl+；】组合键，输入当前时间可以按【Ctrl+Shift+；】组合键。

3. 输入特殊的数据

（1）输入以"0"开头的数据

默认情况下，在单元格中输入以"0"开头的数字时，Excel 将其识别成数字并省略前面的"0"。如果要保留前面的"0"，应先输入西文单引号（'），然后再输入数字，如输入序号'001，单元格中显示 001。

（2）输入数字文本

身份证号、邮编、学号等数字数据，不是用来计算的，应属于文本数据。例如向单元格中输入 220102198912250625 时，将显示为 2.20102E+17。在输入数字文本时，要先输入西文单引号。例如，输入前面的身份证号，应输入'220102198912250625，显示时，单元格左上角有个绿三角，以区别于数字数据。

（3）输入分数

默认情况下，向单元格输入 3/4，结果显示为"3 月 4 日"。为防止输入的分数自动变成日期，在输入分数前依次输入数字 0 和一个空格，然后按分子、分数线（/）、分母的顺序输入。

（4）输入负数

负数的输入方法有两种。一是在数字前面输入"-"号，如-3；二是将数字用圆括号括起来，如（3）。

（5）在单元格中输入多行文本

有时需要在单元格中输入多行文本。用户可以在需要换行时按【Alt+Enter】组合键。

4. 快速输入数据

在日常工作中，输入的数据往往具有一些特点，或内容相同，或具有某种规律，如果要逐一输入会浪费许多时间。为了提高工作效率，Excel 提供了很多技巧，帮助用户快速输入数据。

【例 4-3】创建"教学管理.xlsx"工作簿，向工作表中输入如图 4-10 所示的数据。

	A	B	C	D	E	F	G	
1	学号	姓名	性别	民族	身份证号	党员否	高考成绩	—— 列标题（字段标题）
2	1328403001	李永	男	汉	222402198408030419	否	460	
3	1328403002	赵华伦	男	汉	22010219831114021x	否	439	
4	1328403003	殷实	男	回	220284198406224211	否	423	
5	1328403004	杨柳	女	汉	220181198406150019	否	422	
6	1328403005	段晓明	男	满	220723198404123016	否	422	—— 记录
7	1328403006	李阳阳	女	汉	220203198512192120	否	422	
8	1328403007	王磊	男	汉	220881198407101919	否	421	
9	1328403008	赵勇强	男	汉	220282198203165634	否	421	
10	1328403009	孙彤	女	汉	220102198405215049	否	421	
11	1328403010	于快	男	回	222403198409094031	否	416	

图 4-10　输入数据

在表格中，一行数据是一组相关的数据集合，用于表示一个实体，称作记录。一列数据表示实体的一个特征（属性），称为字段。在如图 4-10 所示表格中，第一行是列标题，也称为字段标题，表示该列数据的含义和允许输入的数据类型。

首先，创建一个空白工作簿，选择 sheet1 工作表。列标题、姓名、身份证号这些数据没有规律，只能一一输入。其他列数据有其各自的特点，下面分别介绍如何快速输入。

（1）使用填充柄输入"学号"列

"学号"列是一个连续的数字文本序列，有两种方法实现快速输入。

- 选择 A2 单元格，输入'1328403001，向下拖动填充柄，直到出现"1328403010"时释放，如图 4-11 所示。

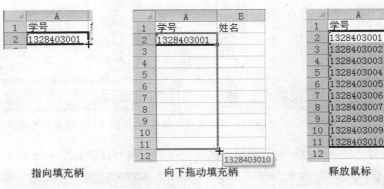

图 4-11　使用填充柄填充数据

- 分别在 A2、A3 单元格输入'1328403001 和'1328403002，然后同时选择 A2、A3 单元格，向下拖动填充柄直到出"1328403010"时释放。

使用后面的方法，方便向工作表中输入等差序列。比如，要输入 3、6、9、12、15、18 这个等差序列，可以在两个连续的单元格依次输入 3 和 6，然后拖动填充柄直到出现 18 为止。

使用填充柄填充数字时，向右、向下为递增，向左、向上为递减。

（2）向"党员否"列输入相同内容

- 使用填充柄。首先，在 F2 单元格输入"否"，然后向下拖动填充柄，完成相同数据的输入。

- 使用组合键。同时选择多个单元格（连续或不连续），直接输入"否"后按【Ctrl+Enter】组合键。

使用后面的方法，可以为"性别"列快速输入"男"，然后将少数女生的性别值改为"女"。

（3）借助"数据有效性"输入数据

诸如"性别"、"民族"、"职称"、"学历"这样的数据，都有一个共同特点，就是取值范围相对固定。针对这样的数据，Excel 提供了"数据有效性"功能来提高输入效率。比如设置"民族"列的数据有效性，操作步骤如下。

① 制作取值范围，在工作表的数据区域外（I5:I9），输入常见的民族取值，如图 4-12 所示。

② 选择 D2:D11 单元格区域，选择"数据"选项卡，单击"数据工具"组的"数据有效性"按钮，弹出"数据有效性"对话框，在"允许"下拉列表中选择"序列"，如图 4-13 所示。

汉
回
蒙
满
朝

图 4-12　民族列取值范围

③ 设置"来源（S）"时，可以使用拾取按钮（🔳），在工作表区域选择 I5:I9，或者在输入框中直接输入"汉，回，蒙，满，朝"，单击"确定"按钮。

④ 选择单元格 D2，单击下拉按钮，从列表中选择某值即可，如图 4-14 所示。

在设置数据有效性时，还可同时使用"输入信息"和"出错警告"选项卡，用以编辑用户输入时的提示信息和输入出错时的警告信息。例如，"高考成绩"列的取值范围是 410-470。

首先，选择 G2:G11 单元格区域。选择"数据有效性"对话框的"设置"选项卡，内容设置如图 4-15 所示。

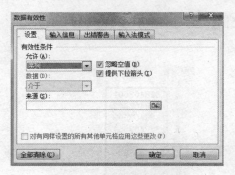

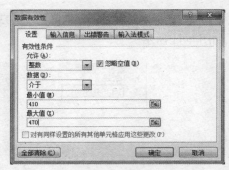

图 4-13 数据有效性对话框　　　　图 4-14 应用数据有效性　　　图 4-15 设置高考成绩的取值范围

之后，依次选择"输入信息"和"出错警告"选项卡，内容设置如图 4-16 所示。

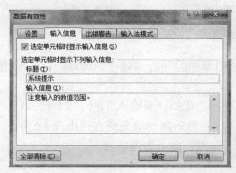
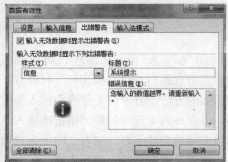

图 4-16 设置输入信息和出错警告

当输入高考成绩时，单元格旁边会显示信息，如图 4-17 所示。当输入出错时，会弹出"出错警告"对话框，如图 4-18 所示，提示用户输入正确的内容。

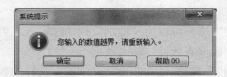

图 4-17 输入信息提示　　　　　　　图 4-18 出错警告对话框

输入数据结束，将其保存到 D 盘 myexcel 文件夹中，文件名为"教学管理.xlsx"。

5．自动填充数据序列

在 Excel 中，除了快速填充数据之外，还提供自动填充数据序列功能，如输入等差序列、等比序列、日期序列、自定义序列等。

（1）填充等差序列

填充等差、等比和日期序列的方法基本相同。例如输入等差序列 3、6、9、12、15、18，还可以使用自动填充功能实现。操作步骤如下。

① 选择空白工作表（如 sheet2），向单元格（A1）输入 3，选择单元格区域 A1:F1。

② 选择"开始"选项卡，单击"编辑"组的"填充"按钮，在下拉列表中选择"系列"。在"序列"对话框中设置参数，如图 4-19 所示，单击"确定"按钮。

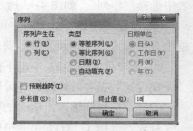

图 4-19 设置等差序列参数

"步长值"是指等差序列中后项与前项的差值，对于等比序列而言，则指倍数。"日期单位"中的"日"和"工作日"是有区别的，使用"工作日"作为日期单位时，不包含星期六和星期日。

（2）填充自定义序列

自定义序列是 Excel 提供的一项很实用的功能，可以帮助用户快速填充有规律的序列。默认情况下，Excel 为用户提供了星期、月份、季度、农历月份等许多常用序列。如何查看有哪些序列呢?

① 打开"文件"选项卡，单击"选项"，弹出"Excel 选项"对话框。

② 在左侧选择"高级"类别，在右侧列表中单击"常规"区域中的"编辑自定义列表"按钮，打开"自定义序列"对话框，查看常用序列，如图 4-20 所示。

填充自定义序列的方法很简单，用户只要在单元格中输入序列中的任意一个值，拖动填充柄就能完成序列中其他内容的填充。

（3）自定义新序列

Excel 提供的常用序列不能满足用户的所有需求，用户可以自定义新序列。例如，省名吉林省、辽宁省、黑龙江省、山东省、浙江省等。如果用户经常使用它们，可以将其添加到自定义序列中，实现快速输入。

【例 4-4】将等级列表"优秀、良好、中等、及格、不及格"添加到自定义序列中。

操作步骤如下。

① 打开如图 4-20 所示的"自定义序列"对话框，在左侧列表中选择"新序列"。

② 在右侧"输入序列"中，依次输入"优秀、良好、中等、及格、不及格"，如图 4-21 所示。

图 4-20　"自定义序列"对话框　　　　　图 4-21　添加新序列值

③ 单击"添加"按钮，新序列就会显示在左侧的"自定义序列"列表中。

④ 单击"确定"按钮，返回工作表编辑区就可以使用这个序列了。

用户在输入新序列时，每输入一个值都要另起一行。

6. 获取外部数据

为了减少用户输入的数据量，提高工作效率，Excel 2010 为用户提供了"获取外部数据"功能，可直接从外部数据源将数据导入到当前工作表。"获取外部数据"位于"数据"选项卡，如图 4-22 所示。

【例 4-5】打开"教学管理.xlsx"工作簿，向工作表中导入"学生管理.accdb"数据库中的"教师表"内容。

操作步骤如下。

① 选择"数据"选项卡，单击"获取外部数据"组的"自 Access"按钮，弹出"选取数据源"对话框，选择所需数据源"学生管理.accdb"数据库，如图 4-23 所示。

图 4-22　"获取外部数据"组　　　　　　　　图 4-23　选取数据源

② 单击"打开"按钮，弹出"选择表格"对话框，在列表中选择"教师表"，如图 4-24 所示。
③ 单击"确定"按钮，弹出"导入数据"对话框，内容设置如图 4-25 所示。

图 4-24　选择表格

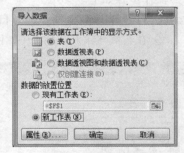

图 4-25　导入数据

提示

如果导入位置选择"现有工作表"，则需要在输入框中输入起始单元格名称。

④单击"确定"按钮，结果如图 4-26 所示。

	A	B	C	D	E	F	G	H
1	教师编号	姓名	性别	系列	职称	学历	工资	联系电话
2	0203	方杭	女	英语	副教授	硕士	3200	15844441986
3	0204	郭新阳	女	英语	教授	博士	5200	13944556679
4	0301	韩毅	男	日语	讲师	学士	2800	13378945680
5	0302	李强	男	日语	讲师	学士	3200	13845625652
6	0303	李美	女	日语	副教授	硕士	3400	13977889980
7	0404	刘欢	男	体育	讲师	硕士	2800	15455662355
8	0405	汪秀丽	男	体育	副教授	硕士	3600	15856455433
9	0406	于思琦	女	体育	助教	学士	1900	13689564569
10	0407	曹影	女	体育	副教授	硕士	3800	15814441988
11	1001	陈光	女	金融	副教授	博士	4300	13914556678
12	1002	靳宗博	男	金融	教授	博士	5100	13328945686
13	1003	白岩松	男	金融	讲师	学士	2600	13825625654
14	1004	曹宣泽	男	金融	教授	博士	5600	13927889988
15	1005	姜朋	男	金融	讲师	硕士	2300	15425662356
16	1006	唐萍	男	金融	副教授	学士	3100	15826455432

图 4-26　数据导入结果

4.2.2　编辑数据

输入数据时难免会发生错误，因此需要对数据区域进行检查，对错误数据进行修改，或者重新输入。

1. 修改数据

要修改单元格中的全部数据时，只需重新输入正确数据。要修改单元格中的部分数据时，双击单元格，选择要修改的部分，输入正确数据。

2. 删除数据

（1）删除单元格中全部数据

选择单元格，按下 Delete 或 BackSpace 键；或选择"开始"选项卡，单击"编辑"组的"清除"按钮，在下拉列表中选择"全部清除"；或右击单元格，选择"清除内容"命令。

（2）删除单元格中部分数据

双击单元格，定位光标，按 BackSpace 键删除光标前字符，按 Delete 键删除光标后字符。

3. 为数据添加批注

为了提高数据的可读性，Excel 允许向单元格插入批注来说明数据的含义。例如为"sheet1"的"李永"添加批注，内容是"班长"。操作步骤如下。

① 选择单元格，选择"审阅"选项卡，单击"批注"组的"新建批注"按钮。

② 在编辑框中输入"班长"，如图 4-27 所示。单击工作表区域，单元格右上角出现红色标记，表示批注已存在。

默认情况下，插入的批注在单元格右上角只显示一个红色三角标记，当指向单元格时会自动显示批注内容。如果要一直显示批注内容，单击"显示所有批注"按钮。要修改批注内容，先选择批注所在单元格，然后单击"编辑批注"按钮。要删除批注，先选择批注所在单元格，单击"删除"按钮。要依次查看多个批注时，可单击"上一条"或"下一条"按钮。

图 4-27　批注编辑框

4.2.3　工作表的基本操作

工作表是组成工作簿的基本单位，是进行数据处理的场所。用户对工作表可以进行选择、插入、删除、移动、复制、重命名与保护等操作。

1. 选择工作表

默认情况下，新建的工作簿包含 3 张工作表，名称分别是 sheet1、sheet2 和 sheet3。选择工作表是对工作表进行各种操作的前提。

（1）选择一张工作表

一般情况下，用户只是处理一张工作表。这时，只要单击工作表标签就可以。取消选择，单击其他工作表标签。

（2）选择全部工作表

右键单击任意一个工作表标签，在快捷菜单中选择"选择全部工作表"命令。

（3）选择多张工作表

若选择多个连续的工作表，可单击第一个工作表标签，按住 Shift 键的同时，再单击最后一个工作表标签。若选择多张不连续的工作表，先选择一个工作表，然后按住 Ctrl 键的同时，再逐一单击其他工作表标签。

　　值得注意的是，选择多张工作表后，标题栏上会出现"[工作组]"字样。用户在其中一张工作表上所做的操作会同时反映在工作组的其他工作表中。取消工作组时，右键单击选中的工作表标签，选择"取消组合工作表"，或者单击"[工作组]"之外的工作表标签。

2. 工作表重命名

　　为了提高工作表的可读性，允许对工作表进行重命名。主要有以下几种方法。

● 右键单击工作表标签，在快捷菜单中选择"重命名"，直接输入新名称，如将表 sheet1 命名为"学生信息表"。

● 双击工作表标签，直接输入新名称，如"教师表"。

● 单击工作表标签，选择"开始"选项卡，单击"单元格"组中的"格式"按钮，在下拉列表中选择"重命名工作表"，输入新名称。

　　如果要为标签添加颜色，可以使用上述方法，在列表中选择"工作表标签颜色"命令。

3. 插入与删除工作表

（1）插入工作表

　　插入工作表的方法有多种。

● 单击工作表标签右侧的"插入工作表"按钮（　　　）。例如，插入 sheet4 与 sheet5 工作表。

● 按【Shift+F11】组合键。

● 选择"开始"选项卡，单击"单元格"组中的"插入"按钮，选择"插入工作表"命令。

● 右击工作表标签，在快捷菜单中选择"插入"命令，在弹出的"插入"对话框中双击"工作表"图标，单击"确定"按钮。

　　如果选择了多张工作表，使用后面 3 种方法都可以一次性插入多张工作表。

　　　　插入的工作表出现在所选工作表之前。

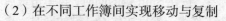

（2）删除工作表

　　可以删除不再使用的工作表，方法也有多种。

● 右击要删除的工作表，在快捷菜单中选择"删除"命令。

● 选择"开始"选项卡，单击"单元格"组中的"删除"按钮，选择"删除工作表"命令。

4. 移动与复制工作表

　　工作表的移动与复制既可以在一个工作簿内操作，也可以在不同工作簿之间操作。

（1）在同一工作簿内实现移动与复制

● 使用鼠标。选择工作表，直接拖动工作表标签到适当位置后释放。要进行复制，则按住 Ctrl 键的同时拖动鼠标。

● 使用快捷菜单。右击工作表，选择"移动或复制"命令，弹出"移动或复制工作表"对话框，如图 4-28 所示。在"下列选定工作表之前"列表中选择一个工作表，或者选择"移至最后"项，确定新位置，单击"确定"按钮，实现移动。如果要进行复制，需要勾选"建立副本"选项。

（2）在不同工作簿间实现移动与复制

图 4-28　移动或复制工作表

　　工作表的移动与复制不一定都在一个工作簿内部，有时需要将工作表移动或复制到另外的工作簿中。

【例 4-6】将"学生成绩.xlsx"工作簿中的"第一学期成绩表"和"第二学期成绩表"移动到"教学管理.xlsx"工作簿中。

操作步骤如下。

① 打开工作簿"学生成绩.xlsx"和"教学管理.xlsx"。

② 在"学生成绩.xlsx"中，同时选择"第一学期成绩表"和"第二学期成绩表"工作表后右击，选择"移动或复制"命令，弹出"移动或复制工作表"对话框，如图 4-29（a）所示。

③ 在"工作簿"下拉列表中选择"教学管理.xlsx"，在"下列选定工作表之前"列表中选择 sheet2，如图 4-29（b）所示，单击"确定"按钮。

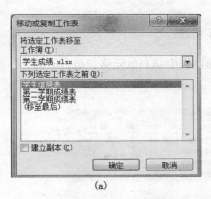 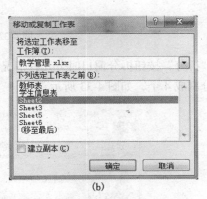

图 4-29　移动或复制工作表对话框

如果要复制工作表，请勾选"建立副本"选项。

5．拆分与冻结工作表

（1）拆分

当处理数据量较大的工作表时，使用拆分窗格能显示工作表中不同区域的数据，方便比较。

● 使用拆分线

拆分线位于水平滚动条右侧和垂直滚动条上方，如图 4-1 所示。将鼠标指向拆分线，拖动鼠标到适当位置后释放，在编辑区中会产生如图 4-30 所示的拆分线。这时，窗口被分割成多个窗格，在一个窗格中输入的数据也会显示在其他窗格中，如图 4-31 所示。

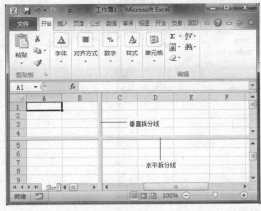 

图 4-30　拆分线　　　　　　　　　图 4-31　拆分窗格

● 使用命令

"拆分"按钮位于"视图"选项卡的"窗口"组中，如图 4-32 所示。

图 4-32　拆分按钮

使用"拆分"按钮拆分窗口时分几种情况，如果选中 A1 单元格，单击"拆分"按钮，会将窗口平均分割成 4 个，如图 4-33 所示。

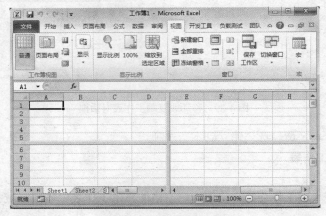

图 4-33　平均拆分

如果选择其他单元格（如 E4），单击"拆分"按钮后，会在 E4 单元格的上方和左侧出现拆分线，将窗口拆分成 4 份，但不一定均分，如图 4-34 所示。

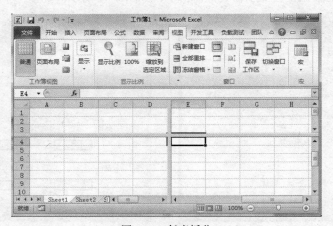

图 4-34　任意拆分

如果选择一行，单击"拆分"按钮，会将窗口分成上下两部分。

如果选择一列，单击"拆分"按钮，会将窗口分成左右两部分。

当窗口被拆分后，会出现水平或垂直拆分线，用户可以拖动拆分线，改变拆分窗口的布局。如果要取消拆分窗口，只要双击拆分线即可。

（2）冻结

对于数据量较大的工作表，用户希望在滚动时保持行标题或列标题始终可见，可以使用 Excel 的冻结功能，将工作表的顶端和左侧区域固定在工作区域，这部分数据不会随工作表的其他数据一起移动，始终保持可见状态，方便用户查看和核对数据。

"冻结窗格"命令位于"视图"选项卡的"窗口"组中，与拆分不同，窗口被冻结后，布局不能更改。

选择某单元格，单击"冻结窗格"按钮，打开下拉菜单，如图 4-35 所示。

选择"冻结首行"命令，将工作表的首行冻结在窗口中，如图 4-36（a）所示。选择"冻结首列"命令，将工作表的首列冻结在窗口中，如图 4-36（b）所示。选择"冻结拆分窗格"命令，将所选单元格上方行和左侧列的数据区域冻结在窗口中。

图 4-35 冻结窗格命令

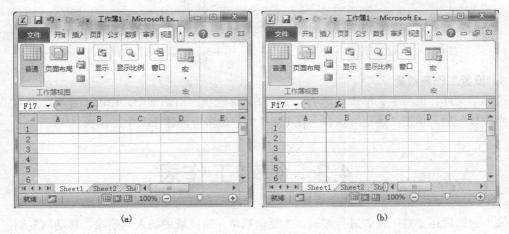

|(a)|(b)|

图 4-36 冻结窗格

如果想取消冻结，只需单击"冻结窗格"按钮，从列表中选择"取消冻结窗格"命令。

6. 隐藏与显示工作表

对于包含重要数据的工作表，可以将其隐藏起来，防止其他用户更改。隐藏工作表的方法有两种。

- 右键单击要隐藏的工作表标签，选择"隐藏"命令。
- 选择"开始"选项卡，单击"单元格"组中的"格式"按钮，在下拉列表中选择"隐藏和取消隐藏"级联菜单中的"隐藏工作表"命令。

要显示隐藏的工作表，右击工作表标签，选择"取消隐藏"命令，在对话框中选择要显示的工作表，或者单击"单元格"组中的"格式"按钮，在下拉列表中选择"隐藏和取消隐藏"级联菜单中的"取消隐藏工作表"命令。

7. 保护工作表

为了防止其他用户对工作表进行修改，可以对工作表进行保护。

选择"开始"选项卡，单击"单元格"组的"格式"按钮，在下拉列表中选择"保护工作表"命令，或选择"审阅"选项卡，单击"更改"组中的"保护工作表"命令，弹出"保护工作表"对话框，如图 4-37 所示。在对话框中，可以根据实际需要设置允许其他用户进行的操作，同时可以设置取消保护密码。

当要对受保护工作表进行编辑时，首先要取消工作表的保护，方法是选择"开始"选项卡，在"单元格"组中单击"格式"按钮，在下拉列表中选择"撤消工作表保护"命令，弹出对话框，如图 4-38 所示，输入密码后单击"确定"按钮，解除对工作表的保护。

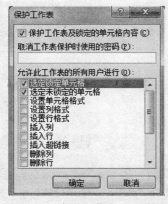

图 4-37　"保护工作表"对话框　　　　图 4-38　"撤消工作表保护"对话框

8. 设置工作表数量

选择"文件"选项卡，单击"选项"，在"Excel 选项"对话框中，修改"常规"中的"包含的工作表数"项，单击"确定"按钮。在 Excel 中，最多可创建 255 个工作表。

4.3　编辑工作表

输入数据后还要对工作表进行编辑，主要包括单元格区域的插入与删除、移动与复制、合并与拆分，以及隐藏与显示等。

4.3.1　单元格的基本操作

1. 插入与删除

（1）插入

选中单元格，选择"开始"选项卡，单击"单元格"组的"插入"按钮，在下拉列表中选择"插入单元格"，或右击单元格，在快捷菜单中选择"插入"命令，在弹出的"插入"对话框中选择一种插入方式，单击"确定"按钮。

"插入"选项含义如下。

● 活动单元格右移：使目标单元格向右移动一格，在原位置插入空白单元格。

● 活动单元格下移：使目标单元格向下移动一格，在原位置插入空白单元格。

- 整行或整列：在目标单元格上方插入一行或左侧插入一列空白单元格。

（2）删除

选中单元格，选择"开始"选项卡，单击"单元格"组的"删除"按钮，在下拉列表中选择"删除单元格"，或右击单元格，在快捷菜单中选择"删除"命令，在弹出的"删除"对话框中选择一种删除方式，单击"确定"。

"删除"选项含义如下。

- 右侧单元格左移：删除目标单元格后，将右侧单元格向左移动一格。
- 下方单元格上移：删除目标单元格后，将下方单元格向上移动一格。
- 整行或整列：删除目标单元格所在的行或列。

2．移动与复制

（1）移动

单元格的移动是将单元格的全部内容从当前位置转移到其他位置，原位置变成空白单元格。

- 使用鼠标。选择源单元格，指针指向边框处，变为 ✛ 形状时拖动鼠标到目标单元格。
- 使用命令按钮。选择源单元格，选择"开始"选项卡，单击"剪贴板"组的"剪切"按钮；选择目标单元格，单击"剪贴板"组的"粘贴"按钮。
- 使用快捷菜单。右击源单元格，选择"剪切"；右击目标单元格，选择"粘贴"。
- 使用组合键。选择源单元格，按【Ctrl+X】（剪切）组合键，选择目标单元格，按【Ctrl+V】（粘贴）组合键。

（2）复制

单元格的复制是将单元格的全部内容从当前位置复制到其他地方，原位置的内容保持不变。

- 使用鼠标。选择源单元格，指针指向边框处，变为 ✛ 形状时按住 Ctrl 键，同时拖动鼠标到目标单元格。
- 使用命令按钮。选择源单元格，选择"开始"选项卡，单击"剪贴板"组的"复制"按钮；选择目标单元格，单击"剪贴板"组的"粘贴"按钮。
- 使用快捷菜单。右击源单元格，选择"复制"；右击目标单元格，选择"粘贴"。
- 使用组合键。选择源单元格，按【Ctrl+C】（复制）组合键，选择目标单元格，按【Ctrl+V】（粘贴）组合键。

请读者使用上述方法，将"学生成绩.xlsx"工作簿中"学生信息表"A12:G33 数据内容，复制到"教学管理.xlsx"工作簿中"学生信息表"的 A12:G33 单元格区域。

（3）选择性粘贴

选择性粘贴是指将复制的内容按指定的规则粘贴到目标单元格中。

选择源单元格或单元格区域，选择"开始"选项卡，单击"剪贴板"组中的"复制"按钮，选择目标单元格，单击"粘贴"按钮，在下拉列表中选择"选择性粘贴"命令，弹出"选择性粘贴"对话框，如图 4-39 所示，选择某选项后单击"确定"按钮。

几个常用选项说明如下。

- 全部：粘贴源单元格的内容和格式。
- 公式：仅粘贴源单元格中使用的公式。
- 数值：仅粘贴源单元格的数值。
- 格式：仅粘贴源单元格的格式。
- 批注：仅粘贴源单元格的批注。

- 有效性验证：将源单元格的数据有效性验证规则粘贴到目标区域。
- 运算：指定要应用的数学运算，包括源单元格与目标单元格数据的加、减、乘、除等。
- 转置：粘贴源数据区域内容并实现行列互换。

3. 合并单元格

合并单元格是把多个单元格合并为一个单元格。

选择连续单元格，选择"开始"选项卡，单击"对齐方式"组中"合并后居中"右侧的按钮，在下拉列表中选择某项实现合并，如图 4-40 所示。

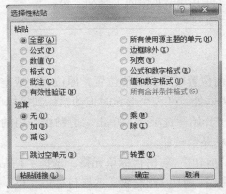

图 4-39 "选择性粘贴"对话框

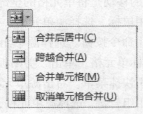

图 4-40 合并后居中选项

选项说明如下。
- 合并后居中：将多个连续单元格合并成一个，同时单元格内容居中显示。
- 跨越合并：将选中的单元格区域按行合并。
- 合并单元格：将多个连续单元格合并成一个单元格。
- 取消单元格合并：取消所做的合并操作。

 选定区域包含多个数据时，合并到一个单元格后只能保留最左上角单元格的数据。

4.3.2 行与列的操作

1. 插入与删除

（1）插入

选择一行或多行，选择"开始"选项卡，单击"单元格"组的"插入"按钮，在列表中选择"插入工作表行"，或右击选择"插入"命令，在所选行的上方插入一行或多行。

插入列的方法与插入行相似，插入的列在所选列的左边。

（2）删除

选中行或列，选择"开始"选项卡，单击"单元格"组的"删除"按钮，在列表中选择"删除工作表行"或"删除工作表列"，或右键单击选择"删除"命令。

2. 隐藏与显示

（1）隐藏

选择某行（或列），选择"开始"选项卡，单击"单元格"组的"格式"按钮，在下拉列表中选择"隐藏与取消隐藏"级联菜单的"隐藏行"或"隐藏列"命令，或右击某行（或列），选择"隐藏"。

（2）显示

要显示已隐藏的行或列时，先选择与隐藏行或列两侧相邻的多行或多列。选择"开始"选项卡，单击"单元格"组的"格式"按钮，在下拉列表中选择"隐藏与取消隐藏"级联菜单的"取消隐藏行"或"取消隐藏列"命令，或右击，选择"取消隐藏"。

3. 设置行高与列宽

输入数据时，由于内容过多而超过单元格的宽度和高度，会导致数据无法完全显示，或者显示为多个"#"。这时，需要调整行高或列宽，使单元格能容纳所有数据。

● 使用鼠标。将鼠标指针移动到行的下方或列的右侧，当指针变成 ╋ 或 ╋ 时拖动。

● 使用对话框。选择行或列，选择"开始"选项卡，单击"单元格"组的"格式"按钮，在下拉列表中选择"行高"或"列宽"命令，在对话框输入具体值。

● 自动调整。如果无法计算具体的行高或列宽，可以在"格式"下拉列表中选择"自动调整行高"或"自动调整列宽"命令，使得单元格的尺寸能恰好容纳数据内容，或者双击行与行、列与列的分界线。

4.3.3　数据的查找与替换

类似于 Word 中的查找与替换功能，在 Excel 中也可以使用查找与替换功能实现单元格的快速定位和内容修改。例如，把"教师表"中的"计算机"学院，修改为"信息技术与工程"学院。

选择"开始"选项卡，单击"编辑"组的"查找和选择"按钮，在下拉列表中选择"替换"，弹出如图 4-41 所示对话框，输入数据。

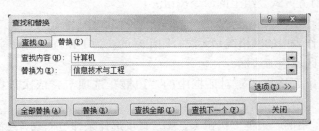

图 4-41　"查找和替换"对话框

单击"查找下一个"按钮，则定位到包含查找内容的单元格；单击"替换"按钮，实现内容的修改；单击"全部替换"，一次性修改全部内容，最后单击"关闭"按钮。

另外，单击"查找和替换"对话框的"选项"按钮，可以进一步确定查找条件，包含查找的"范围"与"搜索"方式，是否"区分大小写"、"单元格匹配"和"区分全/半角"等。

4.3.4　数据格式化

为了制作丰富多彩的电子表格，需要对工作表进行格式化，主要包括设置单元格的数据类型、字体格式、表格尺寸、边框与底纹，以及快速格式化等操作。

1. 设置数字格式

在工作表中，可以通过修改单元格数字格式调整其显示效果，主要有两种方法。

● 选择"开始"选项卡，单击"字体"组、"数字"组或"对齐方式"组的对话框启动器按钮，弹出"设置单元格格式"对话框，选择"数字"选项卡进行详细设置，如图 4-42 所示。

- 单击"数字"组的"数字格式"按钮（），在下拉列表中选择单元格中值的显示方式，如图 4-43 所示。

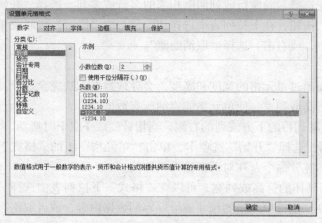

图 4-42　"数字"选项卡　　　　　图 4-43　"数字格式"列表

2. 设置对齐方式

单元格中的数据往往带有不同的格式，而且包含的字符数量也不同，为了使工作表外观整齐，方便用户查看和编辑，可以通过设置对齐方式来调整工作表的外观效果。

- 使用"设置单元格格式"对话框中的"对齐"选项卡。利用选项卡上的"文本控制"组，还可以对单元格进行合并或取消合并，在单元格内自动实现文本的换行或缩小字体填充。
- 直接单击"对齐方式"组上的命令按钮。

3. 设置边框

默认情况下，工作表中的网格线是无法打印出来的。为了在打印输出时显示边框，使表格更美观，可以为单元格区域添加边框。

- 使用"设置单元格格式"对话框中的"边框"选项卡，依次选择线条样式、颜色和边框。
- 单击"字体"组的"边框"按钮（⊞ ），直接选择某种边框或者绘制边框。

4. 设置填充

- 使用"设置单元格格式"对话框中的"填充"选项卡，为单元格区域填充背景颜色，以及设计"填充效果"、"图案颜色"和"图案样式"等。
- 单击"字体"组上的"填充颜色"按钮（♦ ），为单元格区域填充某种颜色。

4.3.5　自动套用格式

为了提高工作效率，Excel 为用户提供了许多自动套用格式来快速修饰工作表。

1. 指定单元格样式

选择"开始"选项卡，单击"样式"组的"单元格样式"按钮，在下拉列表中选择某种样式，或根据需要选择"新建单元格样式"，在弹出的对话框中进行设计。

2. 套用表格格式

套用表格格式是指把格式应用到连续的单元格区域。

选择"开始"选项卡，单击"样式"组的"套用表格格式"按钮，在下拉列表中选择某种样式，或根据需要选择"新建表样式"，在弹出的对话框中进行设计。

要取消上述格式时，先选择单元格区域，然后选择"开始"选项卡，单击"编辑"组的清除按钮（ ），在下拉列表中选择"清除格式"。

4.3.6　应用条件格式

条件格式的主要功能是突出显示所关注的单元格或单元格区域，强调异常值，使用数据条、颜色刻度和图标集来直观地显示数据值及其差异。

选择"开始"选项卡，单击"样式"组的"条件格式"按钮，打开下拉列表，如图 4-44 所示，根据具体要求选择不同的方式来设置条件格式。

主要选项含义如下。

- 突出显示单元格规则：使用比较运算符设置条件，对属于该数据范围内的单元格设定格式。
- 项目选取规则：可以选定单元格区域中的前若干最高值、后若干最低值、高于平均值或低于平均值的若干个值等。
- 数据条：可以帮助用户查看某个单元格相对于其他单元格的值。数据条的长度代表单元格中的值。数据条越长，表示值越高；数据条越短，表示值越低。
- 色阶：利用颜色的渐变效果直观地比较单元格区域中的数据，用于显示数据分布与变化。一般说来，颜色的深浅表示值的高低。
- 图标集：使用图标对数据进行注释，每个图标代表一个值的范围。

【例 4-7】将"教学管理.xlsx"工作簿中的"第一学期成绩表"工作表中的分数应用不同条件格式。

操作步骤如下。

① 选择"大学计算机"列的分数，选择"条件格式"的"数据条"，在"渐变填充"区中单击"蓝色数据条"选项。

② 选择"大学英语"列的分数，选择"条件格式"的"色阶"，单击"绿-黄-红色阶"选项。

③ 选择"体育"列的分数，选择"条件格式"的"图标集"，单击"其他规则"，打开"新建格式规则"对话框，参数设置如图 4-45 所示，单击"确定"按钮。

图 4-44　条件格式列表

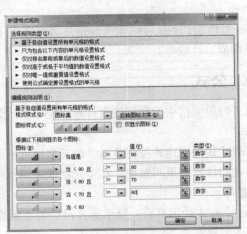

图 4-45　新建格式规则

④ 选择"马克思哲学"列的分数，选择"条件格式"的"突出显示单元格规则"，单击"小于"后弹出对话框，参数设置如图 4-46 所示，单击"确定"按钮。

⑤ 选择"大学生心理健康"列的分数，选择"条件格式"的"项目选取规则"，单击"值最大的 10 项"按钮，弹出对话框，参数设置如图 4-47 所示，单击"确定"按钮。

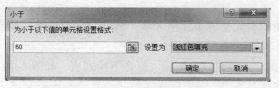

图 4-46　设置条件格式

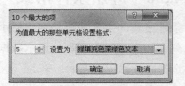

图 4-47　设置条件格式

条件格式应用效果如图 4-48 所示。

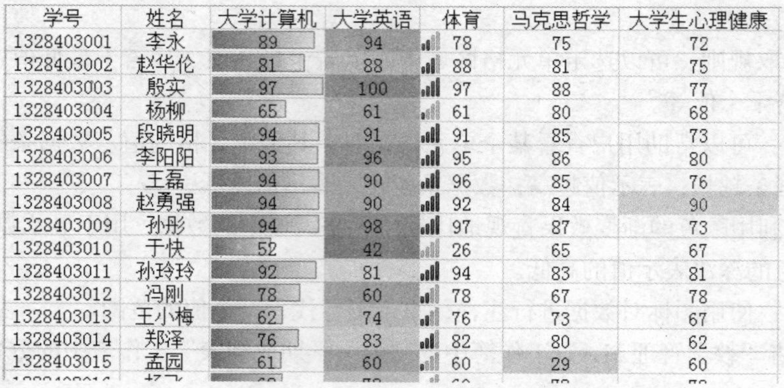

学号	姓名	大学计算机	大学英语	体育	马克思哲学	大学生心理健康
1328403001	李永	89	94	78	75	72
1328403002	赵华伦	81	88	88	81	75
1328403003	殷实	97	100	97	88	77
1328403004	杨柳	65	61	61	80	68
1328403005	段晓明	94	91	91	85	73
1328403006	李阳阳	93	96	95	86	80
1328403007	王磊	94	90	96	85	76
1328403008	赵勇强	94	90	92	84	90
1328403009	孙彤	94	98	97	87	73
1328403010	于快	52	42	26	65	67
1328403011	孙玲玲	92	81	94	83	81
1328403012	冯刚	78	60	78	67	78
1328403013	王小梅	62	74	76	73	67
1328403014	郑泽	76	83	82	80	62
1328403015	孟园	61	60	60	29	60

图 4-48　条件格式应用效果

如果要清除条件格式，选择要清除条件格式的单元格区域，选择"条件格式"的"清除规则"，在级联菜单中选择"清除所选单元格的规则"或"清除整个工作表的规则"。

4.4　公式与函数

在 Excel 工作表，不仅可以输入数据并进行格式化，而且可以通过公式和函数实现数据计算，如求和、平均值、计数等。

4.4.1　公式

公式用来对单元格中的数据进行计算，使用格式为：

=表达式

其中，表达式是用运算符将常量、单元格地址、函数等连接起来的，符合 Excel 语法规则的式子。表达式的计算结果叫做值，在单元格或编辑框中输入公式，按回车键得到其值。

1．运算符

在 Excel 中有 4 种运算符：算术运算符、关系运算符、连接运算符和引用运算符。

（1）算术运算符

算术运算符用于完成基本的数学运算，常用的算术运算符如表 4-2 所示。

表 4-2　　　　　　　　　　　　　　　　　算术运算符（若 A1 为 5）

运　算　符	含　义	公　式　例	值
+	加法	=3+A1	8
-	减法	=A1-3	2
	负数	-3	-3
*	乘法	=A1*3	15
/	除法	=3/A1	0.6
%	百分比	=A1%	0.05
^	乘幂	=A1^2	25

（2）关系运算符

关系运算符用于比较两个值的大小，结果为逻辑值 TRUE（真）或 FALSE（假）。常用的关系运算符如表 4-3 所示。

表 4-3　　　　　　　　　　　　　　　　　比较运算符（若 B1 为 3）

运　算　符	含　义	公　式　例	值
=	等于	=5=B1	FALSE
>	大于	=5>B1	TRUE
<	小于	=5<B1	FALSE
>=	大于等于	=5>=B1	TRUE
<=	小于等于	=5<=B1	FALSE
<>	不等于	=5<>B1	TRUE

（3）连接运算符

连接运算符指符号 "&"，用于将两个或多个文本连接起来。例如，="快乐"&"生活"的结果是"快乐生活"。其中，用双引号括起来的字符序列叫做字符串常量。

（4）引用运算符

引用运算符用于对单元格区域进行合并计算，常用的引用运算符如表 4-4 所示。

表 4-4　　　　　　　　　　　　　　　　　引用运算符

运　算　符	名　　称	实　例	含　义
:（冒号）	区域运算符	A1:A5	引用 A1 到 A5 之间的所有单元格，包括 A1 和 A5
,（逗号）	联合运算符	A1:A3,B1:B3	将两个引用合并为一个引用，结果包括 A1，A2、A3、B1、B2、B3 单元格
（空格）	交叉运算符	A1:B2 A1:A2	引用两个区域中的共有单元格，结果包括 A1、A2 单元格

2. 运算符的优先级

公式求值的关键是运算符的运算次序（叫做优先级），如表 4-5 所示。例如，求=2+3×2 的值，先计算 3×2 得到 6，再计算 2+6 得到 8，因为乘比加优先级高。

表 4-5　　　　　　　　　　　　　　　　运算符的优先级

优　先　级	高　　　　　　　　　　　　　　　　　　←			低
	引用运算符	算术运算符	连接运算符	比较运算符
高　　↓　　低	： 空格 ,	-(负号)	&	=
		%		<>
		^		>
		*、/		<
		+、-		>=

如果一个公式中包含多种运算符，Excel 要按下面的规则进行计算。

● 圆括号的级别最高。

● 不同类运算符之间，按表 4-5 指出的横向顺序由高到低进行计算。

● 同类运算符之间，按表 4-5 指出的纵向顺序由高到低进行计算。

● 级别相同的运算符，从左到右依次进行计算。

例如，求 18-6/3*2>8 的值。先计算 6/3*2，结果为 4；然后计算 18-4，结果为 14；最后计算 14>8，结果是 TRUE。

【例 4-8】使用"教学管理.xlsx"工作簿中的"第一学期成绩表"，计算李永的总成绩。

操作步骤如下。

① 选择 H1 单元格，输入列标题"总成绩"。

② 选择 H2 单元格，输入公式"=C2+D2+E2+F2+G2"，然后按回车键或单击 √ 按钮，显示计算结果如图 4-49 所示。

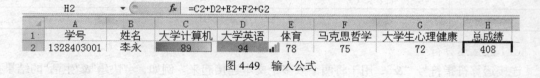

图 4-49　输入公式

　　　输入公式时，为了避免输入错误，可以单击所引用的单元格。

3. 复制公式

要计算每个学生的"总成绩"，采用复制公式可提高工作效率，有两种方法。

● 使用填充柄。选择 H2 单元格，向下拖动填充柄复制公式，计算其他学生的总成绩。

● 使用命令。选择 H2 单元格，单击"剪贴板"组的"复制"按钮。然后选择单元格区域（H3:H33），单击"剪贴板"组的"粘贴"按钮。

4. 删除公式

当不需要公式时，可以将其删除。删除公式分两种情况：一是完全删除，按 Delete 键即可；二是仅删除公式，但保留计算结果。选择单元格，单击"复制"按钮，之后单击"粘贴"，在下拉列表中选择"粘贴数值"的"值"按钮，将计算结果保留下来。

默认情况下，向单元格输入公式后会直接显示计算结果。如果用户想要在单元格中显示公式表达式，选择"公式"选项卡，单击"公式审核"组的"显示公式"按钮，单元格中就显示公式表达式了。再次单击"显示公式"按钮，则显示计算结果。

4.4.2　单元格引用

所谓单元格引用，就是单元格地址的表示方法。在 Excel 中，单元格引用分为相对引用、绝对引用和混合引用 3 种情况。

1. 相对引用

在例 4-8 中，H2 单元格公式的单元格引用就是相对引用，如 C2、D2、E2 等。当公式单元格位置发生变化时，公式所引用的单元格会自动更新。例如，将 H2 单元格的公式复制到 H3 单元格时，公式内容就变成了=C3+D3+E3+F3+G3。

2. 绝对引用

绝对引用是指在列标与行号前添加"$"字符，如\$A\$1。绝对引用的单元格不会随公式单元格位置的改变而改变。

【例 4-9】使用"教学管理.xlsx"工作簿中的"第一学期成绩表"工作表，计算每个学生总成绩与班级平均分之间的差。

操作步骤如下。

① 选择 I1 单元格，输入"成绩差"。选择 J1 单元格，输入"班级平均分"。

② 选择包含"总成绩"所有单元格（H2:H33），在状态栏会出现一组动态数据，其中包括"平均值"，如图 4-50 所示，将这个值写入 J2 单元格中待用。

③ 选择 I2 单元格，输入公式"=H2-\$J\$2"，如图 4-51 所示。按回车键或单击√号，得到差值。

图 4-50　状态栏中的动态计算结果

图 4-51　绝对引用示例

④ 选择 I2 单元格，向下拖动填充柄，得到每个学生的"成绩差"。

着重指出一点，对 I2 单元格公式进行复制时，\$J\$2 是绝对引用，因此 J2 的值不会随着公式单元格位置的改变而改变。例如，I3 单元格的公式内容是"=H3-\$J\$2"。

3. 混合引用

引用单元格时，列标与行号中包含一个相对引用和一个绝对引用的就是混合引用，如\$A1、A\$1。当复制公式时，相对引用单元格改变，而绝对引用单元格不改变。

默认情况下，Excel 对单元格使用相对引用。如果引用的单元格来源于不同的工作表，要在单元格名称前添加工作表名称，如 sheet1!A1。如果引用的单元格来源于不同的工作簿，在工作表名称前还要添加工作簿名称，如[book1.xlsx]!sheet1!A1。

4.4.3　在公式中使用名称

在 Excel 中，为单元格、单元格区域、公式或常量指定名称，是实现绝对引用的方法之一。

创建和编辑名称要遵循的语法规则如下。

● 名称中的第一个字符必须是字母、汉字、下划线 (_) 或反斜杠 (\)。名称中的其余字符可以是字母、汉字、数字、句点和下划线，但不允许使用空格。

- 在 Excel 中，一个名称最多可以包含 255 个字符，字母不区分大小写。
- 名称不能与单元格地址相同。

例如，将例 4-9 中的绝对地址$J$2 名称定义为"班级平均分"，操作步骤如下。

图 4-52　新建名称

① 选择 J2 单元格，选择"公式"选项卡，单击"定义的名称"组的"定义名称"按钮，弹出对话框。

② 在"名称"框中输入名称"班级平均分"，在"范围"中选择名称的应用范围，如图 4-52 所示，单击"确定"按钮。

③ 选择 I2 单元格，输入"=H2-班级平均分"，按回车键或单击√号，得到结果。

4.4.4　常用函数

函数是一种对应关系，对自变量的零个、一个或一组值都有唯一确定的值与之对应。Excel 提供 11 类共约 410 个函数，包括数学与三角函数、日期与时间函数、统计函数与文本函数等，以实现运算符难以完成的计算。

1．函数的输入

（1）使用函数向导

使用向导输入函数时，不需要输入等号。操作步骤如下。

① 选择单元格，选择"公式"选项卡，单击"函数库"组的"插入函数"按钮，弹出"插入函数"对话框。

② 在"或选择类别"中选择函数分类，如"数学与三角函数"。在"选择函数"列表中选择函数（如 SQRT），如图 4-53 所示。

③ 单击"确定"按钮，弹出"函数参数"对话框，在 Number 后文本框输入参数值，如图 4-54 所示，单击"确定"按钮，得到结果。

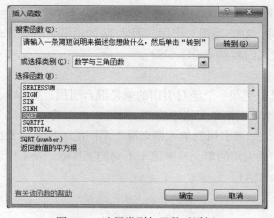

图 4-53　选择类别与函数对话框

图 4-54　"函数参数"对话框

（2）直接输入

对于结构简单的函数可以使用键盘直接输入，输入时必须以"="开头。例如，在单元格中输入"=now()"，按回车键后；单元格会显示当前的日期和时间。

插入函数时可以直接单击"函数库"组的某类函数按钮，从中选择所需要的函数。

2. 数学与三角函数

（1）ABS(Number)

求 Number 的绝对值，如 ABS(-9.2)的值是 9.2。

（2）INT(Number)

取不大于 Number 的最大整数，如 INT(12.6)的值是 12，INT(-12.6)的值是-13。

（3）ROUND(Number,Num_digits)

按指定的位数（Num_digits）对数值（Number）进行四舍五入，如 ROUND(12.3456,2)的值是 12.35，ROUND(12.3456,1)的值是 12.3，ROUND(12.3456,0)的值是 12。

（4）TRUNC(Number,Num_digits)

将数值（Number）截为整数或保留指定位数（Num_digits）的小数。如果忽略 Num_digits，则默认为 0，如 TRUNC(12.3456,2)的值是 12.34。

（5）SQRT(Number)

求 Number 的平方根，如 SQRT(49)的值是 7。

（6）SIN(Number)

求 Number 的正弦值。

（7）COS(Number)

求 Number 的余弦值。

　　三角函数的 Number 必须是弧度制。

（8）SUM(number1,number2,…)

计算一组数值的和。例如，求图 4-55 所示的销售数量之和，即 SUM(B2:B8)的值是 31。

（9）SUMIF(Range,Criteria,Sum_range)

对满足条件的单元格区域求和。其中，Range 是求和条件涉及的单元格区域，Criteria 是求和的条件，Sum_range 指出求和的实际单元格区域，省略则使用 Range 区域中的单元格。

	A	B	C
1	商品	销售数量	进货数量
2	苹果	5	20
3	香蕉	2	20
4	香梨	3	10
5	杨桃	1	5
6	草莓	10	30
7	葡萄	6	15
8	樱桃	4	5

图 4-55　函数使用数据

【例 4-10】如图 4-55 所示，求销售数量小于 6 的商品的进货数量和。

操作步骤如下。

① 选择单元格，单击"函数库"组的"插入函数"按钮，弹出对话框。

② 在"或选择类别"中，选择"数学与三角函数"；在"选择函数"列表中选择 SUMIF，单击"确定"按钮，弹出函数参数对话框，设置内容如图 4-56 所示。

③ 单击"确定"按钮，得到结果 60。

3. 统计函数

（1）AVERAGE(number1,number2,…)

计算一组数值的算术平均值，如 AVERAGE(C2:C8)的值是 15。

图 4-56　SUMIF 函数参数

（2）AVERAGEIF(range,criteria,average_range)

对满足条件的单元格求平均值。其中，range 是求平均值的单元格区域，criteria 是求平均值的条件，average_range 指出求平均值的实际单元格区域，省略则使用 range 区域中的单元格。例如，AVERAGEIF(B2:B8,"<6",C2:C8)的值是 12，计算销售数量小于 6 的商品的平均进货数量。

（3）COUNT(value1,value2…)

计算单元格区域中包含数字的单元格数目。

（4）COUNTA(value1,value2…)

计算单元格区域中，非空单元格的个数。

（5）COUNTIF(range,criteria)

计算某个区域中满足给定条件的单元格数目。

（6）MAX(number1,number2,…)

求一组数值中的最大值，如 MAX(C2:C8)的值是 30。

（7）MIN(number1,number2,…)

求一组数值中的最小值，如 MIN(C2:C8)的值是 5。

（8）RANK.EQ(number,ref,[order])

返回一个数字在数字列表中的排位，其大小与列表中的其他值相关。如果多个值具有相同的排位，则返回该组数值的最高排位。

4. 日期与时间函数

（1）NOW()

返回当前的系统日期和时间。

（2）TODAY()

返回当前的系统日期。

（3）YEAR(serial_number)

返回指定日期的年份。

（4）MONTH(serial_number)

返回指定日期的月份。

（5）DATE(year,month,day)

返回指定参数对应的日期。

5. 文本函数

（1）CONCATENATE(text1, [text2], ...)

将几个文本合并成一个文本。

（2）LEFT(text, [num_chars])

返回最左边的几个字符。其中，text 是字符串常量或文本单元格，num_chars 是字符个数。例如，LEFT("孙悟空",1)的结果是"孙"。

（3）RIGHT(text,[num_chars])

返回最右边的几个字符。

（4）MID(text, start_num, num_chars)

返回字符串中从指定位置开始的指定数量的字符。例如，MID("222402198408030419",7,4)的结果是 1984。

（5）LEN(text)

返回字符串中的字符个数。

（6）TRIM(text)

删除字符串两端多余的空格。

6. 逻辑函数

IF(logical_test,[value_if_true],[value_if_false])：条件（logical_test）成立时，取 value_if_true 的值；否则，即条件不成立时，取 value_if_false 的值。

7. 查找与引用函数

VLOOKUP(lookup_value,table_array,col_index_num,[range_lookup])：按列查找函数。根据 lookup_value 的值，返回在 table_array 中所对应列（col_index_num）的值。其中，Lookup_value 为数据表第一列中进行查找的数值，可以是数值、引用或字符串。Table_array 是要查找数据所在的数据区域。当 col_index_num 值为 1 时，返回 table_array 第一列的值，col_index_num 值为 2 时，返回 table_array 第二列的数值，以此类推。Range_lookup 为逻辑值，指明函数查找时是精确匹配，还是近似匹配。

【例 4-11】在"教学管理.xlsx"工作簿中新建工作表"学年总成绩"，根据学号，使用 VLOOKUP 函数，填充学生姓名。

操作步骤如下。

① 打开"教学管理.xlsx"工作簿，新建工作表，命名为"学年总成绩"。

② 首先，选择 A1、B1 单元格，依次输入"学号"和"姓名"。然后，使用例 4-3 的方法，在 A2:A33 区域输入学号值。

③ 选择 B2 单元格，单击"函数库"组的"插入函数"按钮，在对话框中选择"查找与引用"类别的"VLOOKUP"函数，单击"确定"按钮。

④ 设置"函数参数"对话框，如图 4-57 所示。

图 4-57　VLOOKUP 函数参数对话框

⑤ 单击"确定"按钮，得到第一个学生姓名，向下拖动填充柄得到所有学生姓名。

4.4.5 函数应用实例

【例 4-12】使用"教学管理.xlsx"工作簿的"第二学期成绩表"工作表，完成下面的操作。

1. 计算每名学生《C 语言程序设计》、《高等数学》、《概率统计》3 门课程的总分和排名。

2. 统计《C 语言程序设计》、《高等数学》、《概率统计》3 门课程的平均分、最高分、最低分和不及格人数。

3. 统计《高等数学》课程各等级有多少人？等级区间定义如下。

90<=分数<=100，优秀。

80<=分数<90，良好。

70<=分数<80，中等。

60<=分数<70，及格。

分数<60，不及格。

操作 1 步骤如下。

① 在"第二学期成绩表"工作表中选择 H1、I1 单元格，分别输入"总分"和"排名"。

② 计算"总分"。选择 H2 单元格，单击"插入函数"按钮，弹出"插入函数"对话框；选择"数学与三角函数"类别中的"SUM"，单击"确定"按钮；在"函数参数"对话框中为"number1"设置参数为 E2:G2，单击"确定"按钮，得到总分，向下拖动填充柄得到其他总分。

③ 计算"排名"。选择 I2 单元格，在"插入函数"对话框中选择"统计"类别中的"RANK.EQ"，单击"确定"按钮，弹出对话框，参数设置如图 4-58 所示。

说明　　Number 是指参与排名的数值，本例选 H2；Ref 是进行排名的范围，本例中是 $H$2:$H$33 这个固定的范围；Order 用来指定排序方式，如果其值省略或为 0，则降序排列，其他值为升序。

④ 单击"确定"按钮得到名次，向下拖动填充柄得到所有的名次。

操作 2 步骤如下。

① 选择 D34、D35、D36、D37 单元格，分别输入"平均分"、"最高分"、"最低分"、"不及格人数"。

② 计算平均分。选择 E34 单元格，单击"统计"类别中的"AVERAGE"，设置"number1"参数为 E2:E33，单击"确定"按钮，得到平均分，向右拖动填充柄得到其他科的平均分。

③ 类似的操作，使用"MAX"、"MIN"函数计算每科最高分和最低分（略）。

④ 统计不及格人数。选择 E37 单元格，单击"统计"类别中的"COUNTIF"，在对话框中设置参数如图 4-59 所示，单击"确定"按钮。

⑤ 向右拖动填充柄得到其他科的不及格人数。

提示　　在使用 SUM、AVERAGE、COUNT、MAX、MIN 等常用函数时，可以直接单击"自动求和"按钮，从下拉列表中选择有关的操作。

操作 3 步骤如下。

① 选择 J1 单元格，输入"等级"。

图 4-58　RANK.EQ 函数参数对话框　　　　　图 4-59　COUNTIF 函数参数对话框

② 选择 J2 单元格，直接输入函数"=IF(F2>=90,"优秀",IF(F2>=80,"良好",IF(F2>=70,"中等",IF(F2>=60,"及格","不及格"))))"后按回车键或单击"√"，得到李永的等级"良好"。

③ 向下拖动填充柄得到其他学生的等级。

④ 选择 L1、M1、N1、O1 和 P1 单元格，分别输入"优秀"、"良好"、"中等"、"及格"和"不及格"。

⑤ 选择 L2 单元格，选择"统计"类别中的"COUNTIF"函数，单击"确定"按钮弹出对话框，参数设置如图 4-60 所示。

⑥ 单击"确定"按钮，得到"优秀"等级的人数，其他等级的人数统计方法相同（略），最终结果如图 4-61 所示。

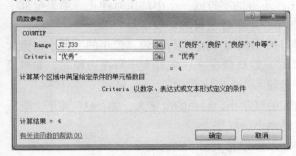

图 4-60　统计"优秀"的人数

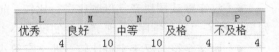

L	M	N	O	P
优秀	良好	中等	及格	不及格
4	10	10	4	4

图 4-61　《高等数学》课程各等级人数统计

4.4.6　公式与函数错误信息

在使用公式或函数时，会出现一些错误信息，如#N/A、#VALUE! 和#DIV/0!等。这些错误的产生，有的是公式本身产生的，有的则不是。下面介绍 Excel 中常见的错误提示及出错原因，如表 4-6 所示。

表 4-6　　　　　　　　　　　　　　　　错误提示及出错原因

错误提示	出　错　原　因
#VALUE!	使用了不正确的数据类型、参数或运算符
#NAME?	使用了 Excel 无法识别的文本，如使用了不存在的名称或将名称拼写错误
#REF!	单元格引用无效
#N/A	在公式和函数中没有可用的数值或缺少参数
#DIV/0!	将数字除以 0，或者除数是不含数值的单元格
#NULL!	引用两个并不相交的区域的交集
#NUM!	使用了无效的数值，或是公式的结果太大或太小而无法在工作表中表示
#####	单元格列宽不足，无法显示所有内容，或者使用的日期和时间为负数

4.5　数据分析与处理

在 Excel 中，使用公式与函数可对工作表中的数据进行各种计算。此外，Excel 还提供强大的数据分析与处理功能，包括数据的排序、筛选、分类汇总、合并计算等，以便从中获取更加丰富的信息。

4.5.1　数据排序

排序是数据分析不可缺少的工具，其功能是按某种规则对数据进行排列和整理，有助于用户更好地使用数据。排序分简单排序、复杂排序和自定义排序。

1. 排序规则

不同类型的数据，其排序规则有所不同。

① 数字类型、货币类型的数据，比较规则与数学一样。

② 日期、时间类型的数据，按时间顺序进行比较，较早的小，较晚的大，如 2013 年 8 月 15 日大于 2013 年 7 月 30 日。

③ 文本类型的数据是由字母、汉字、非计算性的数字和各种符号组成的字符串。两个字符串的比较规则是：从左至右逐个字符比较，直到出现不等的字符或一个串结束时停止。如果全部字符都相同，则两个字符串相等，否则，以出现的第一个不等字符的比较结果为准。

● 西文字符，包括字母、数字、各种符号，按 ASCII 码值进行比较。值小的字符小，值大的字符大。例如，"+" 小于 "="，"A" 小于 "H"。默认情况下，字母大小写视为相同，如果设置了 "区分大小写"，则小写字母较小，大写字母较大。

● 汉字默认按拼音字母顺序进行比较，前面的汉字小，后面的汉字大，如 "赵" 大于 "李"。如果设置了 "笔画排序"，则笔画少的汉字小，笔画多的汉字大。

● 西文字符与汉字字符比较，西文字符小，汉字字符大。

④ 逻辑值，FALSE 小于 TRUE。

⑤ 空白单元格，无论升序或降序总是排在最后。

2. 简单排序

排序操作一般在数据清单中进行。所谓数据清单，是一个典型的二维表，位于工作表中，包含标题行的矩形连续数据区域，如图 4-10 所示的 A1:G11 单元格区域。

一般情况下，把参与排序的数据清单中的标题行称为关键字。当使用一个关键字进行排序时，就是简单排序。例如，对 "第二学期成绩表"，按总分降序排列。

操作步骤如下。

① 选择 "总分" 列的一个单元格。

② 选择 "数据" 选项卡，单击 "排序和筛选" 组的 "降序" 按钮（ $\frac{Z}{A}\downarrow$ ）。

3. 复杂排序

对数据清单按多个关键字进行排序，就是复杂排序。例如总分相同时，可按课程成绩排列，以决定名次。

【例 4-13】对 "第二学期成绩表" 按照总分进行降序排列，如总分相同，则依次按照《高等数学》与《概率统计》成绩进行降序排列。

操作步骤如下。

① 选择 A1:J33 区域中的任意一个单元格。

② 选择"数据"选项卡，单击"排序和筛选"组的"排序"按钮，弹出"排序"对话框。

③ 默认只有"主要关键字"行。单击"添加条件"按钮，添加"次要关键字"行，参数设置如图 4-62 所示。

图 4-62　多关键字排序对话框

④ 单击"确定"按钮，实现排序。

几点说明如下。

● 在 Excel 中最多支持 64 个关键字同时进行排序。

● 单击对话框中的"上移"（ ↑ ）和"下移"（ ↓ ）按钮调整关键字的先后顺序。

● 单击"删除条件"按钮，可删除不再使用的条件。

● 单击"选项"按钮，打开"排序选项"对话框，如图 4-63 所示，可修改排序选项。

4．自定义排序

用户对某些数据排序时，会发现排序结果不尽人意。例如，按"FLASH 动画制作"成绩降序排列时，排序结果是"中等"、"优秀"、"良好"、"及格"、"不及格"的顺序，不是我们所期待的"优秀"、"良好"、"中等"、"及格"和"不及格"顺序。如何实现呢？

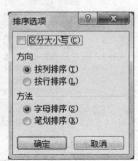

图 4-63　"排序选项"对话框

【**例 4-14**】对"第二学期成绩表"工作表，按《FLASH 动画制作》课程等级自定义排序。

操作步骤如下。

① 选择"FLASH 动画制作"列的任意一个单元格。

② 选择"数据"选项卡，单击"排序和筛选"组的"排序"按钮，弹出"排序"对话框。

③ 在"主要关键字"中选择"FLASH 动画制作"，在"排序依据"中选择"数值"，在"次序"中选择"自定义序列"。此时，弹出"自定义序列"对话框，从中选择"优秀、良好、中等、及格、不及格"序列，单击"确定"按钮，如图 4-64 所示。如果没有找到该序列，请创建。

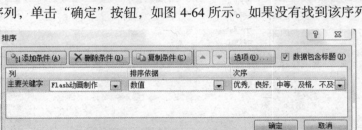

图 4-64　自定义排序对话框

④ 单击"确定"按钮，完成自定义排序。

4.5.2　数据筛选

数据筛选是从数据清单中显示符合条件的数据。Excel 提供 3 种筛选方式：自动筛选、自定义筛选和高级筛选。

1．自动筛选

自动筛选是按照选定的内容进行筛选，主要用于简单条件和指定数据的筛选。例如，在"教学管理"工作簿的"学生信息表"中，显示汉族男学生的基本信息，操作步骤如下。

① 打开"教学管理"工作簿的"学生信息表"，选择数据清单区的任意一个单元格。

② 选择"数据"选项卡，单击"排序与筛选"组的"筛选"按钮。这时，工作表第一行的每个列标题上都会出现筛选按钮，如图 4-65 所示。

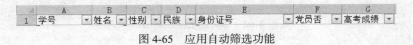

	A	B	C	D	E	F	G
1	学号	姓名	性别	民族	身份证号	党员否	高考成绩

图 4-65　应用自动筛选功能

③ 单击"民族"的筛选按钮，选择"汉"，再单击"性别"的筛选按钮，选择"男"，单击"确定"按钮，结果如图 4-66 所示。

	A	B	C	D	E	F	G
1	学号	姓名	性别	民族	身份证号	党员否	高考成绩
2	1328403001	李永	男	汉	222402198408030419	否	460
3	1328403002	赵华伦	男	汉	220102198311114021x	否	439
8	1328403007	王磊	男	汉	220881198407101919	否	421
9	1328403008	赵勇强	男	汉	220282198203165634	否	421
13	1328403012	冯刚	男	汉	220322198404106859	否	409
15	1328403014	郑泽	男	汉	220322198312011211	否	403
19	1328403018	郝东	男	汉	220183198409190115	否	398
20	1328403019	安钟峰	男	汉	220702198611180214	否	398
25	1328403024	吕不为	男	汉	220102198401250063x	否	394
28	1328403027	伍维	男	汉	220502198407020239	否	390
30	1328403029	刘鹏飞	男	汉	220702198312059633	否	383

图 4-66　自动筛选结果

几点说明如下。

● 应用自动筛选功能时，用户可以选择一个条件，也可以依次选择多个条件，当选择多个条件时，筛选结果是同时满足这些条件的记录。

● 自动筛选的条件可以在下拉列表中直接选择某值，如图 4-66 所示。另外，单击筛选按钮，可选择"文本筛选"或"数据筛选"，在列表中选择较复杂的筛选条件，如图 4-67 所示。

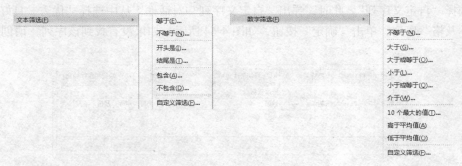

图 4-67　自定义条件

例如：在姓名列筛选姓"王"的学生，可以使用"开头是:"；筛选《高等数学》不及格的学生信息，可以在《高等数学》的筛选按钮下选择"小于…"；筛选总分在前 10 位的学生成绩时，可以选择"10 个最大的值"等。

2. 自定义筛选

例如，在"教学管理"工作簿的"第二学期成绩表"中筛选《高等数学》成绩大于 90 分和小于 60 分的学生时，使用自动筛选就得不到筛选结果了，这时可以使用自定义筛选功能。操作步骤如下。

① 打开"教学管理.xlsx"工作簿的"第二学期成绩表"工作表，选择数据清单区的任意一个单元格。

② 选择"数据"选项卡，单击"排序与筛选"组的"筛选"按钮。

③ 单击"高等数学"筛选按钮，选择"数字筛选"级联列表中的"自定义筛选"命令，弹出对话框，参数设置如图 4-68 所示。

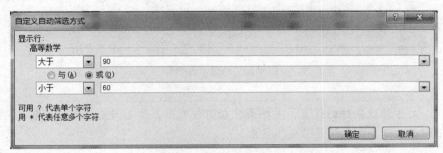

图 4-68　自定义筛选对话框

④ 单击"确定"按钮，筛选结果如图 4-69 所示。

	A	B	C	D	E	F	G	H	I	J
1	学号	姓名	Flash动画制作	Photoshop图像处理	C语言程序设计	高等数学	概率统计	总分	排名	等级
3	1328403031	石磊	优秀	良好	64	97	69	230	14	优秀
7	1328403008	赵勇强	优秀	中等	29	43	75	147	32	不及格
8	1328403011	孙玲玲	良好	优秀	78	97	83	258	2	优秀
21	1328403019	安钟峰	良好	优秀	33	93	77	203	25	优秀
23	1328403005	段晓明	良好	及格	57	48	74	179	30	不及格
28	1328403013	王小梅	及格	及格	76	92	91	259	1	优秀
32	1328403009	孙彤	及格	良好	66	47	70	183	29	不及格
33	1328403030	李媛媛	及格	中等	70	37	69	176	31	不及格

图 4-69　自定义筛选结果

3. 高级筛选

高级筛选可以同时筛选出满足多个条件的记录，实现复杂筛选。与自动筛选不同的是，需要用户自定义高级筛选的条件区域。

【例 4-15】对"第二学期成绩表"，筛选出"高等数学"成绩大于 90 分，或"概率统计"成绩不及格的学生。

操作步骤如下。

① 复制列标题"高等数学"和"概率统计"到 M13:N13 区域，向单元格中输入条件，如图 4-70 所示。

② 选择数据清单区的任意一个单元格（E5），单击"排序和筛选"组的"高级"按钮，弹出"高级筛选"对话框，依次设置"列表区域"和"条件区域"，如图 4-71 所示。

图 4-71 "高级筛选"对话框

高等数学	概率统计
>90	
	<60

图 4-70 条件区域

③ 单击"确定"按钮，筛选结果如图 4-72 所示。

	A	B	C	D	E	F	G	H	I	J
1	学号	姓名	Flash动画制作	Photoshop图像处理	C语言程序设计	高等数学	概率统计	总分	排名	等级
3	1328403031	石磊	优秀	良好	64	97	69	230	14	优秀
5	1328403024	吕不为	优秀	优秀	76	76	47	199	27	中等
8	1328403011	孙玲玲	良好	优秀	78	97	83	258	2	优秀
21	1328403019	安钟峰	良好	优秀	33	93	77	203	25	优秀
28	1328403013	王小梅	及格	及格	76	92	91	259	1	优秀

图 4-72 高级筛选结果

提示

对于筛选条件的设置，多个条件在同行表示条件之间是"与"关系（同时满足），不同行表示条件之间是"或"关系。

4. 清除筛选

● 清除某列的筛选条件：例如清除"汉族"筛选条件时，可以单击"民族"列的筛选按钮，在列表中选择"从'民族'中清除筛选"。

● 清除数据清单的所有筛选条件并显示原数据：选择"数据"选项卡，单击"排序与筛选"组的"清除"按钮。

● 清除自动筛选：选择"数据"选项卡，单击"排序与筛选"组的"筛选"按钮。

4.5.3 分类汇总

分类汇总是将数据清单中的数据按标准分组，然后对组内数据应用汇总函数（如求和、平均值等）进行统计和计算。

【例 4-16】使用"教学管理.xlsx"工作簿中的"学生信息表"，统计男女生人数。

操作步骤如下。

① 首先，按分类字段"性别"进行排序（升序或降序均可）。

② 选择"数据"选项卡，单击"分级显示"组的"分类汇总"按钮，在"分类汇总"对话框中设置参数，如图 4-73 所示。

③ 单击"确定"按钮，显示分类汇总结果，如图 4-74 所示。

几点说明如下。

● 分类汇总数据产生后，为了方便查看，可以利用分级显示功能。单击工作表左上角的 1、2 或 3 按钮，可显示对应级别中的数据，如图 4-75 所示。对暂时不需要的数据进行隐藏，只要单击汇总区左侧的"隐藏"按钮（□）即可，如果要显示隐藏数据则需要单击"显示"按钮（＋）。

图 4-74　一级汇总结果

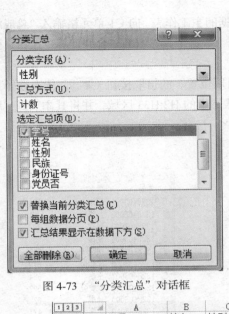

图 4-73　"分类汇总"对话框

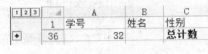

（a）

（b）

图 4-75　分类汇总分级显示结果

● 如果要进行多级汇总，如统计不同性别不同民族的学生人数。首先，对数据清单按"性别"和"民族"同时排序。然后，执行两次分类汇总。为了保留两次汇总结果，在第二次汇总时，取消"替换当前分类汇总"选项。

● 当不再使用分类汇总时，可以将其删除。打开"分类汇总"对话框，单击"全部删除"按钮即可。

4.5.4　合并计算

合并计算是将多张工作表上的数据合并到一个工作表中统计分析。合并后的工作表可以与主工作表位于同一工作簿中，也可以位于不同工作簿中。

合并数据可以根据用户要执行的操作，按位置、分类和通过公式等方式进行。

● 按位置进行合并计算时，要确保每个数据区域中的数据以相同的顺序包含在工作表中。

● 按分类进行合并计算时，要确保在所有数据区域中以相同的拼写和大小写形式输入字段标题。

● 通过公式进行合并计算时，主要是在公式中引用其他工作簿或工作表中的数据，如=Sheet1!A1+Sheet2!B1。

【例 4-17】使用"教学管理.xlsx"工作簿中的"第一学期成绩表"和"第二学期成绩表"，计算每名学生的学年总分。

准备工作：取消"第二学期成绩表"中的高级筛选，并按学号进行升序排列。这样做的目的是保证两张工作表中的记录顺序相同。

操作步骤如下。

① 选择"学年总成绩"工作表，作为存放合并数据的主工作表。向 C1 单元格输入"总成绩"。

② 选择 C2 单元格，选择"数据"选项卡，单击"数据工具"组的"合并计算"按钮，弹出"合并计算"对话框。

③ 在"函数（F）"位置选择"求和"，单击"引用位置"的拾取按钮（），依次选择"第一学期成绩表"中的 H2:H33 区域和"第二学期成绩表"中的 H2:H33 区域，并将其添加到"所有引用位置"列表中，如图 4-76 所示。

④ 单击"确定"按钮，结果如图 4-77 所示。

图 4-76　合并计算

图 4-77　合并计算部分结果

指出一点，当所有合并计算的源区域具有相同的行列标签时，无需选择"标签位置"选项。当一个源区域中的标签与其他区域都不相同时，将会导致合并计算中出现单独的行或列。一般情况下，只有当包含数据的工作表位于另一个工作簿中时才选中"创建指向源数据的链接"复选框，以便合并数据能够在另一个工作簿中的源数据发生变化时自动进行更新。

4.5.5　模拟分析

借助 Excel 的模拟分析功能，可以帮助用户测算数据。模拟分析是指通过更改单元格中的值来查看这些更改对工作表中引用单元格的公式结果的影响过程。在 Excel 中，有 3 种模拟分析工具：方案管理器、单变量求解和模拟运算表。

1. 单变量求解

单变量求解是通过计算寻找公式中的特定解。使用单变量求解时，通过调整可变单元格中的数据，按照给定公式来获得满足目标单元格的目标值。

【例 4-18】《大学计算机》课程的期末成绩由卷面成绩（占 70%）与上机测试（占 30%）组成。已知李永的上机测试成绩是 85 分，问期末卷面得多少分，才能得到 90 分的期末成绩。

操作步骤如下。

① 选择工作表，向 E2 单元格输入公式"=C2*70%+D2*30%"。

② 选择"数据"选项卡，单击"数据工具"组的"模拟分析"按钮，在列表中选择"单变量求解"，弹出对话框，参数设置如图 4-78 所示。

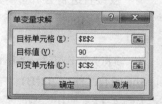

图 4-78　单变量求解参数

③ 单击"确定"按钮，弹出"单变量求解状态"对话框，同时工作表的 C2 单元格中出现预测结果，如图 4-79 所示。

图 4-79　单变量求解结果

2．模拟运算表

模拟运算表用来显示工作表中一个或两个变量的数据变化对计算结果的影响，将求解过程中可能发生的数值变化一一显示在工作表中，便于比较。模拟运算表最多可以处理两个变量，但可以获得与这些变量相关的众多不同的值。模拟运算表分为单变量模拟运算表和双变量模拟运算表两种类型。

（1）单变量模拟运算表

当要测试公式中一个变量的不同取值如何影响公式结果时，可以使用单变量模拟运算表。

【例 4-19】已知李永的上机测试成绩为 85 分，他想看看不同的卷面成绩所对应的总分是多少。操作步骤如下。

① 选择工作表，向 E2 单元格输入公式"=C2*70%+D2*30%"。

② 为了得到 10 种可能，选择 C2:E11 单元格区域，选择"数据"选项卡，单击"数据工具"组的"模拟分析"按钮，在列表中选择"模拟运算表"，弹出模拟运算表对话框。

③ 指定变量所在单元格（C2），如图 4-80 所示。

说明一点，如果这些变量值在一列输入，请在"输入引用列的单元格"中输入单元格名称，如果变量值在一行输入，请在"输入引用行的单元格"中输入单元格名称。无论在行或列中输入，都应该选择第一个变量值所在单元格。

图 4-80　单变量模拟运算表参数

④ 单击"确定"按钮，结果如图 4-81 所示。

⑤ 向 C2:C11 单元格输入变量的 10 个不同值，得到测算结果，如图 4-82 所示。

	A	B	C	D	E
1	学号	姓名	卷面成绩	上机测试	总分
2	1328403001	李永		85	25.5
3				85	25.5
4				85	25.5
5				85	25.5
6				85	25.5
7				85	25.5
8				85	25.5
9				85	25.5
10				85	25.5
11				85	25.5

图 4-81　单变量模拟运算区域

	A	B	C	D	E
1	学号	姓名	卷面成绩	上机测试	总分
2	1328403001	李永	95	85	92
3			90	85	88.5
4			85	85	85
5			80	85	81.5
6			75	85	78
7			70	85	74.5
8			65	85	71
9			60	85	67.5
10			55	85	64
11			50	85	60.5

图 4-82　输入多个变量值的测算结果

（2）双变量模拟运算表

当要测试公式中两个变量的不同取值将如何影响结果时，可使用双变量模拟运算表。

【例 4-20】李永同学想要测算卷面成绩和上机测试的不同分数时所对应的总分。

操作步骤如下。

① 选择工作表，向 E2 单元格输入公式"=C2*70%+D2*30%"。

② 创建模拟运算表。假设要测算 10 组卷面成绩和上机测试的不同分数，需要选择以 E2 单元格为首的 11×11 单元格区域（E2:O12）。

③ 选择"数据"选项卡，单击"数据工具"组的"模拟分析"按钮，在列表中选择"模拟运算表"，弹出模拟运算表对话框。

④ 在对话框中指定公式所引用的变量所在的单元格。此处，"输入引用行的单元格"选择卷面成绩 C2 单元格，"输入引用列的单元格"选择上机测试 D2 单元格，如图 4-83 所示。

⑤ 单击"确定"按钮，如图 4-84 所示。

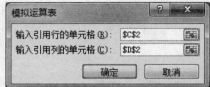

图 4-83　双变量模拟运算表参数

	A	B	C	D	E	F	G	H	I	J	K	L	M	N	O
1	学号	姓名	卷面成绩	上机测试	总分										
2	1328403001	李永			0										
3						0	0	0	0	0	0	0	0	0	0
4						0	0	0	0	0	0	0	0	0	0
5						0	0	0	0	0	0	0	0	0	0
6						0	0	0	0	0	0	0	0	0	0
7						0	0	0	0	0	0	0	0	0	0
8						0	0	0	0	0	0	0	0	0	0
9						0	0	0	0	0	0	0	0	0	0
10						0	0	0	0	0	0	0	0	0	0
11						0	0	0	0	0	0	0	0	0	0
12						0	0	0	0	0	0	0	0	0	0

图 4-84　生成双变量模拟运算表

⑥ 之后，在 E3：E12 单元格区域输入多个上机测试分数，在 F2:O2 单元格区域输入多个卷面成绩，在行与列的交叉处得到测算的总分，结果如图 4-85 所示。

	A	B	C	D	E	F	G	H	I	J	K	L	M	N	O
1	学号	姓名	卷面成绩	上机测试	总分										
2	1328403001	李永			0	95	90	85	80	75	70	65	60	55	60
3					95	95	91.5	88	84.5	81	77.5	74	70.5	67	70.5
4					90	93.5	90	86.5	83	79.5	76	72.5	69	65.5	69
5					85	92	88.5	85	81.5	78	74.5	71	67.5	64	67.5
6					80	90.5	87	83.5	80	76.5	73	69.5	66	62.5	66
7					75	89	85.5	82	78.5	75	71.5	68	64.5	61	64.5
8					70	87.5	84	80.5	77	73.5	70	66.5	63	59.5	63
9					65	86	82.5	79	75.5	72	68.5	65	61.5	58	61.5
10					60	84.5	81	77.5	74	70.5	67	63.5	60	56.5	60
11					55	83	79.5	76	72.5	69	65.5	62	58.5	55	58.5
12					50	81.5	78	74.5	71	67.5	64	60.5	57	53.5	57

图 4-85　输入双变量的模拟运算结果

3. 方案管理器

模拟运算表最多设置两个变量，对于两个以上的变量就无法分析并得到预测结果了，方案管理器能够帮助用户解决这个问题。使用方案管理器，用户能够方便地进行假设，可以为多个变量存储输入值的不同组合。

方案是 Excel 保存并可以在工作表单元格中自动替换的一组值，用户可以在工作表中创建和保存不同的组合值，然后切换到其中的任一方案来查看不同的结果。

【例 4-21】小王要贷款购买房屋，向银行咨询后得到了不同银行给他提供的贷款方案，如图 4-86 所示，请使用方案管理器，为小王推荐一家银行。

操作步骤如下。

① 选择空白工作表，向 A1、A2、A3 和 A4 单元格依次输入"贷款本金（元）"、"贷款年利

率"、"还款年限"和"月还款额"。

银行名称	贷款本金（元）	贷款年利率	还贷年限
中国建设银行	￥180,000	7.95%	10
吉林银行	￥200,000	7.20%	15
中国银行	￥250,000	6.55%	20

图 4-86　银行贷款方案

② 选择 B4 单元格，插入 PMT 函数，参数设置如图 4-87 所示。

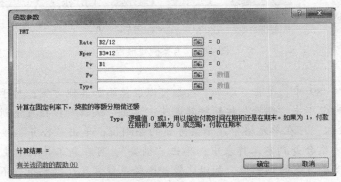

图 4-87　PMT 函数参数

　　PMT 函数用来计算在固定利率下，贷款的等额分期偿还额。由于 B1:B3 单元格区域没有填写数据，所以 B4 单元格显示#NUM!错误提示，此处可忽略。

③ 选择"数据"选项卡，单击"数据工具"组的"模拟分析"按钮，在下拉列表中选择"方案管理器"，在弹出的对话框中单击"添加"按钮，弹出"添加方案"对话框。

④ 在"方案名"中输入"中国建设银行"，在"可变单元格中"选择 B1:B3，单击"确定"按钮，如图 4-86 所示，输入各个变量值，如图 4-88 所示。

⑤ 单击"添加"按钮，继续添加其他方案（略），所有方案添加后，单击"确定"按钮，返回方案管理器，如图 4-89 所示。

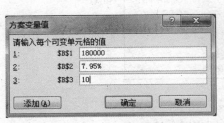

图 4-88　中国建设银行方案

图 4-89　完成方案添加

⑥ 单击"摘要"按钮，在工作簿中生成新的工作表"方案摘要"，如图 4-90 所示。小王可以根据每月还款额，来选择吉林银行进行贷款。

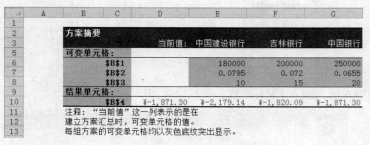

图 4-90　方案摘要报告

在图 4-89 中，单击"添加"按钮可以继续添加其他方案；对于已经创建的方案，选择后，可以单击"删除"按钮将其删除；单击"编辑"按钮可重新修改方案值；单击"显示"按钮，可在单元格中显示某方案的预测值；单击"合并"按钮则可以将其他工作表中的方案合并到本工作表中；单击"摘要"，可在新工作表中生成方案摘要报告，详细查看多个方案的预测值，加以比较，选择最佳方案。摘要报告不会自动重新计算，如果更改方案值，则这些更改将不会显示在现有摘要报告中，用户必须创建一个新的摘要报告，来显示修改之后的方案值。

4.6　图　表

4.6.1　图表

为了帮助用户对数据进行分析，使数据更形象直观，Excel 提供了图表工具。图表能将抽象枯燥的数据通过图形来表示，数值的大小、数据对比关系和变化趋势等一目了然。

1. 图表的组成

图表由分类轴、数值轴、系列与图例等组成，如图 4-91 所示。

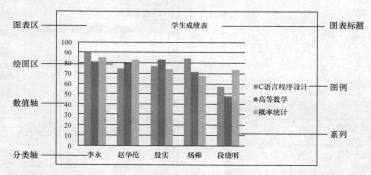

图 4-91　图表组成

● 图表区：图表的背景区域，所有图表元素都在图表区中显示。

- 绘图区：主要由数据系列和网格线组成。
- 图表标题：用于指明图表的题目。
- 图例：用颜色表示不同数据系列或分类说明。
- 系列：一个数据系列由一组数据组成，对应图表中的一种图案或颜色。
- 分类轴：用于区分类别的数轴。
- 数值轴：用于显示数据的数轴。

2. 图表的类型

Excel 2010 提供 11 类图表，分别是：柱形图、折线图、饼图、条形图、面积图、XY（散点图）、股价图、曲面图、圆环图、气泡图和雷达图，每类图表中又包含几种形式供用户选择，如图 4-92 所示。

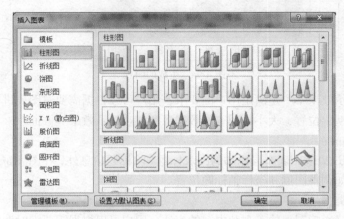

图 4-92　图表类型

3. 创建与修改图表

【例 4-22】创建如图 4-91 所示的图表。

操作步骤如下。

① 打开"教学管理.xlsx"工作簿，选择"第二学期成绩表"。

② 在"插入"选项卡上，单击"图表"组的启动器按钮，打开如图 4-92 所示的对话框。

③ 选择"柱形图"组中的"簇状柱形图"，单击"确定"按钮。

④ 选择"图表工具"组中的"设计"选项卡，单击"数据"组的"选择数据"按钮，弹出"选择数据源"对话框，使用拾取按钮（  ）为"图表数据区域"选择所需数据源（B1:B6 和 E1:G6 区域），如图 4-93 所示。

图 4-93　选择图表数据源

⑤ 单击"确定"按钮，工作表区域出现图表，单击"图表布局"组的"布局 1"，图表区会出现"图表标题"，选中后输入"学生成绩表"，如图 4-94 所示。

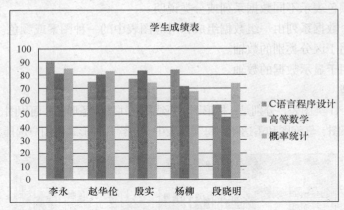

图 4-94　生成的图表

新建图表的显示效果不一定满足用户的要求，用户可以根据需要对图表进行修改，主要包括图表布局、图表类型、位置、大小、图表的数据源和外观显示效果等方面。

（1）更改图表布局

例 4-22 就是通过更改图表布局添加的图表标题。除标题信息外，在图表布局列表中还有其他样式供用户选择，如调整图例和坐标轴标题位置。

（2）设置图表类型

图表的类型直接影响图表的美观和内容的表达，用户可以根据需要随时调整图表类型。选择图表区，单击"设计"选项卡上"类型"组的"更改图表类型"按钮，或在图表区右击，选择"更改图表类型"，在对话框中选择所需类型，单击"确定"按钮。

（3）调整图表位置

在同一张工作表中移动图表，将指针指向图表区，当指针变为移动形状时，拖动图表。

跨工作表移动图表。选择图表，选择"设计"选项卡，单击"位置"组的"移动图表"按钮。在"移动图表"对话框中，选择"新工作表"，输入新名称或使用 Chart1，或在"对象位于"下拉列表中选择其他工作表名称。

（4）调整图表大小

● 使用鼠标。选择图表区，将指针移到图表区边框的控制点上，当出现双向箭头形状时，拖动鼠标实现动态调整。

● 使用对话框，精确设置。选择图表区，选择"格式"选项卡，单击"大小"组的启动器按钮，在"设置图表区格式"对话框中进行精确尺寸设置，如图 4-95 所示。或者选择图表，直接在"大小"组的"高度"和"宽度"中输入具体尺寸。

使用对话框进行尺寸调整，选择"锁定纵横比"，只需要修改"高度"或"宽度"。

（5）修改图表数据源

创建图表后，可以修改图表数据，以反映工作表中数据的变化。例如，要为图 4-91 添加"总分"，操作步骤如下。

设置图表区格式
填充
边框颜色
边框样式
阴影
发光和柔化边缘
三维格式
大小
属性
可选文字
大小
尺寸和旋转
高度(E): 7.62 厘米
宽度(D): 12.7 厘米
旋转(T):
缩放比例
高度(H): 100%
宽度(W): 100%
锁定纵横比(A)
相对于图片原始尺寸(R)
原始尺寸
高度: 宽度:
重设(S)
关闭

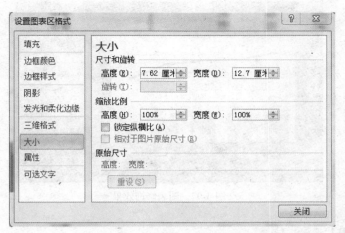

图 4-95　“设置图表区格式”对话框

① 选择图表区时，数据源区域出现 3 个矩形框，如图 4-96 所示。

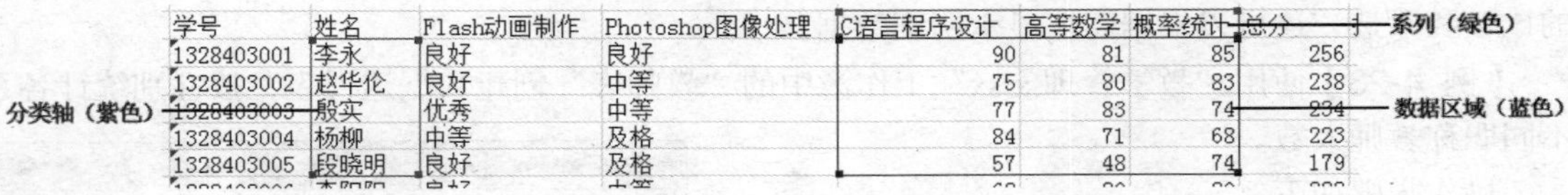

学号
姓名
Flash动画制作
Photoshop图像处理
C语言程序设计
高等数学
概率统计
总分
系列（绿色）
分类轴（紫色）
数据区域（蓝色）
1328403001 李永 良好 良好 90 81 85 256
1328403002 赵华伦 良好 中等 75 80 83 238
1328403003 殷实 优秀 中等 77 83 74 234
1328403004 杨柳 中等 及格 84 71 68 223
1328403005 段晓明 良好 及格 57 48 74 179

图 4-96　图表数据源

② 直接拖动数据区域的顶点就能实现数据源的增加或减少。

这种方法适合连续数据区域数据源的增减，效果直观。除此之外，还可以使用“选择数据源”对话框，重新选择数据源。

（6）设置图表外观

为了使图表更美观，Excel 提供文字格式、背景填充、边框样式和图表内部各元素的格式化等编辑功能。下面通过修饰图 4-91 所示图表来介绍具体方法。

- 修饰背景。选择“布局”选项卡，单击“当前所选内容”组的“设置所选内容格式”按钮，在“设置图表区格式”对话框中选择“填充”类别，进行详细设置。本例将绘图区背景设置为白色。
- 修改网格线。选择“布局”选项卡，单击“坐标轴”组的“网格线”按钮，在下拉列表中选择“主要横网格线”，在级联菜单中选择“主要网格线”、“次要网格线”等。
- 修改系列样式。在图表区右击某系列，选择“更改系列图表类型”，在对话框中选择图表类型，单击“确定”按钮。
- 添加坐标轴标题。例如，要在图表区添加水平分类轴标题，选择“布局”选项卡，单击“标签”组的“坐标轴标题”按钮。在下拉列表中选择“主要横坐标轴标题”，在级联菜单中选择“坐标轴下方标题”，然后，重新输入标题文字，如“姓名”。如果要修改图表中文字的格式，在图表区直接选择文字，使用“开始”选项卡上的“字体”组进行修改。
- 插入图形。选择“布局”选项卡，单击“插入”组的“形状”按钮。选择形状后在图表区进行绘制，最终效果如图 4-97 所示。

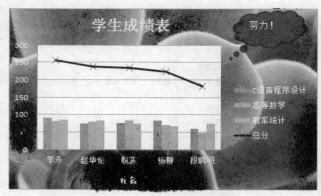

图 4-97　图表修饰效果

4.6.2　数据透视表

1. 创建数据透视表

数据透视表是一种交互式报表，用于对数据进行快速汇总分析。建立交叉列表，可实现复杂的比较和筛选，还可以根据需要显示明细数据。

【例 4-23】 使用"教学管理.xlsx"工作簿中的"教师表"创建数据透视表，按性别统计各系不同职称教师人数。

操作步骤如下。

① 打开"教学管理.xlsx"工作簿，选择"教师表"。

② 选择"插入"选项卡，单击"表格"组的"数据透视表"按钮，或单击下拉按钮选择"数据透视表"命令，出现如图 4-98 所示对话框。

③ 在"表/区域"中，选择 A1:H41 单元格区域；在"选择放置数据透视表的位置"中，选择"新工作表"，单击"确定"按钮，出现数据透视表编辑

图 4-98　"创建数据透视表"对话框

区。左侧是数据透视表区域；右侧是字段列表区，包括所有字段、分类字段（行、列标签）、数据统计字段（数值）和报表筛选字段。

④ 在"选择要添加到报表的字段"列表中，勾选"系别"、"职称"和"姓名"。默认情况下，所选字段均出现在行标签区域，用户需要将字段移动位置。在"行标签"列表中，单击"职称"选择"移动到列标签"。在"行标签"列表中，单击"姓名"选择"移动到数值"。或者，直接拖动字段至对应区域，如图 4-99 所示。

⑤ 进一步，按"性别"进行筛选时，直接拖动"性别"字段至"报表筛选"区。数据透视表区域就出现了筛选字段，如图 4-100 所示。单击"全部"下拉按钮选择"全部"、"男"或"女"，如图 4-101 所示，单击"确定"按钮后，数据透视表的数值在改变。

2. 编辑数据透视表

（1）修改值字段的汇总方式

默认情况下，数据透视表中的值字段是以计数或求和作为汇总方式的。如果要修改值字段的汇总方式，有几种方法。

计数项:姓名	列标签				
行标签	副教授	讲师	教授	助教	总计
对外汉语	5	4	2	2	13
金融	2	2	6		10
日语	1	2			3
体育	2	1		1	4
信息技术与工程	2	4			6
英语	2		1	1	4
总计	14	13	9	4	40

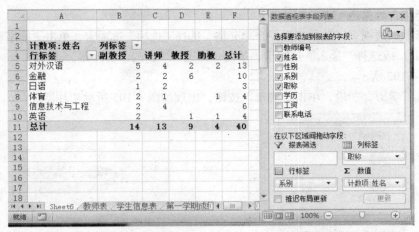

图 4-99　数据透视表编辑区

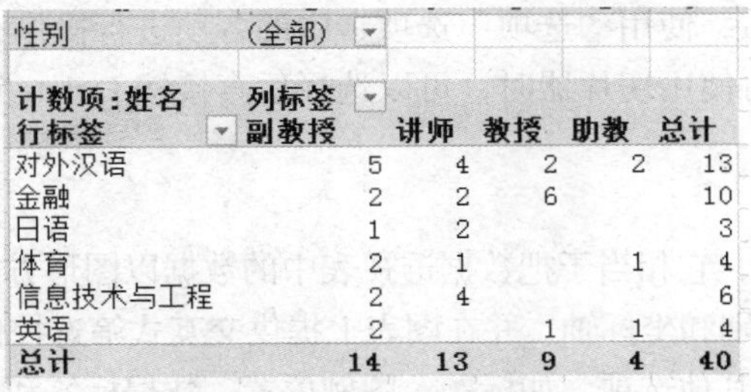

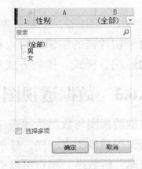

性别	(全部)				
计数项:姓名	列标签				
行标签	副教授	讲师	教授	助教	总计
对外汉语	5	4	2	2	13
金融	2	2	6		10
日语	1	2			3
体育	2	1		1	4
信息技术与工程	2	4			6
英语	2		1	1	4
总计	14	13	9	4	40

图 4-100　数据透视表示例

图 4-101　筛选“性别”

● 直接修改。在数据透视表中右击“计数项：姓名”，在级联菜单中选择“值字段设置”，在对话框中选择汇总方式。

● 使用“字段设置”。在数据透视表中选择“计数项：姓名”，单击“活动字段”组的“字段设置”按钮，在对话框中修改，或者单击“计算”组的“按值汇总”按钮，从下拉列表中选择汇总方式。

● 使用“数据透视表字段列表”。在“Σ数值”列表中，单击“计数项：姓名”，在列表中选择“值字段设置”，在对话框中选择汇总方式。

（2）修改数据透视表样式和布局

为了美化数据透视表，可以对其应用样式和布局。选择数据透视表，选择“设计”选项卡，单击“布局”组的“报表布局”按钮，从下拉列表中选择某种布局。单击“数据透视表样式”组中的某种样式，快速进行格式化。

（3）更改数据源

创建数据透视表后，可以更改数据源，实现动态分析和汇总。操作方法是在“数据透视表字段列表”区勾选新字段，或者取消字段。

（4）添加切片器

切片器是 Excel 2010 的新功能，其实质是一个可视化的筛选工具，经常用于筛选数据透视表中的数据。

【例 4-24】使用切片器对“学历”进行筛选。

操作步骤如下。

① 选择包含数据透视表的工作表。

② 选择数据透视表区域中任意一个单元格，选择"选项"选项卡，单击"排序和筛选"组的"插入切片器"。或选择"插入"选项卡，单击"筛选器"组的"切片器"，打开"插入切片器"对话框，如图 4-102 所示。

③ 勾选"学历"字段，单击"确定"按钮，出现如图 4-103 所示切片器。

图 4-102　　"插入切片器"对话框

图 4-103　　"学历"切片器

④ 在"切片器"中选择某值时，数据透视表会同步进行筛选。

对于切片器的编辑，可以在选择切片器后，使用"选项"选项卡中的各项进行操作，包括切片器的题注、样式、排列方式和大小。当不再使用切片器时，可以选择后直接按 Delete 键删除。

4.6.3　数据透视图

数据透视图与数据透视表一样也是交互的，它相当于把数据透视表中的数据以图形方式显示。数据透视图就象图表一样，显示数据系列、类别和坐标轴，并在图表上提供交互式筛选控件，以便用户快速分析数据。用户可以更改图表类型及其他选项，如标题、图例位置、数据标签和位置等。

【例 4-25】使用"教学管理.xlsx"工作簿中的"教师表"创建数据透视图，按性别统计各系不同职称教师人数。

利用已有数据透视表创建数据透视图，操作步骤如下。

① 打开数据透视表所在工作表，选择数据透视表区域的任意一个单元格。

② 选择"选项"卡，单击"工具"组的"数据透视图"按钮，弹出"插入图表"对话框。

③ 在对话框中选择图表类型，单击"确定"按钮，出现如图 4-104 所示的数据透视图。

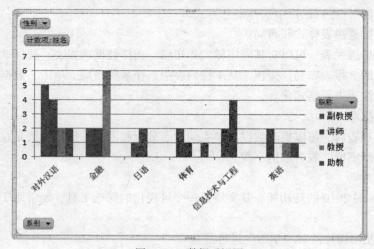

图 4-104　数据透视图

没有数据透视表，也可以创建数据透视图，操作步骤如下。

① 打开"教学管理.xlsx"工作簿，选择"教师表"工作表。选择"插入"选项卡，单击"表格"组的"数据透视表"下拉按钮，选择"数据透视图"，弹出"创建数据透视表及数据透视图"对话框。

② 在"表/区域"中，选择 A1:H41 单元格区域。在"选择放置数据透视表及数据透视图的位置"中，选"新工作表"，单击"确定"按钮，如图 4-105 所示。

图 4-105　数据透视图编辑区

③ 依次拖动"性别"、"姓名"、"职称"和"系别"字段至"报表筛选"区、"Σ数值"区、"图例字段"区和"轴字段"区，结果如图 4-106 所示。

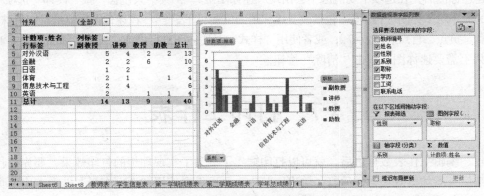

图 4-106　数据透视图和数据透视表

　　　　用户创建的数据透视图是和数据透视表共存的。如果将数据透视表删除了，那数据透视图就会变成普通的图表了。

单击数据透视图，使用"数据透视图工具"中的各个选项卡对数据透视图进行编辑。

● "设计"选项卡可以调整数据视图的数据源，并对图表类型、图表样式、图表布局和位置进行调整。

● "布局"选项卡可以为数据透视图添加图片、形状、趋势线等，修改标签、坐标轴和背景等。

● "格式"选项卡可以修饰数据透视图中的各个组成部分，对其进行格式化。

除此之外，用户还可以直接在数据透视图区域，利用存在的"筛选控件"对数据进行筛选，例如，只显示对外汉语系的男讲师人数，只要依次对"性别"、"系别"和"职称"进行筛选，即可得到结果。

4.6.4 迷你图

迷你图是工作表单元格中的一个微型图表，可以显示系列中的数据变化趋势，或者突出显示数据的最大值和最小值。将迷你图放在数据旁，可以达到更加直观的显示效果。与图表不同，迷你图不是对象，它实际上是单元格背景中的一个微型图表。

【例 4-26】使用"教学管理.xlsx"工作簿的"第一学期成绩表"工作表，创建迷你图比较李永、赵华伦和殷实 3 人的总成绩。

操作步骤如下。

① 打开"教学管理.xlsx"工作簿，选择"第一学期成绩表"工作表。

② 选择"插入"选项卡，单击"迷你图"组的"柱形图"按钮，弹出"创建迷你图"对话框，设置参数如图 4-107 所示。单击"确定"按钮，K2 单元格显示迷你图，如图 4-108 所示。

图 4-107　迷你图参数

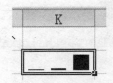

图 4-108　迷你图

创建迷你图后，在选项卡功能区中会出现"迷你图工具"，其中只包含一张"设计"选项卡。使用其中的命令对迷你图进行编辑，包括改变迷你图的位置、图表类型、在迷你图中显示某个特殊值（高点、低点、负点、首点、尾点等）；或者使用"样式"对迷你图进行修饰、设置迷你图的坐标轴等。

如果不需要迷你图，单击"清除"按钮。

4.7　打印工作表

创建、编辑工作表数据之后，就可以打印输出了。为了实现理想的打印效果，要先进行页面设置，然后查看预览效果，最后打印输出。其中，页面设置使用"页面布局"选项卡中"页面设置"组中的各种命令。

4.7.1 页面设置

1. 设置页眉页脚

用户可以借助页眉页脚添加表格名称、页码、日期等信息，方便对工作表内容的查阅。在 Excel 中添加页眉页脚不像 Word 直接在工作区中进行编辑，而是要进入对话框中设置，操作步骤如下。

① 选择"页面布局"选项卡，单击"页面设置"组的启动器按钮，弹出"页面设置"对话框。

② 选择"页眉/页脚"选项卡，单击"自定义页眉"按钮，在"页眉"对话框中输入文字或选择"页眉"下拉列表中系统提供的内置信息，创建页眉。

"页脚"的设置方法与"页眉"相似。"页脚"区一般用来显示页码、总页数等信息，用户可以选择"页脚"下拉列表中系统提供的内置信息。

2. 设置与取消打印区域

Excel 与 Word 最大的不同就是所编辑的数据全都在单元格里，因此打印输出前一定要选择正确的数据区域，操作步骤如下。

① 选择要打印的单元格或单元格区域。

② 选择"页面布局"选项卡，单击"页面设置"组的"打印区域"按钮，在下拉列表中选择"设置打印区域"命令。此时，所选区域四周出现虚线框。

如果想要取消打印区域，单击"取消打印区域"按钮即可。

3. 打印标题行

如果一个工作表可以生成多个打印页，就有必要在每个页中重复显示标题行或标题列，方便用户查看数据，操作步骤如下。

① 选择"页面布局"选项卡，单击"页面设置"组的"打印标题"按钮，弹出"页面设置"对话框。

② 选择"工作表"选项卡，使用拾取按钮在工作表区域选择单元格区域，作为"顶端标题行"或"左端标题列"的参数。

4. 设置打印比例

如果在打印工作表时，发现打印区域相对于纸张过宽或过窄时，可以在不调整列宽的前提下充分利用纸张来显示数据，这就需要调整打印比例。

选择"页面布局"选项卡，单击"调整为合适大小"组的"宽度"、"高度"或"缩放比例"按钮进行实时调整。或者，选择"页面布局"选项卡，单击"页面设置"组的启动器按钮，进入"页面设置"对话框，调整"缩放比例"。

4.7.2　打印

1. 打印预览

打印预览功能可以查看打印后的效果，避免浪费时间和纸张。选择工作表（一张或多张），单击"文件"，选择"打印"命令，右侧会直接显示所选工作表预览状态，如图 4-109 所示。

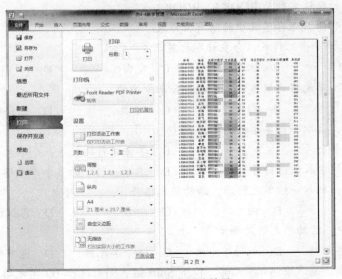

图 4-109　打印预览效果

如果满意，单击"打印"按钮就可以将所选工作表打印输出了。如果不满意，可以在"设置"区域选择某项重新设置，或者单击"页面设置"进入对话框，修改后再单击"打印"命令。

习 题 4

一、选择题

1. Excel 是制作电子表格的软件，其主要功能是（   ）。

    A. 表格制作、文字处理、文件管理   B. 表格制作、网络通信、图表处理

    C. 表格制作、数据管理、图表处理   D. 表格制作、数据管理、网络通信

2. 关于 Excel 的叙述，错误的是（   ）。

    A. 一个工作簿是一个 Excel 文件

    B. 一个工作簿可以只有一个工作表

    C. 一个工作簿可以同时包含 250 张工作表

    D. 工作表不能重命名

3. Excel 2010 生成的工作簿文件，其扩展名是（   ）。

    A. .xls   B. .xlsx   C. .xlw   D. .excel

4. 在 Excel 中，下面说法不正确的是（   ）。

    A. 可同时打开多个工作簿文件

    B. 在同一工作簿中可以建立多张工作表

    C. 在同一工作表中可以为多个数据区域命名

    D. Excel 新建工作簿的默认名称为"文档 1"

5. 以下对工作簿和工作表的理解，正确的是（   ）。

    A. 要保存工作表中的数据，必须将工作表以单独的文件命名存盘

    B. 一个工作簿可包含最多 16 张工作表

    C. 工作表的默认名称为 BOOK1、BOOK2…

    D. 保存工作簿就保存了其中的所有工作表

6. 如果同时选择多张工作表，会在标题栏显示（   ）。

    A. [工作组]   B. 工作组   C. 空白   D. [ ]

7. 在 Excel 中，单元格是用（   ）的组合来命名的。

    A. 列标和行号   B. 行号   C. 列标   D. 任意确定

8. 在 Excel 中，选取一行单元格的方法是（   ）。

    A. 单击该行行号   B. 单击该行的任意一个单元格

    C. 在名称框输入该行行号   D. 选择一行中的多个单元格

9. 在 Excel 中，插入一组单元格后，活动单元格将（   ）移动。

    A. 向上   B. 向左   C. 向右   D. 根据设置的方向

10. 在 Excel 中，活动单元格是指（   ）。

    A. 一列单元格   B. 一行单元格   C. 一个单元格   D. 选中的单元格

11. 在 Excel 中，先选中 A1 单元格，按下 Shift 键，同时选择 B2 单元格，那么所选单元格区域包含的单元格数量是（   ）个。

A. 4　　　　　　　B. 2　　　　　　　C. 1　　　　　　　D. 0

12. 在单元格内输入日期时，年、月、日分隔符可以是（　　　）。

A. "/" 或 "-"　　　B. "." 或 "|"　　　C. "/" 或 "\"　　　D. "\" 或 "-"

13. 要在单元格中输入邮政编码 100717，应按（　　　）方式输入。

A. 空格 100717　　B. " 100701　　　C. ' 100717　　　D. 100717

14. 输入（　　　）将使单元格显示 0.3。

A. 6/20　　　　　　B. "6/20"　　　　C. = "6/20"　　　D. =6/20

15. 在 Excel 中打印学生成绩单，对不及格的成绩用醒目的方式表示（如用红色），利用（　　　）功能最方便。

A. 查找　　　　　　B. 条件格式　　　C. 数据筛选　　　D. 定位

16. 在 Excel 中，选择单元格，按 Delete 键会（　　　）。

A. 删除单元格所在行　　　　　　　B. 删除单元格所在列

C. 删除单元格　　　　　　　　　　D. 删除单元格内容

17. 要复制选定的单元格数据，可以在拖动鼠标的同时按住（　　　）键。

A. Shift　　　　　　B. Ctrl　　　　　C. Alt　　　　　　D. Esc

18. 在 Excel 中，某个单元格内容显示为 "#####"，其原因可能是（　　　）。

A. 与之有关的单元格数据被删除　　B. 公式中有被 0 除的内容

C. 单元格的列宽不够　　　　　　　D. 单元格的行高不够

19. 在 Excel 中，某单元格的数字格式为整数，当输入 3.6 时，单元格内显示（　　　）。

A. 3.5　　　　　　　B. 3　　　　　　　C. 4　　　　　　　D. ERROR

20. 在 Excel 中，向单元格输入数值型数据，默认的对齐方式是（　　　）。

A. 左对齐　　　　　B. 右对齐　　　　C. 居中对齐　　　D. 两端对齐

21. 下列数据中，（　　　）输入到单元格后直接显示为 "3/7"。

A. 3/7　　　　　　　B. 0 3/7　　　　C. 3\7　　　　　　D. 0.43

22. 在 Excel 单元格内输入计算公式时，应在表达式前加一前缀字符（　　　）。

A. （　　　　　　　B. =　　　　　　　C. $　　　　　　　D. '

23. 在 Excel 中，运算符优先级别由高到低的正确顺序是（　　　）。

A. 引用运算符→算术运算符→比较运算符→连接运算符

B. 引用运算符→算术运算符→连接运算符→比较运算符

C. 引用运算符→比较运算符→连接运算符→算术运算符

D. 引用运算符→连接运算符→算术运算符→比较运算符

24. 在 Excel 中，下列运算符中优先级最高的是（　　　）。

A. ^　　　　　　　　B. *　　　　　　　C. +　　　　　　　D. %

25. 函数 AVERAGE（number1，number2，…）的功能是（　　　）。

A. 求括号中指定的各参数的总和

B. 找出括号中指定的各参数中的最大值

C. 求括号中指定的各参数的平均值

D. 求括号中指定的各参数中具有数值类型数据的个数

26. 在 Excel 中，运算符 "&" 表示（　　　）。

A. 逻辑值的与运算　　　　　　　　B. 字符串的比较运算

C. 数值型数据的相加　　　　　　　D. 字符型数据的连接

27. C1 单元格中包含公式 "=A1+B1"，当复制公式到 C2 单元格时，公式内容是（　　　）。

A. =A1+B1　　　B. =A2+B2　　　C. =A1+B2　　　D. =A2+B1

28. D1 单元格中包含公式 "=A1+$B$1"，当复制公式到 D2 单元格时，公式内容是（　　　）。

A. =A1+$B$1　　B. =A2+$B$1　　C. =A1+$B$2　　D. =A2+$B$2

29. Excel 中默认的单元格引用是（　　　）。

A. 相对引用　　B. 绝对引用　　C. 混合引用　　D. 三维引用

30. Excel 工作表 G8 单元格的值为 7654.375，执行某操作之后，在 G8 单元格中显示一串 "#" 号，说明 G8 单元格的（　　　）。

A. 公式有错，无法计算　　　　　　B. 数据已经因操作失误而丢失

C. 显示宽度不够，只要调整宽度即可　　D. 格式与类型不匹配，无法显示

31. 某区域由 A1、A2、A3、B1、B2、B3 这 6 个单元格组成，下列不能表示该区域的是（　　　）。

A. A1:B3　　　B. A3:B1　　　C. B3:A1　　　D. A1:B1

32. 单元格（　　　）方式是公式中的单元格随公式位置的改变而变化。

A. 相对引用　　B. 绝对引用　　C. 混合引用　　D. 特殊引用

33. A1～A4 单元格依次输入 2、1、3、4，B2 单元格输入 "=A1*2^3"，按 Enter 键，B2 单元格中显示（　　　）。

A. 8　　　　　B. 16　　　　　C. 24　　　　　D. 32

34. 在单元格中输入 "=65/0" 时会显示（　　　）。

A. #DIV/0!　　B. ERROR　　　C. 错误　　　D. =65/0

35. 如果 A1:A5 分别包含数字 10、7、9、27 和 2，则（　　　）是正确的。

A. SUM(A1:A5)值是 10　　　　　B. SUM(A1:A3) 值是 26

C. AVERAGE(A1，A5) 值是 11　　D. AVERAGE(A1:A3) 值是 7

36. 当对单元格区域的数据进行个数统计时，使用（　　　）函数。

A. SUM　　　　B. AVERAGE　　C. COUNT　　　D. ABS

37. 单击数据清单中任意单元格，选择 "数据" 组的 "排序" 命令，Excel 将（　　　）。

A. 排序范围限定于此单元格所在的行

B. 排序范围限定于此单元格所在的列

C. 排序范围限定于整个清单

D. 不能排序

38. 下列有关移动和复制工作表的说法，正确的是（　　　）。

A. 在一个工作簿内只能移动，不能复制

B. 在一个工作簿内只能复制，不能移动

C. 在不同工作簿间能实现移动，但不能复制

D. 在不同工作簿间能实现移动，也能被复制

39. 在 Excel 中，最多可以指定（　　　）个关键字对数据清单进行排序。

A. 3　　　　　B. 10　　　　　C. 64　　　　　D. 256

40. 在升序排序中，序列中的空白单元格所在行（　　　）。

A. 放置在排序数据区域的最前面　　B. 放置在排序数据区域的最后面

C. 不参与排序　　　　　　　　　　D. 应重新修改排序关键字

41. 在 Excel 中，不满足筛选条件的数据将被（　　　）。

　　A. 隐藏　　　　　B. 删除　　　　　C. 显示　　　　　D. 修改颜色

42. 在 Excel 中，对数据进行分类汇总，首先要（　　　）。

　　A. 筛选　　　　　B. 删除　　　　　C. 按任意列排序　D. 按分类列排序

43. 分类汇总方式不包括（　　　）。

　　A. 余弦　　　　　B. 平均值　　　　C. 最大值　　　　D. 求和

44. 在 Excel 中，可以使用（　　　）形象地表示数据间的关系。

　　A. 公式　　　　　B. 图像　　　　　C. 图表　　　　　D. 文本框

45. 关于图表的说法，不正确的是（　　　）。

　　A. 可以缩放和修改图表

　　B. 单元格中的数据能以各种统计图表形式显示

　　C. 建立图表时，首先要选择图表的数据源

　　D. 数据源发生改变，图表的数据不能自动更新

46. 在 Excel 中，单击图表区将（　　　）。

　　A. 调出图表工具　　　　　　　　　B. 调出标准工具

　　C. 调出"改变字体"对话框　　　　　D. 调出"图表标题格式"的对话框

47. 在数据透视表中，能实现的操作是（　　　）。

　　A. 排序　　　　　B. 筛选　　　　　C. 修改汇总方式　D. 以上全是

二、上机操作题

小李是一家小型超市的经理助理，主要工作是为销售经理提供商品销售情况分析和汇总报告。请打开"销售统计.xlsx"工作簿，按照下列要求完成数据统计和分析工作。

1. 基本操作题。

（1）启动 Excel 2010，打开"销售统计.xlsx"工作簿，分别将 sheet1、sheet2、sheet3 工作表命名为"1 月份销售统计表"、"2 月份销售统计表"和"3 月份销售统计表"，将 sheet4 工作表命名为"2013 年商品分类统计表"。

（2）数据填充，具体要求如下。

1）使用[工作组]，同时向"1 月份销售统计表"、"2 月份销售统计表"、"3 月份销售统计表"3 张工作表输入"序号"值，内容为"001～013"。

2）为"商品种类"列设置数据有效性，允许输入序列"食品，生活用品，针织"，给出提示信息"请在下拉列表中选择输入！"，出错时显示信息为"请重新选择"，然后将内容输入，并复制到另外两张销售统计表中。

2. 工作表格式化。

（1）选择 3 张销售统计表，将"进货价格"、"销售价格"、"销售金额"和"销售利润"列设置为货币样式，保留两位小数，使用人民币符号。"优惠率"设置为百分比样式，没有小数。

（2）将列标题设为华文行楷 16 号蓝色字体，行高 22 磅。

（3）所有单元格文字居中对齐，记录行行高为 15 磅，列宽均为最适合的列宽。

（4）为 A2：I14 区域进行边框设计，外边框为绿色粗线，内边框设计为蓝色细线。

3. 对 3 张销售统计表中的数据进行计算。

（1）将 B16 单元格命名为"优惠率"。

（2）使用公式计算"销售金额"和"销售利润"。销售金额=销售价格*销售量*（1-优惠率），

销售利润=销售量*（销售价格*（1-优惠率）-进货价格）。

（3）使用函数计算每个月的销售总额和销售利润总和。

（4）使用排序函数，为每个月的商品销售利润进行排名。

（5）使用 IF 函数对商品给出评价，是否盈利（利润值大于 0 的为盈利，否则为亏损）。

（6）新建工作表"一季度销售汇总表"，使用合并计算功能，统计 1、2 和 3 月份的每个商品的销售量和销售利润之和（使用 VLOOKUP 函数填充商品名称）。

4．数据处理。

（1）复制"一季度销售汇总表"，命名为"销量排行榜"，并按销售量降序排列。

（2）复制"一季度销售汇总表"，命名为"最高利润商品"，使用筛选功能显示利润最高的两件商品。

（3）复制"1 月份销售统计表"，命名为"分类统计"，统计各类商品在 1 月份利润总和。

5．数据图表化。

使用"2013 年商品分类统计表"中的数据创建图表，显示每个季度每类商品的销售额，具体要求如下。

（1）表的数据区域是 A3: D7。

（2）图表类型为折线图。

（3）图表标题为"销售额"。

（4）右侧显示图例，居中显示数据标签，水平分类轴显示季度名称。

（5）生成图表位于当前工作表。

（6）使用"2 月份销售统计表"中的数据，在新工作表中创建数据透视图，统计每个商品的销售金额，并按商品种类实现筛选。

6．打印"3 月份销售统计表"工作表，具体要求如下。

（1）设置打印区域为 A1:H14。

（2）设置纸张为 B5，方向为横向，页边距均为 2.5cm。

（3）将数据区域水平居中显示。

（4）添加页眉信息，居中显示为"3 月份销售统计"；添加页脚信息，右对齐显示系统当前日期。

第5章
演示文稿制作软件 PowerPoint 2010

PowerPoint 2010 是 Microsoft office 办公软件系列中的重要组件之一，能够制作出集文字、图形、图像、声音以及视频剪辑等多媒体元素于一体的演示文稿，可以通过计算机屏幕或投影机播放。演示文稿将要表达的信息组织在一组图文并茂的画面中，可有效地帮助演讲、教学、产品演示等。

本章介绍 PowerPoint 2010 的基本操作、基本功能、母版和动画的设计方法，以及演示文稿的放映方式等。

5.1　初识 PowerPoint 2010

5.1.1　PowerPoint 2010 的启动与退出

1. 启动 PowerPoint 2010

启动 PowerPoint 2010 的常用方法如下。

● 单击"开始"按钮，选择"所有程序"中的"Microsoft Office"，在级联菜单中选择"Microsoft PowerPoint 2010"命令。

● 双击 PowerPoint 2010 的快捷方式图标。

2. 退出 PowerPoint 2010

退出 PowerPoint 2010 的常用方法如下。

● 选择"文件"选项卡，单击"退出"按钮。

● 双击控制菜单按钮。

● 使用组合键【Alt+F4】。

5.1.2　PowerPoint 2010 的工作界面

PowerPoint 2010 的工作界面由标题栏、选项卡、功能区、幻灯片编辑窗格、备注窗格、状态栏等部分组成，如图 5-1 所示。

1. 标题栏

标题栏位于窗口的最上方，主要显示应用程序名、文件名。标题栏最左侧是控制菜单按钮，与其紧邻的是快速访问工具栏，最右侧为控制按钮。

2. 功能区与选项卡

功能区位于标题栏的下面，它取代了 PowerPoint 2007 之前版本中的菜单和工具栏的主要功能。功能区由选项卡、组和命令按钮等组成。选项卡的排列方式与用户所要完成任务的顺序相一致。选择某个选项卡，立即显示相应的功能。单击相应"组"中的命令按钮，则可完成所需的操作。指出一点，根据操作对象的不同，还会增加相应的选项卡，称为"上下文选项卡"。例如，当在幻灯片中插入声音对象时，选择该声音图标，将会显示"音频工具-格式"选项卡。

3. 演示文稿编辑区

演示文稿编辑区位于功能区下方，用于显示和编辑演示文稿，包括左侧的"幻灯片/大纲"窗格、右侧上方的幻灯片编辑窗格和右侧下方的备注窗格。拖动窗格之间的分界线或显示比例按钮可以调整各窗格的大小。幻灯片编辑窗格显示当前幻灯片，用户可以在此编辑幻灯片的内容。备注窗格中可以添加与幻灯片有关的注释内容。

4. 幻灯片/大纲窗格

幻灯片/大纲窗格用于显示演示文稿的幻灯片数量及位置，通过它可更加方便地组织演示文稿的结构。"幻灯片"选项卡用于显示各幻灯片缩略图，单击某幻灯片缩略图，将在幻灯片编辑窗格中显示该幻灯片。"大纲"选项卡用于显示各幻灯片的标题与正文信息，在幻灯片中编辑标题或正文信息时，大纲窗格也同步变化。

5. 视图工具栏

视图工具栏包括视图切换按钮、缩放级别及缩放滑块。单击视图切换按钮可以快速实现视图方式的切换。缩放级别显示当前视图的显示比例，拖动缩放滑块可以快速改变显示比例。

图 5-1　PowerPoint 2010 工作界面

5.1.3　演示文稿的基本操作

由 PowerPoint 制作出来的工作汇报、企业宣传、产品推介、教学课件等文稿称为演示文稿，演示文稿中的每一页叫做幻灯片。也就是说，一个演示文稿是由一张或多张幻灯片构成的，每张幻灯片都是演示文稿中既相互独立又相互联系的内容。

创建演示文稿主要采用如下几种方式：新建空白演示文稿、根据模板、根据主题和根据现有演示文稿等。

1. 新建空白演示文稿

可以创建一个没有任何方案和示例文本的空白演示文稿，根据自己需要选择幻灯片版式来制作演示文稿。

操作步骤如下。

① 选择"文件"选项卡中的"新建"命令。

② 在"可用的模板和主题"列表框中选择"空白演示文稿"选项，单击"创建"按钮，或双击"空白演示文稿"选项。这时，在标题栏中显示的默认标题为"演示文稿 1"。

可以按【Ctrl+N】组合键来快速建立空白演示文稿。

2. 使用样本模板创建演示文稿

根据模板创建演示文稿可以使制作过程变得非常简单，且风格统一。不同的模板，提供了包括文字、图片、动画等设置的多张幻灯片，还包括相应主题的多种幻灯片版式。用户可以根据需要修改每张幻灯片的内容，或添加相应版式的幻灯片。

操作步骤如下。

① 选择"文件"选项卡中的"新建"命令。

② 在"可用的模板和主题"列表框中选择"样本模板"选项，显示系统自带的所有模板。

③ 在"样本模板"列表中选择一个模板，如"PowerPoint 2010 简介"，如图 5-2 所示，单击"创建"按钮。

图 5-2　使用"样本模板"新建演示文稿

3. 使用主题创建演示文稿

主题是事先设计好的一组演示文稿的样式框架，规定了演示文稿的外观样式，包括母版、配色、文字格式等设置，用户可直接在系统提供的各种主题中选择一个适合的主题创建演示文稿。

操作步骤如下。

① 选择"文件"选项卡中的"新建"命令。

② 在"可用的模板和主题"列表框中选择"主题"选项，则显示系统自带的所有主题。

③ 在"主题"列表中选择一个主题，如"暗香扑面"，如图 5-3 所示，单击"创建"按钮。

4. 保存演示文稿

选择"文件"选项卡中的"保存"或"另存为"命令，可以重新命名演示文稿及选择保存位置，或者单击快速访问栏中的"保存"按钮进行保存。例如，将演示文稿"PowerPoint 2010 简介"

保存到 D 盘 myppt 文件夹中，命名为 "ppt2010 简介"。

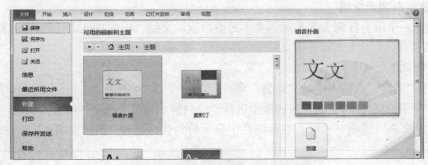

图 5-3　使用"主题"新建演示文稿

5. 打开演示文稿

打开演示文稿的方法如下。

● 在已经启动 PowerPoint 的情况下，可使用"打开"命令来完成打开操作。选择 "文件"选项卡中的"打开"命令。弹出"打开"对话框，选择演示文稿的保存位置，选择要打开的演示文稿文件，单击"打开"按钮。

● 选择"文件"选项卡中的"最近使用的文档"命令，在列表中选择需要打开的演示文稿即可。

● 在没有启动 PowerPoint 的情况下，选择演示文稿所在的文件夹，双击要打开的演示文稿图标即可。

6. 关闭演示文稿

关闭演示文稿的方法如下。

● 选择"文件"选项卡中的"关闭"命令。

● 在已经打开的演示文稿窗口中单击标题栏右侧的"关闭"按钮。

5.1.4　演示文稿的视图方式

演示文稿视图包括"普通视图"、"幻灯片浏览"、"备注页"和"阅读视图"等。选择"视图"选项卡，单击"演示文稿视图"组（见图 5-4）中的任意一个命令按钮，即可切换到相应的视图模式。

提示

除"备注页"视图之外，单击"视图切换"（见图 5-5）的相应按钮，可快速切换到其他 3 种视图。

图 5-4　"演示文稿视图"组　　　　　图 5-5　"视图切换"按钮

1. 普通视图

普通视图是演示文稿的默认视图，主要由"幻灯片/大纲"窗格、"幻灯片编辑"窗格和"备注"窗格组成，如图 5-1 所示。在这种视图下，用户可以调整演示文稿的整体结构，编辑单张幻灯片内容并随时观察编辑效果，还可以添加备注内容。

2．幻灯片浏览视图

幻灯片浏览视图可以浏览整个演示文稿中每张幻灯片的整体效果，每张幻灯片以缩略图的形式显示，如图 5-6 所示。在这种视图下，用户可以重新排列、添加、复制或删除幻灯片，还可以改变幻灯片的版式、设计模式和配色方案等，但不能编辑单张幻灯片的具体内容。

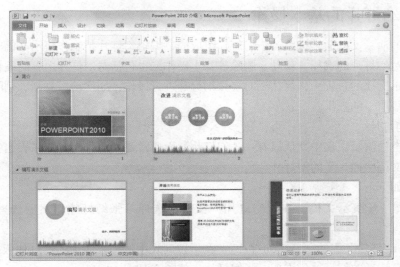

图 5-6　幻灯片浏览视图

3．备注页视图

备注页视图是指在显示幻灯片的同时在其下方显示备注页，用于为每张幻灯片添加说明信息，如图 5-7 所示。

4．阅读视图

阅读视图将演示文稿作为适应窗口大小的幻灯片进行放映查看。在此视图中，只保留幻灯片窗口、标题栏和状态栏，其他编辑功能被屏蔽，用于幻灯片制作完成后的简单放映浏览，包括文字内容、幻灯片设置的动画和放映效果，如图 5-8 所示。阅读过程中可单击切换到下一张幻灯片，也可以按【Esc】键退出，或单击视图切换按钮，切换到其他视图。

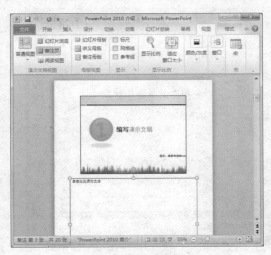

图 5-7　备注页视图

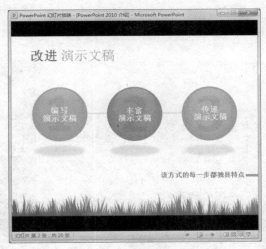

图 5-8　阅读视图

5.2　幻灯片的编辑

5.2.1　幻灯片的基本操作

一篇完整的演示文稿通常是由若干幻灯片组成的，编辑幻灯片是制作演示文稿的主要过程。这个过程包括对幻灯片的选择、移动、删除等基本操作，也包括对幻灯片内容的编辑。

在制作演示文稿的过程中，往往要对多张幻灯片进行操作，如移动、复制、删除和隐藏等，以达到演示文稿所需的效果。

1. 新建幻灯片

在新建的空白演示文稿中默认只有一张幻灯片，而通常要用多张幻灯片来表达各种信息，这就需要在演示文稿中插入新的幻灯片。

操作步骤如下。

① 新建或打开演示文稿，在"幻灯片"窗格中选择某张幻灯片，然后选择"开始"选项卡。

② 单击"幻灯片"组的"新建幻灯片"，在下拉列表中选择要添加的幻灯片版式，如图 5-9 所示。系统将在选择的幻灯片后添加一张幻灯片，如图 5-10 所示。

幻灯片版式是 PowerPoint 中的一种常规排版的格式，应用它可以对文字、图片等进行合理简洁的布局，轻松完成幻灯片的制作。不同版式的区别是虚线框的位置不同，添加的内容也不同。这些虚线框称为占位符，也称为"内容"占位符。在 PowerPoint 幻灯片中可以插入 7 种基本类型的"内容"占位符，即文本、图片、图表、表格、图形、媒体（视频或声音）和剪贴画。而幻灯片版式就是由这些"内容"占位符组成的。

 提示　在"幻灯片"窗格中选择一张幻灯片后，按回车键将在选择的幻灯片下方插入一张默认版式的幻灯片，或按【Ctrl+M】组合键也可以插入幻灯片。

图 5-9　可选择的版式

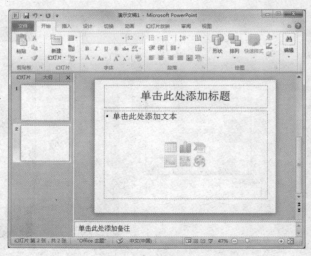

图 5-10　新建幻灯片版式

2. 选择幻灯片

对幻灯片操作之前必须先进行选择，可在"幻灯片/大纲"窗格或"幻灯片浏览"视图中选择幻灯片。可以选择单张或多张幻灯片，也可以选择多张连续或不连续的幻灯片。

（1）选择单张幻灯片

在"幻灯片/大纲"窗格中，单击幻灯片缩略图，则选定幻灯片。或在"幻灯片浏览"视图中，单击幻灯片缩略图。

（2）选择多张幻灯片

无论是在"幻灯片/大纲"窗格还是在"幻灯片浏览"视图中，都可以选择多张连续或不连续的幻灯片。

- 选择多张连续的幻灯片：单击第一张幻灯片，按住 Shift 键，再单击最后一张幻灯片。
- 选择多张不连续的幻灯片：单击选择某张幻灯片，按住 Ctrl 键，再单击其他的幻灯片。

3. 移动幻灯片

在演示文稿的制作过程中，可根据需要来改变幻灯片的顺序。移动幻灯片既可以在"幻灯片/大纲"窗格中完成，也可以在"幻灯片浏览"视图中进行，主要有以下几种方法。

- 选择幻灯片，选择"开始"选项卡，单击"剪切板"组中的"剪切"按钮。再单击要移动到的目标位置（两张幻灯片空白处）。单击"粘贴"按钮，或在下拉列表中选择"粘贴选项"中的"使用目标主题"、"保留源格式"、"图片"或"只保留文本"选项进行粘贴。如果选择"使用目标主题"，则被粘贴的幻灯片将使用目标位置演示文稿的主题，"保留源格式"则保留幻灯片的源格式，若选择"图片"则只粘贴幻灯片中的图片，而"只保留文本"则只粘贴幻灯片中的文字部分。
- 右击幻灯片，在弹出的快捷菜单中选择"剪切"。在目标位置右击，在"粘贴选项"中选择粘贴方式。
- 选择幻灯片，按【Ctrl+X】组合键，然后将光标定位到目标位置，按【Ctrl+V】组合键。
- 选择幻灯片，直接拖动到目标位置即可。

4. 复制幻灯片

对于一些经常需要重复使用的幻灯片，可以将其复制，来节省编辑时间。复制幻灯片既可以在"幻灯片/大纲"窗格中完成，也可以在"幻灯片浏览"视图中进行，主要有以下几种方法。

- 选择幻灯片，选择"开始"选项卡，单击"剪切板"组中的"复制"按钮。再单击要复制到的目标位置，单击"粘贴"按钮，或在下拉列表中选择粘贴选项。
- 右击幻灯片，在弹出的快捷菜单中选择"复制"，在移动到的目标位置右击，在"粘贴选项"中选择粘贴方式。
- 选择幻灯片，按【Ctrl+C】组合键，然后将光标定位到目标位置，按【Ctrl+V】组合键。
- 选择要复制的幻灯片，按住【Ctrl】键拖动到目标位置即可。

多张幻灯片的移动和复制操作方法与一张幻灯片一样。移动或复制幻灯片后，幻灯片会自动更新编号。

5. 删除幻灯片

演示文稿中不再需要的幻灯片可以删除。在"幻灯片/大纲"窗格或"幻灯片浏览"视图中选择幻灯片，按【Delete】键或【BackSpace】键删除幻灯片。

6. 隐藏幻灯片

隐藏与删除不同，被隐藏的幻灯片变暗，并且不被播放。在"幻灯片/大纲"窗格或"幻灯片浏览"视图中，右击幻灯片，在弹出的快捷菜单中选择"隐藏幻灯片"命令，这时幻灯片的编号被框起，意味着此幻灯片被隐藏。若要取消隐藏，用同样的方法，在快捷菜单中再执行一遍"隐藏幻灯片"命令。

5.2.2 幻灯片的文本编辑

文本是幻灯片中不可缺少的部分，输入文本及文本格式的编辑是本节的主要内容。

1. 输入文本

输入文本信息有多种方法，如在占位符中输入文本，使用"大纲"窗格或在文本框中输入文本等。

（1）在占位符中输入文本

用户可以使用版式中提供的"文本"占位符输入文本，这里的文字具有固定格式，用户也可以选中文本内容进行更改。

【例 5-1】新建主题为"运动"的空白演示文稿，在第一张幻灯片的占位符中输入文本，命名为"运动"并保存。

操作步骤如下。

① 新建空白演示文稿，选择第一张幻灯片，在编辑区域显示标题占位符和副标题占位符。

② 单击标题占位符区域，则标题占位符变成带有控制点的虚框。在标题占位符中输入文字，如"生命在于运动"。

③ 单击副标题占位符区域，输入文字，如"运动与健康"。

④ 输入完成后单击占位符外任意位置，退出文本编辑状态。将此演示文稿保存在"D:\myppt"中，命名为"运动"。

（2）使用"大纲"窗格

通过"大纲"窗格可以清晰地看到文字的层次级别，除此之外，用户可以直接在此窗口编辑文字信息。

【例 5-2】在"运动"演示文稿中插入两张幻灯片，并使用大纲窗格输入文本。

操作步骤如下。

① 在"运动"演示文稿的大纲窗格中插入一张"标题和内容"幻灯片，输入"生命在于运动"。若此时按【Enter】键将插入一张新幻灯片。若按【Tab】键可将新插入的幻灯片转换为上一张幻灯片的下级标题，输入文字"运动的重要性"，按【Enter】键，可输入多个同级标题"运动的功能、运动的基本原则、运动的方法"。按【Tab】键可输入下级标题"有氧锻炼法"，再按【Enter】键，输入"保健养生法"。

② 在上述编辑状态下，按【Ctrl+Enter】组合键插入一张新幻灯片，输入标题"运动的重要性"。按 Tab 键可输入下级标题"改善新陈代谢"。按 Enter 键，可输入多个同级标题"增强运动系统、调节心脑血管系统、加强呼吸系统、增强消化系统、提高中枢神经系统能力"，如图 5-11 所示。

提示　在"大纲"窗格中，在正文编辑状态下按【Shift+Enter】组合键可实现换行输入。

（3）使用文本框输入文本

文本占位符是一个特殊的文本框，其中包含预设的格式，并有固定的位置。除使用占位符外，用户可以在幻灯片的任意位置绘制文本框来添加文字信息。

【例 5-3】使用文本框在幻灯片中输入文本。

操作步骤如下。

① 在"运动"演示文稿最后插入一张"空白"幻灯片。选择"插入"选项卡，单击"文本"组的"文本框"下拉按钮，选择 "垂直文本框"。在幻灯片中要添加文本的地方拖动，在光标处输入文本"增强运动系统"。

② 选择"插入"选项卡，单击"文本"组的"文本框"下拉按钮，选择 "横排文本框"。拖动鼠标指针，在光标处输入文本，如图 5-12 所示。

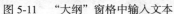
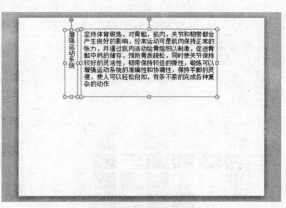

图 5-11 "大纲"窗格中输入文本　　　　　　　图 5-12 使用文本框输入文本

2. 文本级别的编辑

在 PowerPoint 占位符中输入一段文字后，按回车键会自动分段，并且分段之后会自动加上项目符号。默认情况下，具有相同项目符号的文本段属于同一级别，但在幻灯片中可以设定文字段落的级别，使内容层次更清楚，可读性更强。

将光标定位到某一文本段落，选择"开始"选项卡，单击"段落"组的"提高列表级别"或"降低列表级别"按钮可以设定文本级别。在"大纲"窗格中，右击一文本段落，选择快捷菜单中的"升级"或"降级"进行快速调整。

（1）使用"级别"按钮设定

操作步骤如下。

① 打开"运动"演示文稿，选择第 3 张幻灯片。

② 将光标定位到幻灯片编辑窗格中的第 2 段文本"增强运动系统"，单击"开始"选项卡"段落"组中的"提高列表级别"按钮，该段文本将降低到下一级别。

（2）使用"大纲"窗格调整

操作步骤如下。

① 选择"大纲"选项卡，切换到"大纲"窗格，选择第 3 张幻灯片。

② 在文本的第 2 段"增强运动系统"中任意位置右击。

③ 在快捷菜单中选择"升级"命令，提升该段文本的级别。若对其他段落使用"升级"命令调整，则这段文本将作为标题生成新幻灯片，此段文本下面的段落将成为新幻灯片的正文。

在"大纲"窗格中定位文本后右击，弹出的快捷菜单中包含了多种调整演示文稿结构的命令。

除了调整文本级别之外，还有"上移"和"下移"命令，可将所选文本移动到上段文本之前或下段文本之后，"折叠"或"展开"命令可将某张或全部幻灯片缩略图中的文本隐藏或显示。

5.2.3　幻灯片主题的设置

主题是一组包括颜色设置、字体选择和对象效果设置的设计方案。使用这些主题，可以使幻灯片具有丰富的色彩和良好的视觉效果，并且可以快速地设计出具有专业水准的演示文稿。

1．应用主题样式

（1）内部主题

打开演示文稿，选择"设计"选项卡，"主题"组中显示了部分主题列表，可单击选择。单击"主题"组的"其他"按钮，则显示全部内部主题，如图 5-13 所示。如果将鼠标指针停留在主题样式上，幻灯片编辑窗格中将出现主题样式的预览。单击则选择该主题样式，如"波形"样式，应用后效果如图 5-14 所示。

图 5-13　主题列表　　　　　　　　　　图 5-14　应用"波形"主题效果

（2）外部主题

如果内部主题不能满足设计需要，可选择外部主题。选择"设计"选项卡，单击"主题"组的"其他"按钮，在打开的下拉列表框中选择"浏览主题"命令，可使用外部主题。外部主题可以是从网络下载的主题模板，也可以是自定义的主题模板。

若只设置部分幻灯片主题，可在欲选择的主题上右击，在快捷菜单中选择"应用于选定幻灯片"命令，则所选幻灯片应用该主题，其他幻灯片不变。若选择"应用于所有幻灯片"命令，则整个演示文稿幻灯片均设置为所选主题。

2．自定义主题样式

主题样式设置之后还可以对其颜色、字体和效果进行更改，使其风格与内容相符。

（1）设置主题颜色

选择"设计"选项卡，单击"主题"组的"颜色"按钮，打开颜色主题列表。指向一个颜色主题，可观察幻灯片的预览效果，如图 5-15 所示。单击所需的颜色主题，幻灯片的标题文字颜色、背景填充颜色、文字的颜色都随之改变。

若所有的内置主题颜色都不满足需要，用户可以自定义主题颜色。选择"设计"选项卡，单击"主题"组的"颜色"按钮，打开颜色主题列表。选择"新建主题颜色"命令，弹出"新建主题颜色"对话框。在"主题颜色"列表框中单击某一选项的下拉按钮，打开颜色下拉列表，可选择某个颜色更改主题颜色。也可以选择"其他颜色"命令进行自定义颜色，在名称框内输入新定义主题颜色名称并保存，如图 5-16 所示。此颜色方案将出现在颜色主题列表中，可被再次使用。

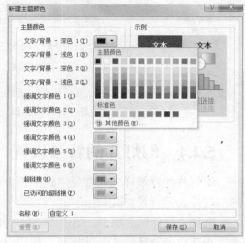

图 5-15　设置主题颜色　　　　　　　　　图 5-16　"新建主题颜色"对话框

（2）设置主题字体

主题字体主要是定义幻灯片中的标题字体和正文字体。选择"设计"选项卡，单击"主题"组的"字体"按钮，打开字体主题列表，指向一个字体主题，可观察幻灯片的预览效果。单击某字体将应用到幻灯片的标题和正文中，如"跋涉"，标题为隶书，正文为华文楷体，如图 5-17 所示。

图 5-17　设置主题字体

用户也可以使用"新建主题字体"分别定义标题和正文的字体。在字体主题列表中选择"新建主题字体"，弹出"新建主题字体"对话框，如图 5-18 所示。在标题字体和正文字体中分别选择欲设置的字体，在"名称"文本框内输入字体方案的名称，单击"保存"按钮。演示文稿将应用此字体方案，同时字体主题列表"自定义"中出现新建主题字体名称，如图 5-19 所示。

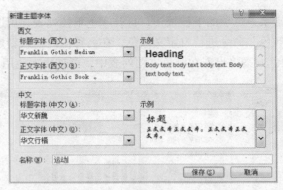

图 5-18　"新建主题字体"对话框　　　　　　图 5-19　显示新建字体方案

5.2.4　幻灯片的背景设置

幻灯片的背景样式通常是主题中预设的背景格式，可以更改背景样式，用户也可以为无主题的幻灯片设置背景格式。

选择"设计"选项卡，单击"背景"组的"背景样式"按钮，在下拉列表中将出现 12 种与某主题相适应的背景样式。选择某一样式应用，如"样式 10"，则该背景样式将被应用，如图 5-20 所示。在这种情况下演示文稿的所有幻灯片均采用此样式，若想设置部分幻灯片背景样式，可先选择这些幻灯片，然后右击选择的背景样式，在选项中选择"应用于所选幻灯片"命令。用户也可以在此主题下使用"设置背景格式"分别对背景颜色、填充方式、图案、艺术效果等进行设置。

1．设置背景颜色

背景颜色设置有"纯色填充"和"渐变填充"两种方式。"纯色填充"是选择单一颜色填充背景，而"渐变填充"是将两种或多种颜色逐渐混合在一起进行填充。

操作步骤如下。

① 选择幻灯片，选择"设计"选项卡，单击"背景"组的"背景样式"按钮，在下拉列表中选择"设置背景格式"。

② 弹出"设置背景格式"对话框，如图 5-21 所示，选择左侧的"填充"选项卡，右侧提供两种颜色填充方式，"纯色填充"和"渐变填充"。

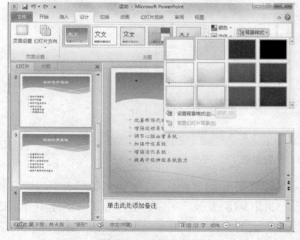

图 5-20　选择背景样式　　　　　　　图 5-21　"设置背景格式"对话框

③ 若选择"纯色填充"单选按钮，单击"颜色"右侧的下拉按钮，在下拉列表中选择背景颜色。拖动"透明度"滑块，可以改变该颜色出现在背景中的透明度。

④ 若选择"渐变填充"单选按钮，可以选择预设的颜色填充，也可以自定义渐变颜色填充。在其列表中显示的主要参数，如表 5-1 所示。

表 5-1　　　　　　　　　　　　　　　　　　　"渐变填充"参数

参　　数	作　　用	说　　明
预设颜色	设置要显示的渐变颜色	包含红日西斜、金乌坠地等 24 种预设颜色
类型	设置渐变填充颜色的类型	包含线性、射线、矩形等 5 种类型
方向	设置渐变填充颜色的渐变方向	包含线性对角、线性向下、线性向上等最多 8 个方向
角度	设置渐变填充颜色的旋转角度	可以在 0°～350°进行设置
渐变光圈	设置渐变颜色的光圈	包括结束位置、颜色及透明度等

⑤ 要将上述设置应用到所有幻灯片，单击"全部应用"按钮。否则将只应用到步骤①中所选择的幻灯片。

⑥ 若单击"重置背景"按钮，则撤消本次设置。单击"关闭"按钮，退出对话框。

2. 图片或纹理填充

① 选择幻灯片，打开"设置背景格式"对话框。选择左侧的"填充"选项卡，单击右侧"图片或纹理填充"单选按钮。

② 若单击"纹理"右侧的下拉按钮，在出现的纹理列表中选择所需纹理，单击"关闭"或"全部应用"按钮，则将所选纹理应用为幻灯片背景。

③ 若在"插入自"栏单击"文件"按钮，则在弹出的"插入图片"对话框中选择所需图片文件。单击"插入"按钮，回到"设置背景格式"对话框，单击"关闭"或"全部应用"按钮，则将所选图片应用为幻灯片背景。类似地，也可以选择剪贴画或剪贴板中的图片作为填充背景。

3. 图案填充

选择幻灯片，弹出"设置背景格式"对话框。选择左侧的"填充"选项卡，单击右侧"图案填充"单选按钮。在出现的图案列表中选择所需图案，如"波浪线"。使用"前景"和"背景"可以自定义图案的前景色和背景色，单击"关闭"或"全部应用"按钮，则将所选图案应用为幻灯片背景。

背景图形是在幻灯片母版中覆盖于背景之上的对象或图片，它起到补充背景的作用。若已经设置主题，主题中的背景图形可能会影响幻灯片背景的显示，可以使用"背景"组中的"隐藏背景图形"复选框将主题中的背景图形隐藏起来，也可以根据需要取消选中此复选框，重新显示背景图形。

5.2.5　幻灯片母版的设计

母版是 PowerPoint 中一套格式和版式的规范，使用母版可以设置个性化的、统一的演示文稿样式，如背景、标志性图标及版式等。PowerPoint 中有 3 种母版：幻灯片母版、讲义母版与备注母版。

1. 母版视图

编辑幻灯片母版，必须切换到"母版视图"。选择"视图"选项卡，单击"母版视图"组的"幻灯片母版"按钮，切换到"幻灯片母版"视图，如图 5-22 所示。使用幻灯片母版可为一组或全部幻灯片提供各种样式。类似的，讲义母版能够设置讲义所包含的幻灯片数量、页眉、页脚及打印选项等，如图 5-23 所示。备注母版能够更改"备注"文本的样式，如图 5-24 所示。

图 5-22　幻灯片母版视图

图 5-23　讲义母版视图

图 5-24　备注母版视图

2. 幻灯片母版的设计

在幻灯片母版视图中，可以编辑幻灯片版式、背景、设置日期时间、页脚、编号等。这里通过编辑"运动"演示文稿介绍幻灯片母版的编辑。

（1）幻灯片母版

在"母版视图"下可以编辑多个幻灯片母版，一个幻灯片母版包括多个版式。左边窗格中是所有的母版版式缩略图，编辑每一个母版中第一个版式的内容（除占位符的位置和大小外），母版中其他版式的内容也会更改。如果改变母版中除第一张幻灯片其他版式的内容，所做的修改只应用于本张版式。演示文稿所应用的主题是母版视图下所包含的母版样式。

提示

　　将鼠标指针停留在母版版式缩略图上时，会有一个提示条，显示母版主题名称和此母版应用于哪些幻灯片。

（2）插入幻灯片母版

在幻灯片母版视图中，可以插入新的幻灯片母版。新母版将作为自定义的主题方案保存在"主题"列表中，可以将其应用到幻灯片中。

【例 5-4】在"运动"演示文稿的母版视图下插入一个新的幻灯片母版。

操作步骤如下。

① 打开"运动"演示文稿，选择"视图"选项卡，单击"母版视图"组的"幻灯片母版"按钮。

② 单击"编辑母版"组的"插入幻灯片母版"，则在版式缩略图窗格增加一个幻灯片母版。新增母版的第一张版式之前显示幻灯片母版标号，如图 5-25 所示。

③ 在新增母版的第一张母版缩略图上右击，在出现的快捷菜单中选择"重命名母版"，弹出"重命名母版"对话框，在文本框中输入"运动母版"，单击"重命名"按钮。

（3）插入版式

每一个幻灯片母版都包括几个默认版式，若没有满足要求的版式，则可以自行插入版式，并且可以在版式中插入和编辑占位符。

【例 5-5 】在"运动"演示文稿的"幻灯片母版"视图下插入一个新版式并编辑。

操作步骤如下。

① 选择要插入版式的母版，单击"编辑母版"组的"插入版式"按钮，则在此母版最后一张缩略图后增加一个版式。

② 选择新插入的版式，选择"幻灯片母版"选项卡。单击"母版版式"组的"插入占位符"，在下拉列表中选择需要添加的对象占位符，如图 5-26 所示。

图 5-25　新母版

图 5-26　新建母版版式

③ 选择占位符后，指针将变成十字形，在需要添加占位符的位置拖动，完成添加。

④ 单击"编辑母版"组的"重命名"按钮，打开"重命名版式"对话框。在"版式名称"文本框中输入名称"图片版式"，单击"重命名"按钮。

　　　在版式缩略图窗格右击，在弹出的快捷菜单中可完成版式的插入、复制、删除等操作，操作方法与编辑幻灯片相同。

（4）设置母版样式

为了美化演示文稿，使演示文稿具有和内容相吻合的主题，在设置母版时可为母版添加背景图形、背景图片、图标、修改文字格式等，这些编辑将出现在应用此母版为主题的所有幻灯片中。

【例 5-6 】为"运动"演示文稿的新建母版设置样式。

操作步骤如下。

① 打开"运动"演示文稿，切换到"幻灯片母版"视图，选择新建立的母版。

② 单击第一张母版缩略图，选择"幻灯片母版"选项卡，单击"背景"组的"背景样式"按钮，这里可以用前面介绍的方法为其添加与主题相符的背景。

③ 选择第一张母版缩略图下面的"标题幻灯片 版式"缩略图，为其添加不同的背景图片，并修改标题和副标题的字体颜色。

④ 选择"幻灯片母版"选项卡，单击"编辑主题"组的"字体"按钮，选择"自定义"列表中的"运动"主题字体，这是自定义的字体。

上述所有的编辑效果如图 5-27 所示。

　　　在母版视图下对幻灯片母版的编辑方法与在普通视图下编辑单张幻灯片的方法相同，只是在母版下做的编辑将出现在应用此母版版式的所有幻灯片中。

图 5-27　新建母版样式

（5）设置日期、编号和页眉页脚

在幻灯片母版中，最下方的位置一般是日期、页眉页脚和编号的占位符，这些占位符在母版下是可以更改的，包括它的位置、大小、字体格式等。

【例 5-7】为"运动"演示文稿中的母版设置日期、编号和页眉页脚。

操作步骤如下。

① 打开"运动"演示文稿，切换到"幻灯片母版"视图，选择新建立的母版。

② 选择"插入"选项卡，单击"文本"组的"页眉和页脚"按钮。弹出"页眉和页脚"对话框，选择"幻灯片"选项卡，如图 5-28 所示。

③ 选择 "日期和时间"复选框，并选择"自动更新"单选按钮，则该日期将与系统日期同步。

④ 选择"幻灯片编号"复选框与"页脚"复选框，在文本框中输入"生命在于运动！"，单击"全部应用"按钮。

如果不希望在标题幻灯片中出现页眉页脚等设置，在"页眉和页脚"对话框中选择"标题幻灯片中不显示"复选框。页眉页脚的文本格式与普通文本格式一样，可以设置字体、字号和颜色等。

图 5-28　"页眉和页脚"对话框

在普通视图下，我们也可以使用上述方法添加页眉和页脚，但若想统一修改页眉和页脚的格式，则应在母版视图进行。

（6）应用自定义母版和版式

【例 5-8】为"运动"演示文稿应用自定义母版和版式。

操作步骤如下。

① 打开"运动"演示文稿并切换到"普通视图"。

② 选择"设计"选项卡，在"主题"组中可以看到"运动母版"出现在"主题"列表框中，单击"运动母版"按钮，则将其应用到幻灯片中，如图 5-29 所示。

图 5-29　应用"运动母版"

③ 新建一张幻灯片，选择"开始"选项卡，单击"幻灯片"组中的"版式"按钮。在下拉列表中选择"图片版式"，则将自定义版式应用到新建幻灯片中，如图 5-30 所示。

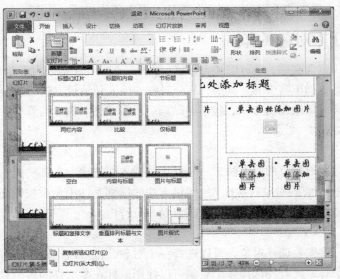

图 5-30　应用"图片版式"

3. 讲义母版的设计

讲义是为了方便演讲者使用的纸稿，纸稿中显示了每张幻灯片的大致内容、要点等。讲义母版就是设置该内容在纸稿中的显示方式。

制作讲义母版主要包括设置每页纸上的显示幻灯片数量、排列方式以及页眉和页脚的信息等。其设置方法比设置幻灯片母版简单，打开"讲义母版"视图后，通过单击相应的按钮即可进行设置，同时还可以调整页眉、页脚的内容和位置。

【例 5-9】设置"运动"演示文稿的讲义母版。

操作步骤如下。

① 打开"运动"演示文稿，选择"视图"选项卡。

② 单击"母版视图"组的"讲义母版"按钮，进入讲义母版编辑状态。在"页面设置"组中单击"每页幻灯片数量"按钮。在列表中选择"4 张幻灯片"选项，单击"讲义方向"按钮，可在列表中选择纸张的方向。

③ 在"占位符"组中取消选中"日期"、"页脚"和"页码"复选框，即不在讲义中显示这些内容。

④ 在"页眉"文本框中输入"运动讲义"，如图 5-31 所示。

⑤ 单击"关闭母版视图"按钮，退出讲义母版编辑状态。

4. 备注母版的设计

备注是演讲者在幻灯片备注窗格输入的内容，根据需要可将这些内容打印出来。设计备注母版的步骤如下。

① 选择"视图"选项卡，单击"母版视图"组的"备注母版"按钮，进入备注母版编辑状态。

② 选择"备注母版"选项卡，在"页眉设置"组中可设置纸张的大小、排列方向，以及幻灯片的排列方向。

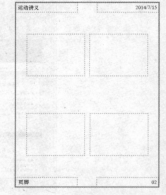

图 5-31 设置"讲义母版"

③ 在"占位符"组中可通过选中或取消复选框来显示或隐藏相应内容，同时也可像在讲义母版中一样，移动各占位符的位置，并设置其中的文本样式等。

④ 设置完成后，单击"关闭母版视图"按钮，退出备注母版。

5.2.6 幻灯片对象的编辑

在幻灯片中不仅包含文字，还可以插入形状、图片、表格与图表、声音及视频等多媒体对象，从而可使表达的信息更加丰富多彩。其中，部分对象的插入和编辑方法与 Word 类似，不再赘述。这里只介绍一些特殊对象的编辑方法，包括剪贴画、屏幕截图、视频与音频。

1. 对象的基本操作

（1）插入对象

幻灯片中插入对象通常有两种方法，一是使用"插入"选项卡中各功能组中的命令，二是在"内容"占位符中选择相应的对象直接插入。两种方法的区别是使用命令按钮插入的对象将缩放到幻灯片内，而在占位符中插入的对象将自动缩放到占位符内。

（2）选择对象

若要编辑对象，首先要选择对象，可以选择一个对象，也可以选择多个对象。在幻灯片编辑区单击即能选中一个对象。若要选择多个对象可以使用鼠标在要选择的多个对象区域拖动，也可以按住 Ctrl 键或 Shift 键不放，单击要选择的多个对象。按【Ctrl+A】组合键将选择全部对象。

（3）删除对象

选择一个或多个对象，按 Delete 键即可删除。

2. 使用剪贴画

用户在使用剪贴画装饰幻灯片时，剪贴画的颜色与幻灯片的整体颜色格局可能不搭配。此时，可以运用取消组合功能改变剪贴画的格式，使其适应幻灯片的整体布局与配色。

在幻灯片中插入剪贴画的操作步骤如下。

① 打开演示文稿，选择幻灯片。选择"插入"选项卡，单击"图像"组的"剪贴画"按钮，在右侧窗格中的"搜索文字"文本框中输入文本，如"拼图"，单击"搜索"按钮，选择列表中的

剪贴画，如图 5-32 所示。

② 右击该剪贴画，在弹出的快捷菜单中选择"组合"级联菜单的"取消组合"命令，则取消剪贴画的图形组合状态。

③ 单击各图形并拖动到相应位置，分别设置各形状的格式，如图 5-33 所示。

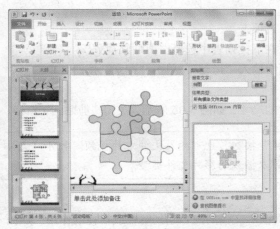

图 5-32　插入剪贴画

图 5-33　重设剪贴画

3. 使用屏幕截图

屏幕截图是 PowerPoint 2010 新增的功能，该功能可以在幻灯片中插入任何未最小化到任务栏的程序截图。

在幻灯片中插入屏幕截图的操作步骤如下。

① 打开演示文稿，选择幻灯片。

② 打开需要进行屏幕截图的图片，选择"插入"选项卡，单击"图像"组的"屏幕截图"按钮。在下拉列表的"可用视窗"中选择要截图的窗口，此窗口的可见范围将自动插入到幻灯片中。若选择"屏幕剪辑"命令，系统将会自动切换到窗口中显示的内容，拖动鼠标可截取需要的图片范围，如图 5-34 所示。

③ 选择"格式"选项卡，单击"大小"组的"裁剪"命令。在下拉菜单中选择"裁剪为形状"命令，选择形状，如列表中的"双波形"形状，如图 5-35 所示。可根据需要进一步调整图片的大小、位置等。

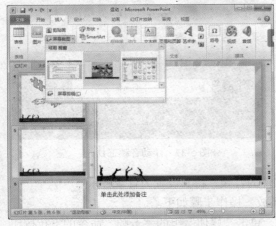

图 5-34　屏幕截图

图 5-35　裁剪为形状

4．插入视频

视频可以直接展示演示文稿的主题，使演示文稿的内容更容易理解。在幻灯片中可以插入"文件中的视频"及"剪贴画视频"。

【例 5-10】在"运动"演示文稿中插入剪贴画视频。

操作步骤如下。

① 新建一空白版式的幻灯片，选择"插入"选项卡。

② 单击"媒体"组中的"视频"下拉按钮，在下拉列表中选择"剪贴画视频"。

③ 在"剪贴画"窗格的"搜索文字"文本框中输入"运动"，单击"搜索"按钮。单击影片缩略图列表中的合适影片。

④ 可通过剪贴画的控制点将影片调整到合适的尺寸，如图 5-36 所示，关闭"剪贴画"窗格。

 在内容占位符中单击"插入媒体剪辑"按钮，也可插入文件中的视频。打开"文件类型"中的"影片文件"列表，则显示可以播放的影片文件类型。

5．插入音频

在幻灯片中插入旁白、音乐或其他声音可以对演示文稿的内容起到解释或衬托的作用，从而增强演示文稿的演示效果。在演示文稿中可以插入剪辑管理器中的声音、文件中的声音以及录制声音。

选择要插入音频的幻灯片，选择"插入"选项卡，单击"媒体"组的"音频"下拉按钮，可以插入"文件中的音频"、"剪贴画音频"以及"录制音频"。在幻灯片中插入声音后，幻灯片中会出现声音图标，并显示浮动声音控制栏。单击栏上的"播放"图标按钮，可以预览声音效果，如图 5-37 所示。单击插入的声音图标，在功能区中将出现"音频工具"，包括"格式"和"播放"选项卡。"格式"选项卡里的命令主要用于设置声音图标的格式，而"播放"选项卡则用于设置播放声音的形式。外部的声音文件可以是 MP3 文件、WAV 文件、WMA 文件等。

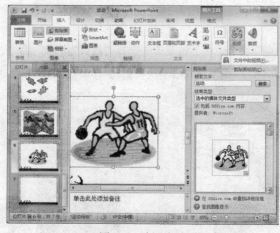

图 5-36　插入视频

图 5-37　浮动音频工具栏

【例 5-11】在"运动"演示文稿中插入来自文件的音频，将其设置为背景音乐。

背景音乐的特点是反复播放且跨幻灯片连续播放。操作步骤如下。

① 选择第一张幻灯片并选择"插入"选项卡，单击"媒体"组的"音频"命令的下拉按钮，

单击"文件中的音频"按钮，选择声音文件"运动员进行曲"，单击"插入"按钮。

② 连续播放声音。单击已插入声音的声音图标，选择"音频工具"下的"播放"选项卡，在"音频选项"组中选择"循环播放，直到停止"复选框。

③ 跨多张幻灯片播放声音。在"声音选项"组的"开始"下拉列表中选择"跨幻灯片播放"命令，如图 5-38 所示。

图 5-38　"音频工具"的"播放"选项卡

④ 隐藏声音图标。在"声音选项"组中选择"放映时隐藏"复选框。

5.3　动态演示文稿的设计

5.3.1　幻灯片中对象的动画设置

设置动画效果可以改变幻灯片对象进入、强调或退出的方式。为幻灯片中的对象设计动画效果可以使演示文稿的内容更加清晰，形式更加丰富，表述更加灵活，特点更加突出。动画可以通过动画方案和自定义动画进行设置。

1. 添加动画

PowerPoint 提供了 4 类动画，包括"进入"、"强调"、"退出"和"动作路径"。

- "进入"动画是对象以动画的显示方式在幻灯片中出现，例如飞入或淡出。
- "强调"动画是将已经位于幻灯片中的对象按照某种方式进行修改，例如缩小或放大。
- "退出"动画是设置幻灯片中对象离开幻灯片的方式，例如飞出或淡出。
- "动作路径"动画用于设置幻灯片中对象的移动方式，例如弧形或直线。

为对象添加动画的方法如下。

① 选中要设置动画的幻灯片中的一个或多个对象，选择"动画"选项卡，单击"动画"组的"其他"按钮，打开下拉列表框。或单击"动画样式"（当窗口缩小到一定程度时，下拉列表框以"动画样式"命令出现），则出现 4 类动画选择列表，如图 5-39 所示。

② 选择其中一个动画即为该对象添加此动画效果，在添加动画的对象左上角会出现一个动画顺序编号。

③ 若列表中没有满意的动画效果，可以选择列表下面的"更多进入效果"、"更多强调效果"、"更多退出效果"或"其他动作路径"命令。例如，选择"更多进入效果"，将打开"更改进入效果"对话框，如图 5-40 所示。选择动画后，单击"确定"按钮。

选中幻灯片中的对象后，选择"动画"选项卡，单击"高级动画"组的"添加动画"也可以打开动画列表，同样可以添加动画。

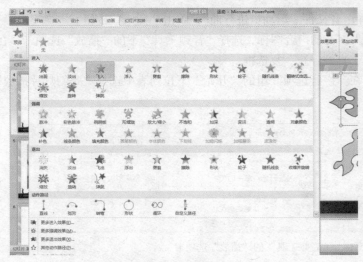

图 5-39　动画列表　　　　　　　　　　图 5-40　"更改进入效果"对话框

用户可以为一个对象添加多个动画，也可以为多个对象添加一个动画，当然也可以为多个对象添加多个动画。因此，一张幻灯片的动画形式可以是多种多样的。

2. 设置动画效果

（1）效果选项

为对象添加动画之后，可以为动画设置效果，包括方向、开始播放时间、速度等。选中已设置动画的对象，选择"动画"选项卡，单击"动画"组的"效果选项"命令，可以从列表中设置可选的动画效果。注意，不同的动画"效果选项"也是不同的。

（2）计时设置

"动画"选项卡的"计时"组中包括动画的开始播放设置、持续时间、延迟时间及动画排序方式等设置。

- "开始"设置中包括"单击时"、"与上一动画同时"和"上一动画之后"，可以设置动画的开始播放时间。
- "持续时间"微调按钮可以设置动画放映的时间长度，持续时间越长，放映速度越慢。
- "延迟"是相对于"开始"方式所进行的。如果在"开始"项设置了"单击时"的话，那么延迟时间就是从单击时开始算起，动画将在这时间之后进行；如果设置了"与上一动画同时"的话，延迟就从一开始算起。例如，延迟时间设置 5 秒钟，那么这一动画将在上一动画执行 5 秒钟后开始执行。如果设置了"上一动画之后"的话，延迟就是从上一动画算起。例如，延迟时间设置 5 秒钟，那么这一动画将在上一动画执行完毕后 5 秒钟开始执行。
- "对动画重新排序"分为"向前移动"和"向后移动"，用于为多个动画进行顺序排列。"向前移动"就是将当前动画移动到上一动画之前，"向后移动"就是将当前动画移动到下一动画之后。

3. 动画窗格的使用

当对多个对象设置动画后，要想从整体上编辑动画效果，需要用到"动画窗格"。在"动画窗格"中，可以看到在幻灯片中添加的所有动画，可以在这里调整动画的播放顺序及播放时间等。动画窗格的使用方法如下。

① 选中已设置动画的对象，选择"动画"选项卡，单击"高级动画"组的"动画窗格"，在幻灯片的右侧出现"动画窗格"，窗口中包括当前幻灯片中设置动画的对象名称及对应的动画顺序，

当指针移近窗格中某对象名称时会显示动画效果名称，单击"播放"按钮会预览幻灯片播放时的动画效果，如图 5-41 所示。

图 5-41　"动画窗格"设置

② 选中"动画窗格"中某对象的名称，单击窗格下方的"重新排序"按钮，或直接拖动对象名称，可以调整幻灯片中动画的播放顺序。

③ 在"动画窗格"中，使用鼠标拖动时间条左边的边框可以改变动画开始时的延迟时间，拖动时间条右边的边框可以减少或延长动画播放时间。

④ 选择"动画窗格"中某对象的名称，单击其右侧的下拉按钮，在下拉列表框中选择"效果选项"命令，如图 5-42 所示。打开当前对象动画效果设置对话框，如图 5-43 所示，可以对该动画的"效果选项"与"计时"重新设置。设置结束，单击"确定"按钮，使设置生效。

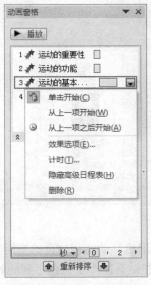

图 5-42　对象动画效果设置

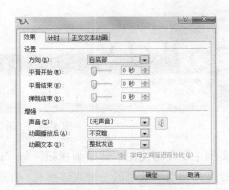

图 5-43　"飞入"效果设置

4. 复制动画

在设置动画时，难免会有些动画需要重复设置。这时，我们可以使用"动画"选项卡中"高级动画"组的"动画刷"来完成。选中幻灯片中的某对象，单击"动画刷"，再单击另一对象，则动画复制到了另一对象上。双击"动画刷"，则可将同一动画复制到多个对象上。

5. 动画的高级编辑

前面介绍了设置动画的基本方法，这里通过几个实例来进一步讲解一些常用动画的使用方法。

【例 5-12】为"运动"演示文稿设计一个"滑雪"运动的动画。

操作步骤如下。

① 打开"运动"演示文稿，新建一张"空白"版式的幻灯片，选择"插入"选项卡，单击"媒体"组的"视频"按钮，选择其中的"剪贴画视频"，在右侧的"剪贴画"窗格的"搜索文字"中输入"运动"。在出现的媒体视频列表中单击"downhill skiing……"，插入剪贴画视频。

② 将该对象的位置调整到幻灯片的右上角。选择"动画"选项卡，单击"动画"组的"其他"按钮，在打开的下拉列表框中选择"进入"列表的"飞入"动画。

③ 在"效果选项"中选择"自右上部"，设置"开始"为"与上一动画同时"，将"计时"中的"持续时间"设置为 1.4 秒。

④ 再次选择对象，选择"动画"选项卡，单击"高级动画"组的"添加动画"按钮，在下拉列表框的"退出"栏里选择"飞出"动画。

⑤ 在右侧的"动画窗格"里选择第 2 个动画，设置其"效果选项"为"到左下部"。将"计时"中的"持续时间"设置为 10.5 秒。"开始"设置为"上一动画之后"。

⑥ 单击"动画窗格"中的"播放"按钮，或选择"动画"选项卡，单击"预览"组的"预览"按钮，可查看动画的播放效果，整体设置如图 5-44 所示。

图 5-44　"滑雪"动画设置

这个实例主要介绍使用"剪贴画视频"与"进入"和"退出"动画相结合的使用方法。剪贴画视频本身是具有动画效果的一种媒体形式，合理地与动画相结合能产生意想不到的效果。另外，在使用"进入"和"退出"动画时，效果选项的设置也很重要。

【例 5-13】为"运动"演示文稿添加"倒计时"开始的幻灯片。

操作步骤如下。

① 打开"运动"演示文稿，在第一张幻灯片之前新建一张"空白"版式的幻灯片，插入 5 个艺术字对象：1、2、3、4、5。

② 单击每一个对象，选择"开始"选项卡，在"字体"组中设置字体大小为 96。选择"绘图工具-格式"选项卡，在"形状样式"组中选择"浅色 1 轮廓，彩色填充-金色，强调颜色 2"，设置效果如图 5-45 所示。

图 5-45　"对象"样式

③ 先选择对象"5"，选择"动画"选项卡，单击"动画"组的下拉按钮，选择"进入"中的"轮子"动画。在"效果选项"中选择"轮幅图案"。设置"计时"中的"持续时间"为 0.59 秒。"开始"设置为"与上一动画同时"。

④ 再次选择该对象，选择"动画"选项卡，单击"高级动画"组的"添加动画"，在下拉列表框的"退出"栏里选择"消失"动画，将"开始"设置为"上一动画之后"。

⑤ 依次选择对象"4"、"3"、"2"、"1"，重复③、④两步。只需将"开始"设置改为"上一动画之后"，也可以使用"动画刷"命令复制动画。

⑥ 再插入一个艺术字对象"Start"，样式可以自行设置。为其添加"进入"动画中的"缩放"，将"开始"设置改为"上一动画之后"。

⑦ 选择所有对象，选择"绘图工具"下的"格式"选项卡，单击"排列"组的"对齐"命令，在下拉列表中选择"左右居中"和"上下居中"命令对齐所有对象。

⑧ 播放动画。

本例介绍了"艺术字"与"进入"和"退出"动画相结合的效果，主要是相同位置添加内容相似的对象并重复设置相似动画的方法，"开始"与"持续时间"的设置是本例的关键。

【例 5-14】使用"墨迹书写工具"为"运动"演示文稿添加"向上箭头"的动画效果。

操作步骤如下。

① 打开"运动"演示文稿，新建一张"空白"版式的幻灯片，单击"幻灯片放映"视图按钮，将幻灯片切换到幻灯片放映状态。

② 在任意位置右击，在快捷菜单中选择"指针选项"中的"笔"命令，如图 5-46 所示，在空白幻灯片中画一个箭头。

③ 按 Esc 键退出"幻灯片放映"视图，将会弹出"是否保留墨迹注释"的询问框，如图 5-47 所示，选择"保留"，切换到普通视图。

图 5-46　"指针选项"

图 5-47　"保留墨迹"对话框

④ 单击这个墨迹对象，将出现"墨迹书写工具-笔"这个选项卡。可以使用"笔"组的命令对该墨迹进行设置，也可以重新选择笔头样式进行书写，如图 5-48 所示。

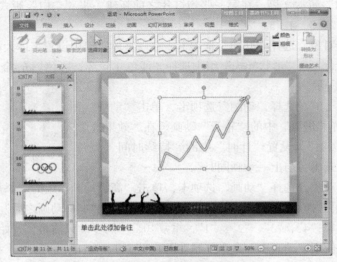

图 5-48　"墨迹书写工具-笔"选项卡

⑤ 选择墨迹对象，选择"动画"选项卡，单击"动画"组的"其他"按钮，在打开的下拉列表中选择"进入"的"擦除"动画。设置"效果选项"为"自左侧"，设置"开始"为"与上一动画同时"，"持续时间"改为 2 秒。

⑥ 播放动画。

"墨迹书写工具"是 PowerPoint 2010 新增的一项功能，可以在幻灯片中随意涂鸦。它与"擦除"动画结合，更是能做出"随心所欲"的效果，请读者不妨试一试。

【例 5-15】为"运动"演示文稿添加"拼图散落"的动画效果。

操作步骤如下。

① 打开"运动"演示文稿，新建一张"空白"版式的幻灯片，插入"拼图"剪贴画。

② 将剪贴画移动到幻灯片之外的顶部，选择"格式"选项卡，单击"绘图"组的"排列"下拉按钮，选择"取消组合"命令。

③ 先选择剪贴画中底部的一个形状，选择"动画"选项卡。单击"动画"组的"其他"按钮，在下拉列表框中选择"其他动作路径"，弹出"其他动作路径"对话框。选择"衰减波"，单击"确定"按钮，添加完的动作路径如图 5-49 所示。

④ 此时的"衰减波"路径是横向的，需要使用该路径的"旋转手柄"将其旋转为垂直方向。然后，使用"控制点"将其加高，调整位置，如图 5-50 所示。

⑤ 将"开始"设置为"与上一动画同时"，"计时"中的"持续时间"设置为 10 秒。

⑥ 重新选择已设置动画的对象，双击"动画刷"命令，依次在其他 3 个对象上单击。这里一定要用"动画刷"命令是为了保证对象下落后依然是"拼图"图片。

⑦ 将其他 3 个对象的"计时"中的"延迟"分别改为 2 秒、4 秒和 6 秒，最终动画设置如图 5-51 所示。

⑧ 播放动画。

剪贴画是 PowerPoint 中最为丰富的图像资源，使用剪贴画可以为某一主题的演示文稿增加许多亮点。这个实例就是使用可拆分的剪贴画与"动作路径"相结合制作出来的,将剪贴画拆分成多个对象再分别设置动作路径,最后再合为一体。动作路径可以通过旋转手柄与控制点改变其性状,以适应动画设置的需要,若没有合适的路径可选择,用户还可以自定义路径。本例中"动画刷"的使用是一个关键,能确保动作路径完全一致,使多个对象的终止状态与初始状态相同。

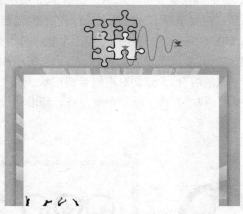

图 5-49 添加"衰减波"动画

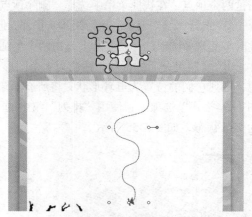

图 5-50 修改后的"衰减波"动画

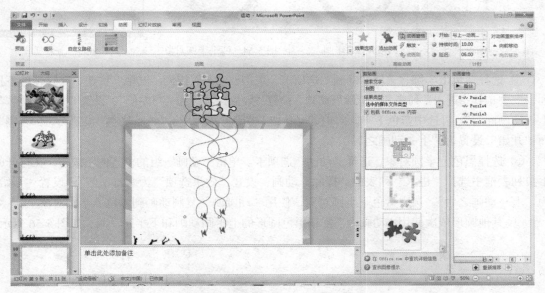

图 5-51 设置完毕的"拼图"动画

【例 5-16】为"运动"演示文稿添加"五环连接"的动画效果。

操作步骤如下。

① 打开"运动"演示文稿,新建一张"空白"版式的幻灯片,插入"形状"当中的"椭圆",绘制时按住 Shift 键,确保插入的是正圆。

② 单击该对象,选择"格式"选项卡。单击"形状样式"组的对话框启动器按钮,打开"设置形状格式"对话框。设置"填充"为"无填充","线条颜色"设置为"实线"、"蓝色","线型"的"宽度"为 15 磅,单击"关闭"按钮。

③ 复制并粘贴对象。选择这两个相同对象,选择"格式"选项卡,单击"排列"组的"对齐",

在下拉列表中选择"左右居中"和"上下居中"命令对齐两个对象。

④ 单击其中一个对象，选择"格式"选项卡，单击"插入形状"组的"编辑形状"按钮，选择下拉列表中的"编辑顶点"命令，形状变为顶点编辑状态。选择上方顶点右击，在快捷菜单中选择"开放路径"命令，如图 5-52 所示，则上方顶点变成两个顶点，且形状处于非闭合状态。分别右击这两个顶点，在快捷菜单中选择"删除顶点"命令，此时该形状变成半圆形，如图 5-53 所示。

⑤ 选择另一个对象，执行第④步操作，但在编辑顶点时要选择下方的顶点执行开放路径操作。此时看起来像圆形的形状实际上是由两个半圆构成的，如图 5-54 所示。选中两个半圆形状将其组合。

⑥ 复制组合后的形状，粘贴为 4 个圆形，再分别将这几个圆形设置为黑色、红色、绿色和黄色，排列它们的位置为五环形状，将所有对象选中后"取消组合"，分别对不同半圆形状选择"绘图工具-格式"选项卡，使用"排列"组中的"上移一层"和"下移一层"命令，将五环形状设置为交叉状态，如图 5-55 所示。

图 5-52　编辑顶点

图 5-53　半圆

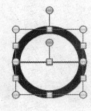
图 5-54　两个半圆对象

图 5-55　五环样式

⑦ 选择蓝色上半圆，选择"动画"选项卡，单击"动画"组的"其他"按钮，在打开的下拉列表框中选择"进入"列表的"擦除"动画，设置"效果选项"为"自左侧"，设置"开始"为"与上一动画同时"。再选中蓝色下半圆对象，也添加"擦除"动画，将"效果选项"设置为"自右侧"，而"开始"设置为"上一动画之后"。

⑧ 选择黑色上半圆对象，选择"动画"选项卡。单击"动画"组的"其他"按钮，在打开的下拉列表框中选择"进入"列表的"擦除"动画，设置"效果选项"为"自左侧"，设置"开始"为"上一动画之后"。选中蓝色下半圆对象，使用"动画刷"复制动画到黑色下半圆对象上。

⑨ 其他圆形依次使用"动画刷"复制黑色圆形的上半圆动画和下半圆动画，如图 5-56 所示。

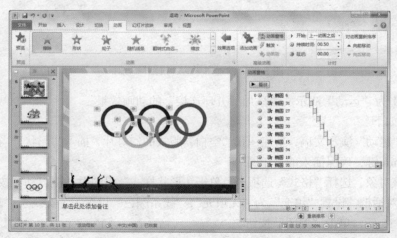
图 5-56　"五环连接"动画设置

⑩ 播放动画。

使用绘制形状时，添加的形状往往不能满足特殊应用的需求。例如，本题中单一环形无法做出五环相扣的效果，另外在设置"擦除"动画时无法实现初始点到终止点的绘制效果，因此，使用"编辑形状"重新设计形状，再加以组合，绘制出更贴近主题的图形。"擦除"动画往往用于制作带有绘制线条、形状等的效果，是设计高级动画的主要方法。

本节介绍了多种对象与不同动画相结合的实例。若想做出丰富多彩的动画效果，想象力与创造力是必不可少的。当然，一个演示文稿中并不是动画越多越好，动画的应用还是要与主题相契合，如果能用动画将主题所要表达的内容更清晰明了地表现出来，那么演示文稿将给人带来耳目一新的感觉。

5.3.2　幻灯片切换效果

幻灯片切换效果是指演示文稿在放映时各张幻灯片进入屏幕或离开屏幕时显示的一种动画效果，PowerPoint 还支持为切换动画配置声音和编辑切换速度等。

1. 应用切换效果

【例 5-17】为"运动"演示文稿添加切换效果。

操作步骤如下。

① 打开"运动"演示文稿，选择幻灯片。

② 选择"切换"选项卡，单击"切换到此幻灯片"组的"其他"按钮，在打开的下拉列表中显示"细微型"、"华丽型"和"动态内容"切换效果列表，如图 5-57 所示。

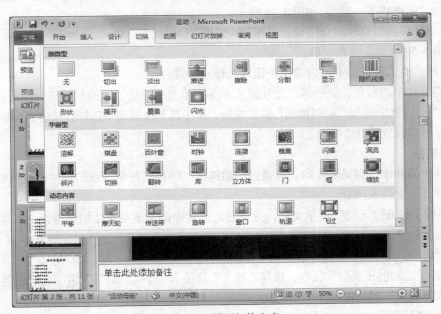

图 5-57　设置切换方案

③ 在列表中选择切换效果选项，如"随机线条"，则这个切换效果应用于所选幻灯片，如果希望全部幻灯片均使用该切换效果，可单击"计时"组的"全部应用"按钮。

2. 设置切换效果

幻灯片切换时可以设置效果选项、声音、速度和应用范围等。

选择"切换"选项卡，单击"切换到此幻灯片"组的"效果选项"按钮，可以设置某一切换方案的"效果"。例如，"随机线条"的默认效果为"垂直"，可以改为"水平"等。而"计时"组中可以设置"换片方式"、"声音"、"持续时间"和应用范围等。

在放映幻灯片时，系统默认切换幻灯片的方式为单击。用户也可将其设置为自动切换，这时为对象设置的单击播放动画将失效，即系统自动放映幻灯片。若在"计时"组的"换片方式"里选中"设置自动换片时间"复选框，并在其后的数值框中输入相应时间，则表示到规定的时间，系统将自动播放下一个幻灯片。若同时选中这两个复选框，表示满足两者任意一个条件，都将切换到下一张幻灯片并进行放映。

5.3.3　交互式演示文稿的设计

交互式演示文稿是指在演示文稿放映时，演讲者通过动作按钮或超级链接来控制演示文稿中幻灯片的播放次序。

1. 动作

PowerPoint 提供了许多动作按钮，根据需要可在幻灯片中添加合适的动作按钮，以增强演示文稿的放映效果。

【例 5-18】在"运动"的幻灯片中添加动作按钮。

操作步骤如下。

① 打开"运动"演示文稿，选择第一张幻灯片。

② 选择"插入"选项卡，单击"插入"组的"形状"按钮。在"动作按钮"区选择一动作按钮选项，如"前进或下一项"，如图 5-58 所示。

③ 将指针移到幻灯片的合适位置并拖动，弹出"动作设置"对话框，如图 5-59 所示，单击"确定"按钮。

图 5-58　动作按钮

④ 选择"格式"选项卡，为动作按钮进行格式设置。

选择幻灯片中的对象，如形状、图片或文本等，单击"链接"组的"动作"按钮。在弹出的"动作设置"对话框中选择"超链接到"单选按钮，并在其下拉列表中选择链接方式，单击"确定"按钮，同样可以设置动作。

2. 超链接

幻灯片中的动作是有局限性的，可通过"超链接"链接到任意一张幻灯片，也可以通过"超链接"打开其他文件或网页。

【例 5-19】打开"运动"演示文稿，并为其幻灯片中的文本对象添加超链接。

操作步骤如下。

① 打开"运动"演示文稿，选择第 3 张幻灯片。

② 选择"运动的重要性"文本，选择"插入"选项卡，单击"链接"组中的"超链接"按钮，打开"插入超链接"对话框。

③ 在"链接到"列表中选择"本文档中的位置"，在"请选择本文档中的位置"列表中选择"运动的重要性"，如图 5-60 所示，单击"确定"按钮。

在"插入超链接"对话框的"链接到"列表中若选择"现有文件或网页"，可打开其他文件或网页。

图 5-59　"动作设置"对话框

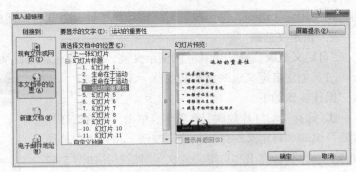

图 5-60　插入超链接

5.4　演示文稿的放映

演示文稿的一个主要用途是产品介绍、作品展示或在展会上播放。因此，制作编辑完成的演示文稿最终是要进行放映的。

5.4.1　幻灯片放映方式的设置

1. 设置放映方式

使用"幻灯片放映"选项卡可以帮助用户对幻灯片进行放映设置，单击"设置"组的"设置幻灯片放映"按钮，弹出"设置放映方式"对话框，如图 5-61 所示。

（1）放映类型

"放映类型"选项指定用户所希望的演示文稿的放映方式。

● 演讲者放映（全屏幕）：比较常用，在现场给观众放映演示文稿。

● 观众自行浏览（窗口）：能够让用户在计算机上查看演示文稿，如果让观众在无人照看的计算机上查看自动运行的演示文稿，可同时选择"显示演示者视图"复选框。

● 在展台浏览（全屏幕）：指在展台放映演示文稿。

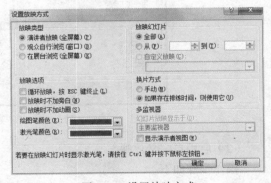

图 5-61　设置放映方式

（2）放映幻灯片

"放映幻灯片"指定哪些幻灯片在演示文稿中放映。通过"全部"或"从…到…"设置放映演示文稿中的所有幻灯片或部分幻灯片。

（3）放映选项

使用"放映选项"来指定用户所添加的声音文件、解说或动画在演示文稿中的运行效果。

（4）换片方式

"换片方式"选项用来指定在演示文稿放映时如何从一张幻灯片切换到另一张幻灯片。"手动"方式是指在演示过程中手动播放每张幻灯片。如果曾经编辑过排练计时，选择"如果存在排练时间，则使用它"选项，那么放映时将按照排练计时方式自动播放演示文稿。

2. 自定义放映

"自定义放映"是一个独立的演示文稿，或者是包含原始演示文稿中某些幻灯片的演示文稿。

（1）创建自定义放映演示文稿

操作步骤如下。

① 选择"幻灯片放映"选项卡，单击"开始幻灯片放映"组的"自定义幻灯片放映"按钮。在列表中选择"自定义放映"，弹出"自定义放映"对话框，如图5-62所示。

② 单击"新建"按钮，弹出"定义自定义放映"对话框，如图5-63所示。在"幻灯片放映名称"后的文本

图5-62   "自定义放映"对话框

框中输入名称。在"在演示文稿中的幻灯片"下拉列表中选择幻灯片，单击"添加"按钮。

③ 如果要更改幻灯片的放映顺序，可以在"在自定义放映中的幻灯片"下，单击某张幻灯片，在列表中上、下移动幻灯片。

④ 单击"确定"按钮，完成自定义放映添加。

⑤ 在"自定义放映"对话框的"自定义放映"中出现幻灯片放映名称。此时，"编辑"、"删除"、"复制"按钮都可用，可根据需要选择编辑方式。

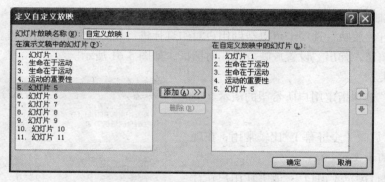

图5-63   "定义自定义放映"对话框

（2）启用自定义放映

操作步骤如下。

① 选择"幻灯片放映"选项卡，单击"设置"组的"设置幻灯片放映"按钮，弹出"设置放映方式"对话框。

② 在"放映幻灯片"选项中单击"自定义放映"按钮，选择需要的自定义放映方式。

③ 单击"确定"按钮，完成设置。

5.4.2 幻灯片放映过程控制

1. 排练计时

一台晚会可以彩排，对演示文稿也可以进行"彩排"，保证在特定的时间里放映幻灯片。

（1）设置排练计时

操作步骤如下。

① 选择"幻灯片放映"选项卡，单击"设置"组的"排练计时"按钮，在屏幕上显示"录制"工具栏。这时，"幻灯片放映时间"开始计时。

② 单击"下一项"按钮，可以进到下一动画播放。单击"暂停录制"按钮，则录制暂停，如果要继续录制，单击"继续录制"按钮。单击"重复"按钮，可以重新开始记录当前幻灯片的播放时间。

③ 设置完最后一张幻灯片的时间后，将弹出一个消息框，显示演示文稿的总时间，并提示是否保存排练计时。

（2）查看排练计时

打开"幻灯片浏览"视图，将在每张幻灯片上显示播放时间。使用排练计时，需要在"设置放映方式"对话框中，将"换片方式"选择为"如果存在排练时间，则使用它"。

2．使用墨迹

墨迹的用途是把鼠标指针当作笔，在演示文稿放映时做备注，观众可在放映期间查看备注。方法是将墨迹直接添加到幻灯片中。

在幻灯片放映时，右击选择"指针选项"命令，在级联菜单中选择"箭头"或"笔型"，同时也可以修改"墨迹颜色"。

当演示文稿播放结束时，将弹出如图 5-47 所示的对话框，用户可以选择"保留"以保存添加的墨迹，这样方便日后参考备注对演示文稿进行编辑和更新。

5.4.3　放映演示文稿

放映演示文稿时，可以根据需要选择不同的方法。

1．使用"幻灯片放映"视图

单击视图工具栏上的"幻灯片放映"视图按钮，放映幻灯片。使用快捷键 F5，选择"幻灯片放映"选项卡，单击"开始放映幻灯片"组中的"从头开始"或"从当前幻灯片开始"按钮，可以实现放映。

2．使用命令

在"幻灯片放映"选项卡中，单击"开始放映幻灯片"组中的命令。

- 单击"从头开始"按钮，将从演示文稿的第一张幻灯片开始进行播放。

- 单击"从当前幻灯片开始"按钮，将从当前正在编辑的幻灯片开始播放幻灯片。

- 单击"广播幻灯片"按钮，可以向在 Web 浏览器中观看的远程查看者广播幻灯片。

- 单击"自定义幻灯片放映"按钮，弹出"自定义放映"对话框。如果曾经创建过"自定义放映"，则在列表中选择后单击"放映"按钮播放幻灯片；如果列表为空，则可以单击"新建"按钮创建"自定义放映"。

5.5　演示文稿的其他操作

5.5.1　演示文稿的节操作

当演示文稿包含大量的幻灯片时，可以使用 Microsoft PowerPoint 2010 新增的节功能组织幻灯片，就像使用文件夹组织文件一样，用来导航演示文稿，还可以对节重新命名来跟踪幻灯片组。

1. 插入节

在"幻灯片"窗格中某两个幻灯片缩略图中间单击，定位插入节的位置。选择"开始"选项卡，单击"幻灯片"组的"节"按钮，选择"新增节"，或在插入节位置右击，在快捷菜单中选择"新增节"，则在"幻灯片"窗格中新增加一个节，并显示其默认节标题为"无标题节"。除这个节外，在第一张幻灯片缩略图的上方会有一个默认节，如图 5-64 所示。

2. 重命名节

若想合理地组织和利用节，可以对新增加的节进行重命名。单击节标题位置，选择"开始"选项卡，单击"幻灯片"组的"节"按钮，选择"重命名节"，或右击节标题，在快捷菜单中选择"重命名节"。弹出"重命名节"对话框，如图 5-65 所示，在文本框中输入节名称，单击"重命名"按钮。

图 5-64　添加节

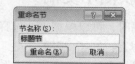

图 5-65　"重命名节"对话框

3. 删除节

单击节标题位置，选择"开始"选项卡，单击"幻灯片"组的"节"按钮，选择"删除节"，或右击节标题，在快捷菜单中选择"删除节"，则删除当前节。第一个节中无此选项。若选择"删除节和所有幻灯片"，则删除当前节和节中所有幻灯片。若选择"删除所有节"，则删除演示文稿中所有的节。

单击节标题，则选中该节所有幻灯片。双击节标题，将该节所有幻灯片缩略图全部折叠，再次双击则全部展开。也可以在节标题右击，选择"全部折叠"或"全部展开"实现折叠和展开幻灯片。

5.5.2　演示文稿的发布

当演示文稿编辑制作完成之后，可以将演示文稿进行打包发布或打印。

1. 打包演示文稿

如果用户想要把演示文稿转移到其他计算机上观看，那么需要将演示文稿进行打包或发布到网页上。

操作步骤如下。

① 打开演示文稿，选择"文件"选项卡的"保存并发送"命令。双击"将演示文稿打包成CD"命令，打开"打包成 CD"对话框，如图 5-66 所示。

② 在"将 CD 命名为"文本框中输入 CD 的名字，单击"添加文件"按钮，将演示文稿添加进来，可以一次打包多个演示文稿。

③ 单击"选项"按钮，打开"选项"对话框，可以设置与演示文稿相关的"链接的文件"和"嵌入的 TrueType 字体"等。

④ 单击"复制到 CD"按钮可以将演示文稿保存在 CD 中。如单击"复制到文件夹"按钮，则将演示文稿保存到文件夹中。

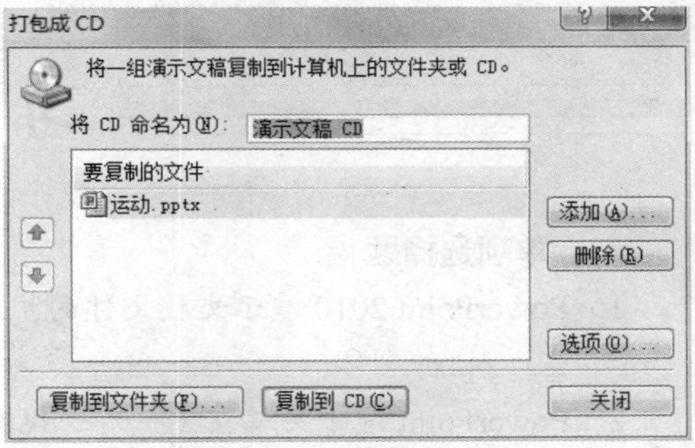

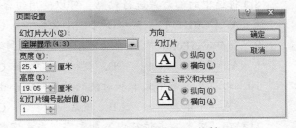

图 5-66 "打包成 CD"对话框

2. 运行打包的演示文稿

可以将打包的演示文稿在没有安装 PowerPoint 应用程序的环境下播放。打开包含打包文件的文件夹，在联网情况下，双击该文件夹的网页文件，在打开的网页上单击"Download Viewer"按钮，下载 PowerPoint 播放器 PowerPointViewer.exe 并安装。启动 PowerPoint 播放器，出现"Microsoft PowerPoint Viewer"对话框，定位到打包文件夹，选择某个演示文稿文件，并单击"打开"按钮，即可放映该演示文稿。若是打包到 CD 的演示文稿文件，可在读光盘后自动播放。

3. 将演示文稿转换为直接放映格式

将演示文稿转换为直接放映格式，也可以在没有安装 PowerPoint 应用程序的环境下播放演示文稿。

打开演示文稿，单击"文件"选项卡中的"保存并发送"按钮。选择"更改文件类型"选项，双击右侧列表中的"PowerPoint 放映"按钮，出现"另存为"对话框，使用默认的保存类型"PowerPoint 放映（*.ppsx）"，选择存放路径，命名文件，单击"保存"按钮。双击该文件即可放映演示文稿。

5.5.3 演示文稿的打印

用户编辑完演示文稿后，可以进行打印输出。对于演示文稿的打印，设置的内容较少，选择"设计"选项卡，使用"页面设置"组中的命令进行打印设置。

1. 页面设置

页面设置包括幻灯片大小、方向、高度、宽度等内容，如图 5-67 所示。

幻灯片默认的大小是"全屏显示"，单击"幻灯片大小"下拉按钮，在列表中选择合适的纸张尺寸。如果列表中所提供的内容不满足需求，则需要选择"自定义"，分别设置"宽度"与"高度"，幻灯片将按自定义尺寸进行打印。

利用对话框中的"方向"可以调整幻灯片的打印方向，同时也可以定义"备注、讲义和大纲"的打印方向。

图 5-67 "页面设置"对话框

2. 打印预览

打印预览可以方便用户对演示文稿进行修改和调整。选择"文件"选项卡中的"打印"命令，即可预览文稿打印效果。

在打印选项中可以设置打印份数、打印幻灯片的范围、打印的颜色效果等。单击"打印"按钮，即可打印演示文稿。

习 题 5

一、单项选择题

1. PowerPoint 2010 演示文稿文件的扩展名是（　　）。
   A. .pptx 　　　　 B. .txt 　　　　　 C. .xsl 　　　　　 D. .docx

2. PowerPoint 演示文稿在（　　）视图下，可以用拖动的方法改变幻灯片的顺序。
   A. 幻灯片母版 　 B. 备注页 　　　　 C. 幻灯片浏览 　　 D. 幻灯片放映

3. 在 PowerPoint 的幻灯片浏览视图下，不能完成的操作是（　　）。
   A. 调整幻灯片位置 　　　　　　　　 B. 删除幻灯片
   C. 编辑幻灯片内容 　　　　　　　　 D. 复制幻灯片

4. 在 PowerPoint 中，不能对幻灯片内容进行修改的视图方式是（　　）。
   A. 阅读视图 　　　　　　　　　　　 B. 幻灯片浏览视图
   C. 幻灯片放映视图 　　　　　　　　 D. 以上 3 项均不能

5. 要创建新的演示文稿，可通过以下方式来创建（　　）。
   A. 单击"文件"菜单中的"新建"命令
   B. 按【Ctrl+X】组合键
   C. 按【Ctrl+O】组合键
   D. 以上 3 种都可以

6. 同时选择多张不连续的幻灯片的操作是（　　）。
   A. 选中第一张幻灯片，按住 Shift 键，依次选择其余的幻灯片
   B. 选中第一张幻灯片，按住 Ctrl 键，依次选择其余的幻灯片
   C. 运用 Windows 操作方法中的框选法同时选中多张幻灯片
   D. 运用鼠标右键进行选择

7. 将选中的幻灯片进行复制，可以使用组合键（　　）。
   A.【Ctrl+C】 　　 B.【Ctrl+Z】 　　 C.【Ctrl+V】 　　 D.【Ctrl+X】

8. 将选中的幻灯片进行粘贴，可以使用组合键（　　）。
   A.【Ctrl+C】 　　 B.【Ctrl+Z】 　　 C.【Ctrl+V】 　　 D.【Ctrl+X】

9. 在 PowerPoint 中，（　　）项是不能控制幻灯片外观一致的方法。
   A. 母版 　　　　 B. 模板 　　　　　 C. 普通视图 　　　 D. 背景

10. 幻灯片母版中文本和对象的位置与大小由（　　）控制。
    A. 字体 　　　　 B. 段落 　　　　　 C. 幻灯片主题 　　 D. 占位符

11. 在"文本"占位符内添加文字，当文字超出占位符的大小时，（　　）。
    A. 系统将不能再接受文本的输入
    B. 系统会自动缩小输入文本的字号
    C. 系统会自动翻页继续添加文本
    D. 继续接受文本，但显示"自动调整选项"

12. 在 PowerPoint 的幻灯片母版中，插入的对象只能在（　　）中可以修改。
    A. 普通视图 　　 B. 幻灯片母版 　　 C. 讲义母版 　　　 D. 备注视图

13. 打印幻灯片的"备注"内容，在（　　　）添加。

    A. 在大纲窗格内　　　　　　　　B. 在幻灯片内直接

    C. 在"备注页"视图下　　　　　　D. 在母版中

14. 幻灯片内文本的输入主要包含在（　　　）。

    A. 占位符、文本框内　　　　　　B. 备注页、批注内

    C. 占位符、批注内　　　　　　　D. 备注页、文本框内

15. 超链接对象包括（　　　）。

    A. 其他演示文稿　　　　　　　　B. 电子邮件

    C. 网站上的网页　　　　　　　　D. 以上 3 种均可以

16. 在设置动画后，对象左上角的数字代表（　　　）。

    A. 动画播放时间　　　　　　　　B. 动画的数量

    C. 动画的顺序　　　　　　　　　D. 动画的级别

17. 在幻灯片内为多个对象添加同一动画的操作方法为（　　　）。

    A. 选中一个对象，按住 Ctrl 键选择其他对象

    B. 拖动选中的所有对象

    C. 按【Ctrl+A】组合键选中幻灯片内所有的对象

    D. 上述 3 种方法均可行

18. 要在未安装 PowerPoint 的计算机上放映演示文稿，可以用（　　　）命令。

    A. 发布幻灯片　　　　　　　　　B. 设置幻灯片放映

    C. 复制　　　　　　　　　　　　D. 发送

二、上机操作题

1. 小胡是某学校的辅导员，负责对学生进行节水教育。为生动讲解教育内容和目的，需要制作一份宣传节约用水的演示文稿。学校提供的文字资料及素材参见"节水宣传教育（素材）.docx"，制作要求如下。

（1）标题页包含演示主题、制作单位和日期。

（2）演示文稿需指定一个主题，幻灯片不少于 5 页，且版式不少于 3 种。

（3）演示文稿中除文字外要有 2 张以上的图片，并有 2 个以上的超链接进行幻灯片之间的跳转。

（4）动画效果要丰富，幻灯片切换效果要多样。

（5）演示文稿播放的全程需要有背景音乐。

（6）将制作完成的演示文稿以"节约用水.pptx"为文件名保存到"D:\myppt"的文件夹下。

2. 小吴是教务处的一名干事，负责对学生进行入学教育。为此，他制作了一份"入学须知"的演示文稿。但教务处长看过之后，觉得文稿整体做得不够精美，需要进一步美化一下。请根据提供的"入学须知.pptx"文件，对制作好的文稿进行美化，具体要求如下所示。

（1）将第一张幻灯片设为"节标题"，并在第一张幻灯片中插入一幅人物剪贴画。

（2）为整个演示文稿指定一个恰当的设计主题。

（3）为第二张幻灯片上面的文字"学校制度要求"加入超链接，链接到 Word 素材文件"学生及其管理.docx"。

（4）在该演示文稿中创建一个演示方案，该演示方案包含第 1、3、4 页幻灯片，并将该演示方案命名为"放映方案 1"。

（5）为演示文稿设置不少于 3 种幻灯片切换方式。

（6）将制作完成的演示文稿以"入学须知.pptx"的文件名保存到 D:\myppt 的文件夹下。

3. 小张负责起草一份图书策划方案，以便更好地控制教材编写的内容、质量和流程。他需要将此方案 Word 文档中的内容制作为可以向教材编委会进行展示的 PowerPoint 演示文稿。请你根据图书策划方案（请参考"图书策划方案.docx"文件）中的内容，按照如下要求完成演示文稿的制作。

（1）创建一个新演示文稿，内容需要包含"图书策划方案.docx"文件中所有讲解的要点。

① 演示文稿中的内容编排，要求严格遵循 Word 文档中的内容顺序，并包含 Word 文档中应用了"标题 1"、"标题 2"、"标题 3"样式的文字内容。

② 演示文稿中每页幻灯片的标题文字使用 Word 文档中应用了"标题 1"样式的文字。

③ 演示文稿中每页幻灯片的第一级文本内容使用 Word 文档中应用了"标题 2"样式的文字。

④ 演示文稿中每页幻灯片的第二级文本内容使用 Word 文档中应用了"标题 3"样式的文字。

（2）将演示文稿中的第一页幻灯片调整为"标题幻灯片"版式。

（3）为演示文稿应用一个美观的主题样式。

（4）在标题为"2013 年同类图书销量统计"的幻灯片中，插入一个 6 行、5 列的表格，列标题分别为"图书名称"、"出版社"、"作者"、"定价"、"销量"。

（5）在标题为"新版图书创作流程示意"的幻灯片中，将文本框中包含的流程文字利用 SmartArt 图形展现。

（6）在该演示文稿中创建一个演示方案，该演示方案包含第 1、2、4、7 页幻灯片，并将该演示方案命名为"放映方案 1"。

（7）在该演示文稿中创建一个演示方案，该演示方案包含第 1、2、3、5、6 页幻灯片，并将该演示方案命名为"放映方案 2"。

（8）将制作完成的演示文稿以"策划方案.pptx"的文件名保存到"D:\myppt"的文件夹下。

4. 自拟题材制作一篇演示文稿，要求如下。

（1）主题明确，风格统一。

（2）不少于 10 张幻灯片。

（3）根据主题使用母版自定义版式并使用。

（4）在幻灯片中插入与主题相符的图片。

（5）使用图形自定义与主题相符的动画。

（6）在母版视图下添加不同的背景图形、背景图片、图标等。

第6章
计算机网络及其应用

21世纪是以计算机网络为核心的信息时代。当今，以 Internet 为代表的计算机网络几乎涵盖了社会的各个应用领域，诸如政务、科研、文化、教育、军事、经济、新闻、商业和娱乐等，成为了社会经济发展的重要基础设施。本章主要介绍计算机网络的基本概念、分类、功能、体系结构、Internet 基本常识和应用，以及计算机网络安全等知识。

6.1　计算机网络基础

从功能上看，计算机网络是由资源子网和通信子网两部分组成的。多台计算机（包括终端）组成了计算机资源子网，传输数据的通信线缆和转发数据的各种通信设备组成了通信子网。所以说，计算机网络（Computer Network）是计算机技术与通信技术紧密结合的产物。

6.1.1　网络的发展

计算机网络的发展经历了一个从简单到复杂的演变过程，大致可分为4个阶段。

1. 第一阶段——面向终端的计算机网络

从20世纪50年代中期到60年代中期，人们将多台终端通过通信线路连接到一台主机上，以供多人共享主机资源，如图6-1（a）所示。随着终端数目的不断增加，主机既要进行数据处理，又要承担通信控制，主机的负荷加重，于是出现了专门负责通信控制的前端处理机（Front End Processor, FEP）。为了满足远程用户的需求，出现了端集线器和调制解调器，如图6-1（b）所示。这样，大大减轻了主机的负担，显著地提高了主机进行数据处理的效率。这种网络称为联机终端系统，典型代表是20世纪60年代美国航空公司建成的联机飞机订票系统。

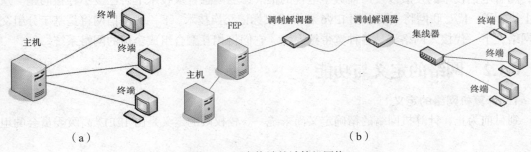

图 6-1　面向终端的计算机网络

2. 第二阶段——面向通信的计算机网络

从 20 世纪 60 年代末期到 70 年代中期，计算机用户已经不满足从单个主机上获取资源，而是希望使用其他更多计算机系统的资源，于是出现了以实现"资源共享"为目的的多主机之间的通信。这种网络称为主机-主机网络，如图 6-2 所示。1969 年由美国建成的阿帕网（ARPANET）是这一阶段的典型代表，它为计算机网络技术奠定了基础。

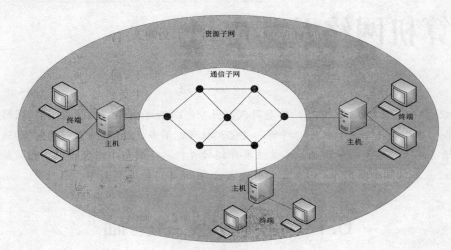

图 6-2　面向通信的计算机网络

3. 第三阶段——开放式标准化的计算机网络

自 20 世纪 70 年代末期开始，针对各公司的网络互不兼容的情况，国际标准化组织（International Standards Organization，ISO）于 1984 年颁布了"开放系统互联参考模型"（Open System Interconnection Reference Model，OSI/RM）及各种网络协议，使计算机网络体系结构和计算机网络互联标准问题得以解决，促进了网络技术的发展。这就是当今被广泛应用的"开放式标准化的计算机网络"。

4. 第四阶段——综合性、智能化、高速网络

20 世纪 90 年代以来，计算机网络进入了 Internet（音译因特网或国际互联网）时代。随着互联网的飞速发展，计算机网络向全面互联、智能和高速化方向发展，并且在经济、科技、教育以及人类社会生活的各个方面都得到了广泛的应用。它改变了人类的生产、生活和工作方式，对人类社会的发展产生了极为深远的影响。

5. 下一代网络——融合的全球网络

网络融合将是计算机网络未来的发展趋势。互联网、电信网和广播电视网是目前三大运营网络，随着电信技术的发展以及广播数字电视的推广，三网融合从技术上讲已经不存在问题。从广义上讲，下一代互联网将主要采用 IPv6 和多协议标记交换技术，下一代电信网将是基于分组交换的网络，下一代接入网将是各种宽带接入网，它们将相互融合组成全球的网络系统。

6.1.2　网络的定义与功能

1. 计算机网络的定义

到目前为止，计算机网络的精确定义尚未统一。较权威的定义是由 IEEE[①]高级委员会的坦尼

---

① IEEE：Institute of Electrical and Electronics Engineers，电气和电子工程师协会。

鲍姆博士给出的，即一些互相连接的、自治的计算机的集合。"互连"是指使用传输介质将计算机连接起来，"自治"则是指每台计算机都有自主权，不受别人控制。可以这样理解：计算机网络是通过一定的通信线路和网络互联设备将分布在不同地理位置的具有独立功能的多台计算机连接起来，从而实现资源共享和信息传递的计算机系统。

2. 网络的主要功能

（1）资源共享

所谓"资源"是指网络中的硬件资源、软件资源和信息资源。资源共享是计算机网络最重要的目的，也是计算机网络最突出的优点。

硬件资源共享是指对网络中的处理机、存储器、输入/输出设备等的共享。软件资源共享主要是指用户可以通过网络登录到远程计算机或服务器上，以便使用一些功能完善的软件资源，或从网络上下载某些程序到本地计算机上使用。信息资源共享是指通过网络可以检索许多联机数据库和远程访问各种信息资源，如专利索引、文献查找，以及馆藏书目的查询等。

（2）实现分布式处理

分布式处理就是将综合数据处理等大型复杂问题通过网络分解到多台计算机，采用分工合作、并行处理的方式。这样可以充分利用计算机资源，达到协同工作的目的。

（3）综合业务服务

计算机与计算机之间的数据传输，即数据通信是计算机网络的基本功能，如电子邮件、即时通信等。随着网络应用的多元化发展，综合业务服务成为人们日常工作和生活的一部分，如视频会议、IP 电话、网上购物、在线视频等。

3. 网络新技术

（1）云计算

云计算（Cloud Computing）是基于互联网的超级计算模式，其发展之猛，普及之快，标志着新一轮信息技术浪潮的到来。可以这样理解"云"，它通常是一些大型服务器集群，包括计算服务器、存储服务器和宽带资源等。作为用户，可以把所有任务都交给"云"，即"云服务器"去完成，而我不必关心存储或计算发生在哪朵"云"上。当云计算处理、分析之后再将结果回传给用户。

云计算有几个鲜明的特点。一是虚拟化。用户获取服务请求的资源来自"云"，而不是固定的实体，应用在"云"中某处运行。二是高可靠性。数据存储在"云"中，用户不用再担心数据丢失、病毒入侵等问题。三是通用性强。一个"云"可以支持不同的应用同时运行，为我们使用网络提供了无限多的可能。四是成本低。用户端的设备要求比较低，使用起来也非常方便。

如果说个人计算机和互联网是 IT 产业的前两次变革，那么云计算即将是 IT 产业的第三次变革。随着互联网和电子商务的迅猛发展，使用云计算资源将如同使用水、电一样，随时随地地按需服务。云计算在全球范围内的迅猛发展与日渐普及，标志着新一轮信息技术浪潮的来临。

（2）物联网

物联网（Internet of Things）就是物物相连的互联网。具体说，所有物品通过射频识别等信息传感设备与互联网连接起来，实现智能化识别和管理。

目前的"联"网设备主要还是计算机、PDA、手机等电子设备，物联网时代的联网终端将扩展到所有可能的物品。也就是说，物联网的发展要求将新一代信息化技术充分运用在各行各业之中，诸如把感应器、无线射频识别标签等信息化设备嵌入和装备到电网、铁路、桥梁、公路、建筑、供水系统、商品等各种物理物体和基础设施中，将它们普遍互联，并与互联网整合起来，形成"物联"。

总之，物联网是一个基于互联网等信息载体，让所有能够被独立寻址的物理对象实现互联互通的网络。物联网是现有互联网的拓展，互联网为物联网提供应用平台。

（3）大数据

大数据（Big Data）是指在一定时间内无法用常规软件工具对其内容进行抓取、管理和处理的数据集合。我们通常用 4 个 V，即 Volume、Variety、Value、Velocity 来概括大数据的特征，分别表示数据量大、数据类型多样、数据价值和数据处理速度快。21 世纪，世界已经进入数据爆炸的时代，互联网、物联网、社交网络、数字家庭、电子商务等每天产生的数据量正在飞速增长。可以说，大数据不仅是海量数据，而且是类型复杂的数据。

对大数据的处理分析已经成为新一代信息技术融合应用的节点，只有通过分析才能获取更多的、深入的、有价值的信息。通过对互联网、物联网、社交网络、数字家庭、电子商务等不同来源数据的管理、处理、分析与优化，将结果反馈到上述应用中，将创造出巨大的经济效益和社会价值。

6.1.3　网络的分类

1.　按网络覆盖的地理范围分类

（1）局域网（Local Area Network，LAN）

这是最常见、应用最广泛的一种网络。它的规模相对小一些，覆盖地理范围在几米至 10 千米范围之内，是由一个局部区域内的各种计算机网络设备互联组成的网络。通常安装在一个（或一群）建筑物或一个单位内，例如，企业、学校内部的联网多为局域网。

（2）城域网（Metropolitan Area Network，MAN）

城域网又称都市网，是跨越一个城市的网络。覆盖地理范围可从在 10 千米到 100 千米。例如，将某个城市所有医院的计算机主机互连起来构成的网络，可以称为医疗城域网。

（3）广域网（Wide Area Network，WAN）

广域网又称远程网，是指远距离的计算机互连组成的网络。覆盖范围一般是几百千米到几千千米。例如，大家所熟悉的 Internet。这 3 种网络的比较如表 6-1 所示。

表 6-1　　　　　　　　　　　局域网、城域网、广域网比较

网 络 类 型	网 络 缩 写	覆 盖 范 围	地 理 位 置
局域网	LAN	10km 以内	房间、楼宇、校园、企业
城域网	MAN	10km～100km	城市
广域网	WAN	100km 以上	国家或地区

2.　按网络服务性质分类

（1）公用计算机网络

公用计算机网络指为公众提供商业性和公益性的通信和信息服务的通用计算机网络，如 Internet。

（2）专用计算机网络

专用计算机网络指为政府、企业、行业和社会发展等部门提供具有本系统特点的、面向特定应用服务的计算机网络，如教育、铁路、政府、军队等均有专用网。

3. 按拓扑结构分类

所谓"拓扑"，就是把实体抽象成与其大小、形状无关的"点"，而把连接实体的线路抽象成"线"，进而以图的形式来表示这些点与线之间关系的方法。网络拓扑结构是指通过网络中的通信节点与通信线路之间的几何关系表示网络结构，反映网络中各实体间的结构关系。网络拓扑结构的类型主要有总线型、星型、环型、树型和网状等，如图 6-3 所示。

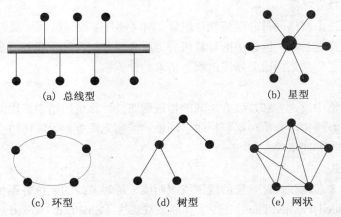

图 6-3　计算机网络拓扑结构

（1）总线型网络

总线型拓扑结构使用一根线缆把所有节点连接起来。这种结构中各节点平等地连接到一条高速公用总线上，各节点对总线具有同等的访问权。

优点：结构简单灵活，便于扩充，节点增删及位置更改非常方便。

缺点：总线长度受限，总线本身的故障会影响到整个系统。

（2）星型网络

星型拓扑结构有一个中央节点，网络中的每个节点都通过独立的线缆连接到中心设备。中央节点对各节点的通信和信息交换进行集中控制。

优点：当某个节点（线缆）发生故障时，不会影响整个网络的运行，网络易于扩展和维护。

缺点：中央节点出现故障将导致整个网络瘫痪。

（3）环型网络

环型拓扑结构是网络中各个节点通过点到点的链路，首尾相连形成一个闭合的环。数据沿着环传输，在每个节点处都会停留。

优点：结构简单，容易实现。

缺点：由于环路的封闭性，任何一个节点出现故障都会引起全网的故障，检测故障困难。

（4）树型结构

树型拓扑结构形状像一棵倒置的树，顶端是树根，树根以下带分支，每个分支还可再带子分支，信息交换主要在上、下节点之间进行。

优点：易于扩展并且故障隔离较容易。

缺点：各个节点对根的依赖性太大。

（5）网状结构

网状拓扑结构各节点之间的连接是任意的、没规律的。

优点：系统采用路由选择算法与流量控制算法，可靠性极高。

缺点：全网状拓扑实现起来费用高，结构复杂。

由此不难看出，每一种拓扑结构都有自己的优点和缺点。随着网络技术的不断发展和新技术的日益成熟，在实际应用中已不再采用单一的网络拓扑结构，而是根据实际应用的需要，将几种结构结合使用，进行综合设计。

6.1.4　网络硬件

计算机网络系统由网络硬件和网络软件组成。网络硬件主要包括网络服务器、工作站、网卡、传输介质和网络互连设备等。网络中的计算机分为服务器和工作站，服务器是向工作站提供服务和数据的计算机，工作站是向服务器发出服务请求的计算机。

1. 传输介质

传输介质是网络中发送方和接收方之间的物理通路。计算机网络中采用的传输介质可分为有线和无线两大类。有线传输介质包括双绞线、同轴电缆和光缆等，无线传输介质包括无线电波、微波、卫星通信和红外通信等。

（1）双绞线电缆

双绞线由 4 对 8 芯铜线按照一定的规则绞织而成，每对芯线的颜色各不相同。双绞线有非屏蔽双绞线（Unshielded Twisted Pair，UTP）和屏蔽双绞线（Shielded Twisted Pair，STP），分别如图 6-4 和图 6-5 所示。目前，我们最常用的是超 5 类 UTP 和 6 类 UTP，超 5 类线的传输速率为 1000Mbit/s，6 类线传输速率可达 1Gbit/s。

图 6-4　非屏蔽双绞线　　　　　　　　　　　图 6-5　屏蔽双绞线

　　　　用于制作双绞线与网卡 RJ45 接口间的接头，称作 RJ45 水晶头。在制作双绞线时，水晶头质量的好坏会直接影响整个网络的稳定性。

（2）同轴电缆

同轴电缆由内导体铜质芯线、绝缘层、网状编织的外导体屏蔽层以及保护塑料外层所组成，如图 6-6 所示。与双绞线相比，同轴电缆价格贵，但带宽大，传输距离长，抗干扰能力强。同轴电缆是与 BNC 头相连接配套使用的。

（3）光纤

光纤即光导纤维，由能够传导光波的石英玻璃纤维作为纤芯，外面由包层、防护保护层等构成，如图 6-7 所示。光纤可以分为单模光纤和多模光纤。多模光纤一般被用于距离相对较近的区域内的网络连接，单模光纤传递数据的质量更高，传输距离更长，通常被用来连接办公楼之间或地理分散更广的网络。

（4）无线电波

无线电波是指在空气中传播的射频频段的电磁波，网络通信的使用频率在 2.4～2.483GHz。无线电波是目前应用较多的一种无线传输介质，它具有覆盖范围较广、抗干扰和抗衰减能力强的特点。现在应用非常广的 Wi-Fi（Wireless Fidelity）就是一种以无线电波作为传输介质的无线网络互连技术。

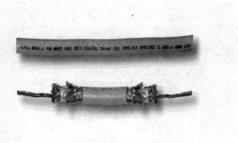

图 6-6　同轴电缆

图 6-7　光缆

（5）卫星通信

卫星通信就是地面上无线电通信站之间利用同步地球卫星作为中继器而进行的接力通信，如图 6-8 所示。优点是传输距离远，信号受到的干扰较小，可靠性高。缺点是传播的延迟时间长。

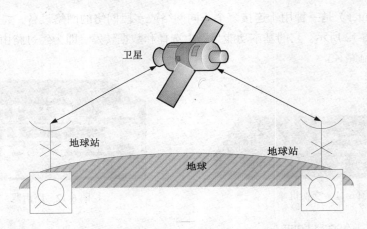

图 6-8　卫星通信

　　　　Wi-Fi 是一种可以将个人电脑、手持设备（如 PDA、手机）等终端以无线方式互相连接的技术。由于 Wi-Fi 产品的标准是遵循 IEEE 所制定的 802.11x 系列标准，所以有人把使用 IEEE 802.11 系列协议的局域网就称为 Wi-Fi。Wi-Fi 上网可以简单地理解为无线上网，几乎所有智能手机、平板电脑和笔记本电脑都支持 Wi-Fi 上网，是当今使用最广的一种无线网络传输技术。

2. 网络设备

（1）网卡

网络接口卡（Network Interface Card，NIC）简称网卡。它是网络中计算机与传输介质的接口，一台计算机要进入网络，必须配备网卡。目前常用的网卡有 100Mbit/s 网卡以及千兆（1000Mbit/s）网卡，如图 6-9 所示。

（2）集线器

集线器实际就是一种多端口的中继器。集线器一般有 4、8、16、24、32 等数量的 RJ45 接口。主要功能是对接收到的信号进行再生放大，以扩大传输距离。它在网络中处于一种"中心"的位置，因此集线器也叫做"Hub"，如图 6-10 所示。

图 6-9　网卡

图 6-10　集线器

（3）交换机

交换机（Switch）也叫交换式集线器，在计算机网络系统中，集线器是采用共享工作模式的代表，而交换机是针对共享工作模式的弱点而推出的，它具备自动寻址能力和信息交换功能。如图 6-11 所示。

（4）路由器

路由器（Router）是一种用于连接多个不同网络或多段网络的网络设备，是进行网间连接的关键设备，如图 6-12 所示。它的基本功能是路由选择和数据转发，即为经过路由器的每个数据包寻找一条最佳传输路径。

图 6-11　交换机

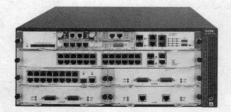

图 6-12　路由器

（5）无线 AP（Access Point）

无线接入点（AP）也叫无线访问点，简称无线 AP，它提供从有线网络对无线终端和无线终端对有线网络的访问，在 AP 覆盖范围内的无线终端可以通过它进行相互通信。实际上，无线 AP 是无线网络和有线网络之间沟通的桥梁。无线 AP 相当于一个无线交换机，与有线交换机或路由器进行连接，为跟它下连的无线终端获取 DHCP 分配的 IP 地址。

无线 AP 的类型有多种，有的只提供简单的接入功能，有的是无线接入、路由功能和交换机的集合体，也可以是无线路由器等类设备的统称。一般来说，AP 主要用于小范围区域，可覆盖范围是 30～100 米，所以无线客户端与无线 AP 的直线距离最好不要超过 30 米，不过根据面积和开放程度可配置多个 AP，实现无线信号（Wi-Fi）的覆盖。

3. 网络的主要性能指标

影响网络性能的因素有很多，如传输距离、使用线路、传输技术等。可从不同的方面来衡量计算机网络的性能，主要指标是带宽和延迟。

（1）带宽

带宽分模拟带宽和数字带宽，模拟带宽是指某个模拟信号具有的频带宽度，即将通信线路允许通过的信号频带范围称为线路的带宽（或通频带），单位是赫（或千赫、兆赫、吉赫等）。当通信线路中传输数字信号时，就用数字带宽来表示网络的通信线路所能传送数据的能力。

计算机发送的数据信号都是数字形式的，比特（bit）是计算机中最基本的数据存储单位。数字信道传送数字信号的速率称为比特率，即在通信线路中每秒钟能传输的二进制代码的位（比特）数，单位 bit/s（bit per second）。

在局域网中，经常使用带宽来描述它们的传输容量。例如，我们日常说的 100M 局域网是指速率为 100Mbit/s 的局域网，实际的上网速度是 12.5MB/s。

（2）延迟

网络延迟又称时延，即数据通过传输介质从一个网络节点传送到另一个网络节点所需要的时间，单位是毫秒（ms）。网络中产生延迟的因素很多，如网络设备、传输介质以及网络软件等。由于物理设备的限制，网络延迟是不可能完全消除，网络延迟越小，说明网络越顺畅。

6.1.5　网络软件

网络软件主要包括网络操作系统、网络协议、网络通信软件、网络管理软件以及网络应用软件。它们用来实现节点之间的通信、资源共享、文件管理、访问控制等。

1. 网络操作系统

网络操作系统（Network Operating System，NOS）使网络各计算机能方便有效的共享网络资源，向网络用户提供各种服务。常用的网络操作系统有 LINUX、UNIX、Windows Server 2008/2012 等。

网络操作系统的主要功能如下。

- 提供高效、可靠的网络通信能力。
- 提供多种网络服务功能，如文件转输服务、电子邮件服务、远程打印服务等。
- 提供对网络用户的管理，如用户账号，并在授权范围内访问网络资源等。

2. 网络协议

为了实现计算机网络的各种服务功能,就要在具有不同操作系统的主机之间进行通信和对话，以使双方能够正确理解、接受和执行。为此，就必须遵守相同的规则和协议。

（1）协议的定义

为进行网络中数据交换而建立的规则、标准和约定称为网络协议,通常简称为协议（Protocol）。

（2）协议分层的优点

为了便于对协议描述、设计和实现，现在计算机网络都采用分层的体系结构。协议分层的优点如下。

- 各层之间相互独立，通过相邻层之间的接口使用低层提供的服务，使复杂问题简单化。
- 灵活性好，只要接口不变就不会因某层的变化而变化。
- 有利于促进标准化，因为每层的功能和提供的服务都已经有了精确的说明。

（3）几种常用的网络协议

- DNS 域名服务器（Domain Name Server，DNS）是一个域名服务的协议，提供域名到 IP 地址的转换。DNS 协议采用字符型层次式主机命名机制。
- FTP 文件传输协议（File Transfer Protocol，FTP）是使用客户机/服务器模式进行文件传输来实现文件共享的协议。
- Telnet 远程登录协议是支持本地用户登录到远程系统的协议。
- POP3 邮局协议的第 3 个版本（Post Office Protocol，POP3）是规定个人计算机如何连接到互联网上邮件服务器进行收发邮件的协议。POP3 协议允许用户从服务器上把邮件存储到本地主机上，同时根据客户端的操作删除或保存在邮件服务器上的邮件。

● TCP/IP 网络通信协议（Transmission Control Protocol/Internet Protocol，TCP/IP），它规范了网络上所有通信设备之间的数据往来格式及传送方式。

3．网络通信软件

网络通信软件是用于实现网络中各种设备之间通信的软件。

4．网络管理和网络应用软件

网络管理软件负责对网络的运行进行监视和维护，使网络能够安全、可靠地运行，如浏览软件、传输软件、远程登录软件、电子邮件收发软件等。

6.1.6 网络体系结构

计算机网络体系结构是指计算机网络层次结构模型和各层协议的集合，其目的是为网络硬件、软件、协议、存取控制和拓扑提供标准。当前公认的最流行的国际标准是 TCP/IP 参考模型。

TCP/IP 参考模型分 4 个层次，自下而上分别是网络接口层、网际层、传输层和应用层。主要功能如表 6-2 所示。其中，IP 协议负责将数据单元从一个节点（主机、路由器等）传到另一个节点，TCP协议负责将数据从发送方正确地传送到接收方。TCP 与 IP 协调工作，保证数据使用的可靠性。

表 6-2　　　　　　　　　　　　　　TCP/IP 参考模型功能

层次	TCP/IP 参考模型	功　　能
1	网络接口层	是 TCP/IP 参考模型的最低层，负责通过网络发送和接收 IP 数据报
2	网际层	负责相同或不同网络中计算机之间的通信，主要处理数据报和路由
3	传输层	负责提供应用程序间的通信，提供可靠的传输
4	应用层	向用户提供一些常用的网络服务，如远程登录、简单邮件传输等

6.2　Internet 基础

Internet 是全球规模最大的、信息资源最丰富的、开放式的计算机网络。通过 Internet 可以浏览信息、收发邮件、网上购物、下载资料等。

6.2.1 Internet 的产生与发展

1．Internet 的产生与发展

Internet 起源于美国，其前身是 1969 年美国国防部高级研究计划管理局（ARPA）建立的ARPANET。到 1980 年，ARPANET 成为 Internet 最早的主干。

从 1985 年起，美国国家科学基金会投资组建了国家科学基金网，它覆盖了全美国主要的大学和研究所，成为 Internet 中的主要组成部分。1990 年美国高级网络服务公司 ANS 建立了覆盖全美的 ANSNET，这种网络的商业应用使 Internet 有了飞速的发展。

20 世纪 80 年代，由于全世界其他国家和地区也先后建立了自己的骨干网，美国的 Internet网开始接受其他国家和地区的接入。从 20 世纪 70 年代互联网建成发展至今，互联网已有 40 多年的历史，联网主机已从 1971 年 ARPANET 的 23 台发展到现在的 1600 多万台。

2．Internet 在我国的发展

Internet 在我国的发展大致可分为两个阶段。

第一阶段是 1987 年～1993 年，我国科研部门通过与 Internet 联网，主要进行学术交流与科技合作，以及从事 Internet 电子邮件的收发业务。

第二阶段是从 1994 年至今，我国实现了与 Internet 的 TCP/IP 连接，开通了 Internet 的全功能服务。从此，我国被国际上正式承认为接入 Internet 的国家。

目前我国已建成的骨干公用计算机网络如下。

- 中国教育和科研网（CERNET）。
- 中国金桥信息网（CHINAGBN）。
- 中国科学技术网（CSTNET）。
- 中国公用计算机互联网（CHINANET）。

这 4 大网络分别在经济、文化和科学领域扮演着重要的角色。

中国第一个真正意义上的互联网连接起源自 1994 年。经过 20 年的发展，中国在互联网技术的应用与创新上取得了长足的进展。截止到 2013 年 12 月底，中国网民规模达到 6.18 亿[①]。

6.2.2　Internet 的地址和域名

1. IP 地址

（1）IP 地址定义

Internet 是由许多网络和计算机组成的，为了确保用户在访问时能找到所需要的计算机，所有连入 Internet 的计算机必须拥有一个唯一表示该计算机的标识，其称为 IP 地址。就像每部电话机必须有一个唯一的电话号码一样，为了保证 IP 地址的唯一性，Internet 的 IP 地址由 Internet 网络信息中心（Inter NIC）统一管理和分配。

（2）IPv4 地址组成

IP 地址由 32 位二进制数组成。IPv4（Internet Protocol version 4）是互联网协议的第 4 版，也是第一个被广泛使用，构成现今互联网技术的基石协议。为了表示方便，国际通行一种"点分十进制表示法"，即将 32 位地址按字节分为 4 段，每段 8 位即一个字节，每个字节用十进制数表示出来，并且各字节之间用"."隔开，如图 6-13 所示。可见，每个十进制数的范围是 0～255。

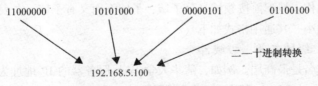

图 6-13　IP 点分十进制表示法

IP 地址用于唯一标识网络中的一台主机，它由两部分构成：网络地址和主机地址。网络地址用于识别主机所在的网络，主机地址用于识别网络中的主机。网络地址就像电话号码中的区号，主机地址就像家里的电话号码。

（3）IP 地址分类

IP 地址根据网络地址的不同分为 A、B、C、D 和 E 5 类。A 类地址的网络号取值范围为 1～126（127 留作他用）。B 类地址的网络号取值范围为 128～191。C 类地址的网络号取值范围为 192～223。D 类地址的网络号取值范围为 224～239，目前这一类地址被用在多点广播（Multicast）中。E 类 IP 地址为将

---

① 中国互联网络信息中心 2014 年 1 月 24 日发布的第 33 次《中国互联网络发展状况统计报告》。

来使用保留，同时也可以用于实验。全 0 和全 1 的两个地址用作特殊用途，不用作普通主机地址。

强调指出，各类 IP 地址的网络地址与主机地址所占位数是不尽相同的。例如，C 类 IP 地址的网络地址占 24 位，主机地址占 8 位，如图 6-14 所示。这样，IP 地址 192.168.5.100 属于 C 类地址，其网络地址为 192.168.5，其主机地址为 100。用二进制表示 IP 地址为 11000000.10101000.00000101.01100100，其网络地址为 11000000.10101000.00000101，其主机地址为 01100100。

网络地址	主机地址

图 6-14　C 类 IP 地址组成

（4）IPv6 地址

由于没有预测到 Internet 网络和主机数量增长速度如此迅猛，这致使 Ipv4 设计者陷入地址资源枯竭的困境。针对 IPv4 的缺陷，IPv6 通过采用 128 位（16 字节）的地址空间来扩充因特网的地址容量。所以，IPv6 解决的不仅仅是 IP 地址空间的问题，更重要的是推动业务创新，使因特网能承担更多的任务，为以 IP 为基础的网络融合奠定了坚实的基础。

（5）子网掩码

随着互联网的发展，网络的需求也越来越多，有的网络主机很少，有的却很多，这样就造成 IP 地址的浪费。在实际应用中，通常将一个大的网络分成几个部分，每个部分称为一个子网。这些子网的网络地址都相同，只是将主机地址部分划分成子网号和主机号两部分。子网是通过设置子网掩码划分的，子网掩码（Subnet Mask）又称作网络掩码。子网掩码与 IP 地址相同，长度也是 32 位，同样可以使用"点分十进制"来表示。常用的 C 类地址的默认子网掩码是 255.255.255.0。

2. 域名

对于一般用户而言，IP 地址太抽象了，而且用数字表示也不便于记忆，用户更愿意使用好读、易记的名字给主机命名。因此，Internet 为方便人们记忆而设计了一种字符型的计算机命名机制，即域名（Domain Name）。域名与 IP 地址有映射关系，在访问一台计算机时，既可用 IP 地址表示，也可用域名表示。

域名采用层次结构，域下面按领域又分子域，子域下面又有子域。在表示域名时，用"."分开，自右至左越来越小。其通用格式如下。

主机名.…….第二级域名.第一级域名

其中，第一级域名是最高层。例如，清华大学 Web 服务器的 IP 地址为 166.111.4.100，其域名地址为 www.tsinghua.edu.cn。其中 www 表示站点在 Word Wide Web 上，tsinghua 表示 Web 服务器位于清华大学，edu 表示教育网，cn 表示中国。

常用最高层国家与地区域名和常用最高层机构域名的标准代码，如表 6-3 和表 6-4 所示。

表 6-3　　　　　　　　　　　　　常用最高层国家与地区域名

域名	国家或地区	域名	国家或地区	域名	国家或地区
ca	加拿大	hk	中国香港	my	马来西亚
cn	中国	in	印度	nz	新西兰
de	德国	it	意大利	sg	新加坡
fr	法国	jp	日本	tw	中国台湾
gb	英国	kr	韩国	us	美国

机构域名	机构名称	机构域名	机构名称	机构域名	机构名称
com	商业组织	edu	教育机构	org	非商业组织
mil	军事部门	net	网络机构	gov	政府机构

表 6-4　　　　　　　　　　　　　常用最高层机构域名

Internet 域名的管理方式也是层次式的，某一层的域名需向上一层的域名服务器注册，而该层以下的域名则由该层自行管理。这种层次型域名只要保证同层内名字不重复，就可以在 Internet 中保证主机名的唯一性。

通过域名或 IP 地址都能访问一个网站，当用户输入某个网站域名的时候，这个信息首先到达提供此域名解析的服务器上，然后将此域名解析为相应网站的 IP 地址，完成这一任务的过程就称为域名解析。

6.2.3　Internet 的接入方式

Internet 是一个信息资源的海洋，要使用这些资源就必须将计算机同 Internet 连接起来。专门提供 Internet 接入服务的公司或机构被称为网络服务提供商（Internet Server Provider, ISP）。Internet 的接入方式有很多，传统的接入网技术主要是 MODEM 接入（已基本淘汰）、ISDN 接入、DDN 接入、ADSL 接入等。目前比较流行的有 Cable MODEM 接入（广电宽带）、无线接入、光纤接入、电力线接入等。下面介绍几种比较典型的 Internet 接入方式。

1. ADSL 接入方式

ADSL 是指通过电话线、网卡和 ADSL 专用的调制解调器与 ISP 连接，从而连接到 Internet。ADSL 的中文名称是非对称数字用户线路。"非对称"是指下行方向和上行方向的数据速率不同，一般下载速率最高可达 8Mbit/s，上传速率最高可达 2Mbit/s。这种传输方法的优点是使用电话线中的高频率区传送数据，不但传输速度快，而且可以同时实现上网和打电话。

（1）单用户 ADSL 接入

这种方式一般多为家庭用户使用，单用户 ADSL 接入方式如图 6-15 所示。

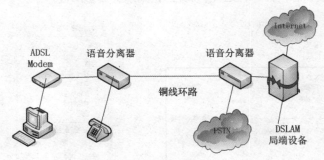

图 6-15　ADSL 接入方式

（2）多台电脑共享 ADSL

多台电脑共享 ADSL 上网，需要准备一台宽带路由器，可以在不增加上网费用的情况下，实现共享上网，如图 6-16 所示。

2. 局域网方式

（1）有线局域网

有线局域网方式是指计算机通过电缆、网卡与 ISP 的服务器相连，利用以太网技术实现与

Internet 的互连，如图 6-17 所示。

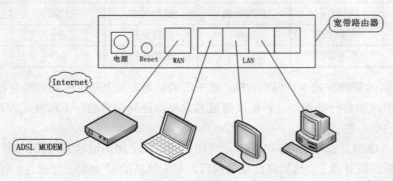

图 6-16　使用宽带路由器组网

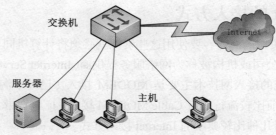

图 6-17　局域网接入方式

　　如果局域网与 Internet 连接上，那么局域网内的每台计算机都可以直接访问 Internet。校园网就是这样连入 Internet 的。

　　下面以 Windows 7 操作系统为例，设置局域网 IP 地址的步骤如下。

　　① 单击任务栏网络图标（ ），选择"打开网络和共享中心"，单击"本地连接"按钮，如图 6-18 所示。

　　② 在"本地连接状态"窗口，选择"属性"，如图 6-19 所示。

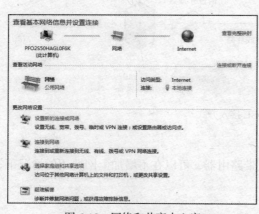

图 6-18　网络和共享中心窗口

图 6-19　查看本地连接状态

　　③ 在"本地连接属性"窗口双击"Internet 协议版本 4（TCP/IPv4）"，如图 6-20 所示。根据

所在局域网的实际情况，填写正确的 IP 地址和 DNS，如图 6-21 所示。目前，在局域网中常使用自动获得 IP 地址和自动获得 DNS 服务器地址。

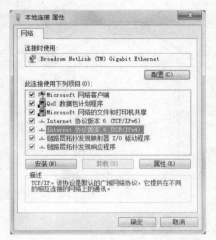

图 6-20　打开本地连接对话框

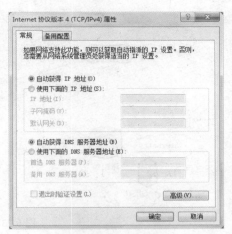

图 6-21　设置 IP 地址

（2）无线局域网

在无线局域网络中，常用的设备有无线网卡、无线接入点 AP、无线网桥、无线网关/路由器、无线控制器、天线等。目前常用的无线网络协议标准主要有 Blue-Tooth、HomeRF、Wi-Fi（IEEE 802.11 系列）、WPAN（IEEE 802.15）等。其中，Wi-Fi 是当今使用最广泛的一种无线网络传输技术。无线局域网接入方式如图 6-22 所示。

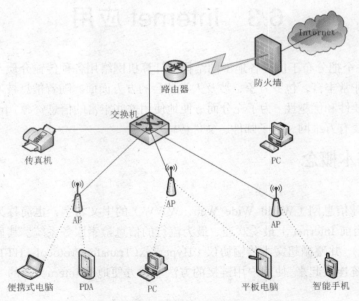

图 6-22　无线局域网接入方式

3．光纤接入方式

光纤接入网（OAN）是指用光纤作为主要的传输介质，实现接入网的信息传送功能。光纤入户的显著优点是能实现 Internet 宽带接入、有线电视广播（CATV）接入和 IP 电话三网合一。光纤接入方式克服了铜线传输带宽窄、损耗大、维护费用高等弱点，是在世界范围内普遍看好的一种互联网接入方式，光纤接入方式如图 6-23 所示。

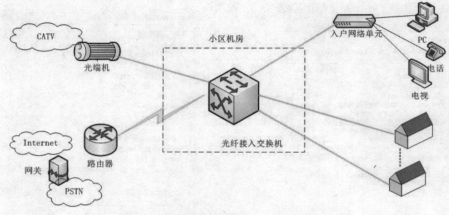

图 6-23　光纤接入方式

电子信号分两种，一种是"模拟信号"，一种是"数字信号"。我们使用的电话线路传输的是模拟信号，而 PC 之间传输的是数字信号。所谓调制，就是把数字信号转换成电话线上传输的模拟信号；解调，即把模拟信号转换成数字信号。同时具备两种功能的设备称为调制解调器（Modem），俗称"猫"。

6.3　Internet 应用

Internet 是一个把分布于世界各地不同结构的计算机网络用各种传输介质互相连接起来的网络，其上的资源非常丰富，包罗万象，涉及人类社会的方方面面。随着信息技术的发展，Internet 将更加显示其重要性和优越性。为了充分而方便地使用这些丰富的信息资源，Internet 提供了种类繁多的服务，主要有万维网、电子邮件、文件传输等。

6.3.1　基本概念

1．万维网

万维网是全球信息网（World Wide Web，WWW）的中文名字，也简称为 WWW、3W 或 Web。WWW 是当前 Internet 上最受欢迎、最为流行的信息检索服务系统。其显著特点是传输超文本（HyperText），并遵循超文本传输协议（HyperText Transfer Protocol，HTTP）。它把 Internet 上现有的资源统统连接起来，使用户用链接的方法非常方便地从 Internet 上的一个站点访问另一个站点。

2．网站与网页

所谓网站（也称 Web 站点），指在 Internet 上向全球发布信息的地方。网站主要由 IP 地址和内容组成，存放在 Web 服务器上。WWW 网站中包含很多网页（也称 Web 页），网页是用超文本标记语言（HyperText Markup Language，HTML）编写的一种超文本文件，其中包含指向其他网页或文件的超链接。网站的第一页称为主页或首页，它主要体现出这个网站的特点，并为用户提供访问本网站或其他网站的信息。

3. 超文本和超链接

超文本，是指除了文本信息外，还允许加入图片、声音、动画、影视等多媒体信息，因此称为"超"文本。超文本标记语言，是一种制作网页的标准语言。在超文本文件中使用链接，使用户从一个网页跳转到另一个页面，或相同页面可以看到相关的详细内容，这就是超链接（Hyperlink）。网站中把各种形式的超文本文件链接在一起，形成一个内容丰富的立体链接网。

4. URL

URL 称为统一资源定位器（Uniform Resource Locator），它用来表示因特网上各种资源的位置和访问方法，它使得每一个资源在整个因特网中具有唯一的标识。

URL 的标准格式如下。

<协议类型>：//<主机名>：[端口]/<路径><文件名>

例如，http://www.weather.com.cn/weather/101060101.htm 的网址能提供以下信息：http 表示 Web 服务器使用 HTTP 超文本传输协议，www.weather.com.cn 表示要访问的 Web 服务器域名是"中国天气"，weather 表示路径，101060101.html 表示相应的网页文件。

URL 是一种较为通用的网络资源定位方法，除了指定 HTTP 访问 WWW 服务器之外，还可以通过指定其他协议类型访问其他类型服务器。例如，通过指定 FTP 访问 FTP 文件服务器，通过 Telnet 进行远程登录等。

5. HTTP

超文本传输协议，它规定了浏览器在运行超文本文件时所遵循的规则和进行的操作协议，它是 WWW 的基本协议。

用户通过 URL 可以定位自己想要查看的信息资源，而这些资源存储在世界各地的 Web 服务器中。如果用户想通过浏览器去浏览这些信息资源，就要使用 HTTP 协议将超文本等信息从服务器传输到用户的客户机上。

6.3.2　浏览器的使用

浏览器是用于浏览 WWW 的工具，它实际上是客户机（Client）/服务器（Service）工作模式，简称 C/S 结构。具体过程是：首先客户通过浏览器向服务器发出请求，然后服务器送回客户所需要的网页并显示在浏览器窗口。

随着万维网的迅速发展，浏览器的种类也非常多，目前国际上流行的有 IE 系列、火狐（Firefox）、谷歌的 Chrome 等。我国开发的浏览器有遨游、搜狗、360 等。大多数用户习惯使用 Windows 操作系统预装 IE 浏览器。下面以 IE 11 为例介绍一下它的基本设置和使用方法。

1. Internet 选项中"常规"选项卡的设置

双击桌面 IE 浏览器图标，启动浏览器，如图 6-24 所示。单击"工具"按钮，选择"Internet 选项"，弹出 Internet 选项对话框，如图 6-25 所示。

（1）设置 IE 浏览器的主页

用户可以将自己最常用的网站设为默认起始页，每次启动 IE 时将自动打开该网页。例如，将 www.sina.com.cn 设置成主页，就需要将网站地址输入到主页域下面的地址栏中，如图 6-25 所示。

之后单击"应用"按钮，再单击"确定"按钮。根据用户的需要也可以单击"使用当前页"、"使用默认值"、"使用新选项卡"按钮进行设置。

图 6-24 IE 11 窗口

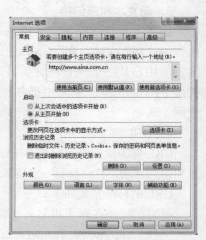

图 6-25 Internet 主页设置

（2）调整临时文件的大小

用户已访问的网页所使用的文件（如 HTML 文档、图片等）称为 Internet 临时文件，一般存储在文件夹中（C:\Windows\Temporary Internet Files），以后再次访问该页时会加快浏览速度。可以对 Internet 临时文件夹大小进行设置，定期清理临时文件（包括删除），以节省硬盘空间。

（3）查看历史记录的内容

用户在访问网页时，IE 浏览器会自动将已访问网页的链接地址保存在 History 文件夹中。用户可以通过单击 IE 浏览器上"收藏夹"按钮，在"历史记录"选项卡下按日期快速查阅历史记录。可以对历史记录进行保存天数、清除等设置。

2. 使用与整理收藏夹

用户对喜欢的网站，可以通过收藏功能将其网址存储下来。这样可以从列表中进行选择，从而方便快捷地打开该网页。当收藏夹中的网页地址过多时，可以将这些网页地址排列到文件夹中，并进行整理。

（1）将网页添加到收藏夹中

① 进入 IE 浏览器，打开要添加到收藏夹的网页。

② 单击"收藏夹"按钮，选择"添加到收藏夹"命令，弹出"添加收藏"对话框，如图 6-26 所示。

③ 在"名称"文本框中输入网页的名称，在"创建位置"列表框中选择存放网页的文件夹。

④ 单击"添加"按钮，即可将网页添加到收藏夹中。

（2）整理收藏夹

① 单击"收藏夹"菜单下的"整理收藏夹"命令，弹出"整理收藏夹"对话框，如图 6-27 所示。

② 选择一个链接，单击"移动"按钮，可将该链接移动到某个文件夹中。单击"重命名"按钮可为一个链接重命名。单击"删除"按钮，可从收藏夹中删除一个链接。

③ 单击"关闭"按钮。

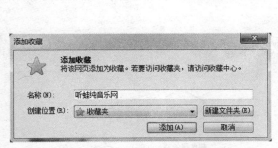

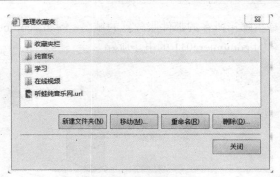

<table>
<tr><td>图 6-26 添加网页到收藏夹</td><td>图 6-27 整理收藏夹</td></tr>
</table>

6.3.3 搜索引擎的使用

要想在纷繁复杂、千变万化的信息海洋中迅速而准确地获取所需要的信息，如果没有专门的搜索工具，任何人都只能望而却步。根据调查，搜索引擎已经成为各种网络应用的第一位，互联网门户的地位也由传统的新闻门户网站转向搜索引擎网站。搜索引擎其实也是一个网站，它是专门提供信息检索服务的网站。目前常用的搜索引擎有百度、Google、网易、新浪、搜狗等。

百度是全球最大的中文搜索引擎，也是目前使用非常广泛的一种搜索引擎，具体使用方法如下。

● 简单搜索，就是输入关键词，单击"百度一下"按钮，即可显示查询结果。要注意搜索的结果并不一定十分准确，可能包含许多无用的信息。

● 精确搜索，就是给要查询的关键词加上双引号（半角）。搜索的结果是精确匹配的，且其顺序与输入的顺序一致。例如，在搜索引擎中输入"计算机网络应用"，在返回网页中会显示有"计算机网络应用"的所有网址，而不会返回含有诸如"计算机基础"、"Word 应用"之类的网页。

● 两个关键词的搜索，即关键词与关键词之间用空格分隔。例如，输入"海南　旅游"将获得比较准确的海南旅游有关的信息。这种方法可以推广到多个关键词的搜索。

● 使用减号，即"-"，其作用是去除无关的搜索结果。例如，输入"教程-英语教程"，表示最后的查询结果中不包含"英语教程"的教程。

6.3.4 收发电子邮件

电子邮件服务是使用最广泛的 Internet 服务之一，即我们通常所说的 E-mail。电子邮件代替了传统的电报和信件，它是一种简单、快捷、廉价的信息传递方式，深受广大用户喜欢。

1. 电子邮件的工作原理

电子邮件系统一般由 3 部分组成，即邮件应用程序、邮件服务器和邮件传输协议。邮件传输协议定义了两种协议共同控制邮件的发送和接收，即简单邮件传输协议（SMTP）和邮局协议（POP3）。SMTP 协议负责电子邮件的发送，实现发送方向接收邮件服务器的发送，POP3 协议负责将电子邮件从邮件服务器读取到用户计算机上。Internet 电子邮件系统采用客户端/服务器工作模式，如图 6-28 所示。

2. 电子邮件地址

电子邮件地址的格式如下。

用户名@主机域名

其中，用户名是指用户在某个邮件服务器上注册的用户标识；@ 即 at，是分隔符；主机域名是指邮箱所在的邮件服务器的域名。例如，computer2011@sina.com 表示在新浪邮件服务器上用户名为 computer2011 的电子邮箱。

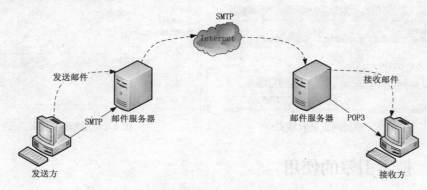

图 6-28　电子邮件工作原理

3. 申请免费电子邮箱

要想收发电子邮件，首先要申请一个电子邮箱，电子邮箱分为收费和免费两种。收费邮箱一般比免费邮箱提供更多的服务、更好的稳定性以及更可靠的安全性。目前国内外有许多网站提供免费的电子邮箱服务，用户可以在这些网站申请免费的电子邮箱。提供免费电子邮箱的部分网站，如表 6-5 所示。

表 6-5　　　　　　　　　　　　　　　　电子邮箱注册网站

网 站 名 称	网　　址
163 网易免费邮箱	freemail.163.com
新浪免费邮箱	mail.sina.com.cn
搜狐邮箱	mail.souhu.com
QQ 免费邮箱	mail.qq.com

下面介绍申请新浪免费电子邮箱的步骤。

首先，在浏览器的地址栏输入"mail.sina.com.cn"，按 Enter 键进入新浪邮箱的首页，如图 6-29 所示。

图 6-29　申请新浪邮箱界面

之后，在"免费邮箱"选项卡下，单击"立即注册"按钮，进入"注册邮箱"界面。设置用户相关信息，然后填写验证码进行确认，选择"我已经阅读并同意"，最后单击"提交"按钮。申请完成后，进入到注册成功的邮箱界面。

4．发送电子邮件

下面介绍收发送电子邮件的步骤。

① 登录新浪邮箱首页，输入电子邮箱的用户名和密码，单击"登录"按钮。

② 登录后，单击页面左侧的"写信"按钮，输入收件人的邮箱地址、主题、邮件内容。

③ 如果需要为邮件添加附件（图片、声音、文本等），单击"添加附件"，弹出"选择要加载的文件"对话框，完成后单击"上传附件"按钮即可，如图 6-30 所示。

④ 完成邮件的撰写后，单击"发送"按钮，系统通知用户邮件是否发送成功。

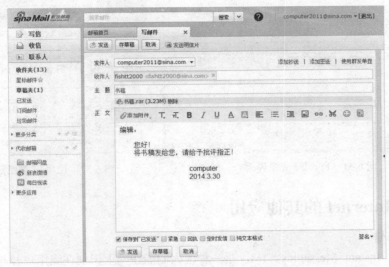

图 6-30　撰写邮件

5．接收电子邮件

登录邮箱后，单击页面左侧的"收信"按钮，进入收信箱，查看收到的邮件。单击邮件发件人或者邮件主题，呈现邮件的内容。如果需要回复，单击"回复"按钮，可回复给发件人。

6.3.5　FTP 文件传输

FTP 文件传输协议的主要作用是在不同计算机系统间传输文件，而不受主机类型和文件种类的限制。用户可以从授权的异地计算机上获取所需文件，也可以把本地文件传送到其他计算机上实现资源共享。

1．FTP 工作原理

FTP 是基于客户端/服务器（Client/Server）方式来提供文件传输服务的，FTP 向用户提供上传和下载两种服务。它的工作原理是将各种类型的文件存储在 FTP 服务器中，通过 FTP 客户端程序和服务器端程序在 Internet 上实现远程文件传输，即通过网络将文件从一台计算机传送到另一台计算机，就像在本机磁盘之间拷贝一样，只不过它是在网络中进行的。

2．通过 FTP 客户端软件访问 FTP 服务器

Filezilla 是一款免费、目前常用的 FTP 客户端软件，功能是连接用户主机与 FTP 服务器，使

用户登录到远程 FTP 服务器后能够与服务器进行互传文件，并且还能对文件和目录进行管理。该软件安装到用户主机后，通过"开始"菜单找到 Filezilla FTP Client 文件夹，单击 Filezilla 图标，即可打开登录界面，如图 6-31 所示。

3. 通过浏览器访问 FTP 服务器

浏览器不仅可以浏览 WWW 网页，还可以访问 FTP 服务器。在浏览器的地址栏输入 FTP 服务器的地址，在"登录"对话框输入正确的用户名和密码，即可登录到远程 FTP 服务器。在 IE 浏览器中登录北京大学 FTP 服务器，如图 6-32 所示。

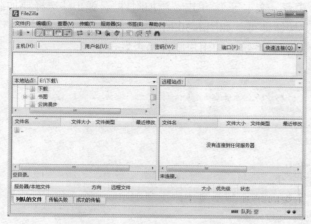

图 6-31　Filezilla 登录界面

图 6-32　使用 IE 浏览器访问 FTP

6.3.6　Internet 的其他应用

1. 即时通信

即时通信（Instant Messaging，IM）是一种使人们能在网上识别在线用户并与他们实时交换消息的技术，成为继电话、电子邮件之后的第三种现代通信方式，也是目前应用最广的在线通信。截至 2013 年 6 月底，我国即时通信网民规模达 4.97 亿。

IM 工作过程是：用户输入用户名和密码，IM 服务器验证用户身份，用户登录成功后的状态为在线。某人在任何时候登录上线并试图通过用户的计算机联系用户时，IM 系统会发一个消息提醒用户，用户便能与他建立一个聊天会话通道，通过输入文字或语音等方式进行信息交流。

即时通信不仅仅是一个单纯的聊天工具，它已经发展成集语音、视频、文件共享、短信发送、资讯、娱乐等高级信息交换功能为一体的综合化信息平台。目前网上流行的即时通信软件有腾讯 QQ、新浪 UC、淘宝旺旺、网易泡泡、MSN Messenger 等。

2. 博客

"博客"（Blog）是网络日志（WebLog）的缩写，它是 Internet 一种十分简单的个人信息发布方式。网上博客可以充分利用超文本链接、网络互动、动态更新等方式，丰富自己的博客资源，同时，还可以将自己的工作、生活、学习等方方面面的内容即时发布出去，成为一种人们之间沟通和交流的新方式。用户可以到提供博客（如新浪、搜狐、博客中国等）服务的网站上申请自己的博客空间。

3. 微博

微博（MicroBlog）即微型博客，是一个基于用户关系的信息分享、传播以及获取的平台。每篇文字一般不超过 140 字，用户可以通过手机、网络等方式来即时更新自己的个人信息，并实现即时分享。微博作为全新的广播式的社交网络平台越来越受到网民的欢迎。现在我国有很多网站都有自己的微博，如新浪微博、腾讯微博、搜狐微博、网易微博等。注册微博后，你就可以在自己主页上发表微博，通过粉丝转发来增加阅读数，同时，还可关注你喜欢的微博，通过@对方或私信对其微博进行评论。

4. 电子商务

（1）电子商务的涵义

电子商务可分为广义的和狭义的两种。广义的电子商务包括两层含义。一层是指应用各类电子工具，如电话、电报、传真等从事的商务活动；另一层是指企业利用互联网从事包括产品广告、设计、研发、采购、生产、营销、推销、结算等各种经济事务活动的总称。狭义的电子商务主要是指利用 Internet 从事以商品交换为中心的商务活动。电子商务作为一个新兴事物将成为 21 世纪经济增长的引擎。

（2）常见的电子商务模式

● B2B 模式（Business to Business），即企业对企业。例如，阿里巴巴、生意宝（网盛科技）、慧聪网等。

● B2C 模式（Business to Customer），即企业对个人。这种模式以互联网为载体，为企业和消费者提供网上交易平台，即"网上商店"。例如，京东、亚马逊、当当网等。

● C2C 模式（Customer to Customer），即个人对个人。例如，淘宝网、拍拍网、易趣网等。

（3）网上购物流程

电子商务可提供网上交易和管理等全过程的服务，网上购物流程如图 6-33 所示。

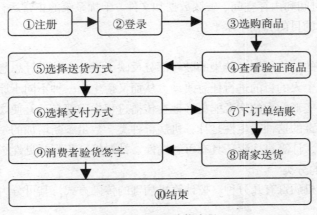

图 6-33　网上购物流程

6.4　计算机网络安全

计算机网络安全是指通过采取各种技术的和管理的措施，确保网络数据的可用性、完整性和保密性，其目的是确保经过网络传输和交换的数据不会发生增加、修改、丢失和泄漏等问题。计算机网络安全主要包括网络实体安全和网络信息安全。网络实体安全主要指计算机的网络硬件设备和通信线路的安全。网络信息安全主要指软件安全和数据安全，影响信息安全的主要因素有计算机病毒和计算机黑客等。

6.4.1　计算机病毒的定义与分类

1. 计算机病毒的定义

计算机"病毒"只是对生物学病毒的一种借用，用以形象地刻画这些"特殊程序"的特征。《中华人民共和国计算机信息系统安全保护条例》第二十八条对计算机病毒明确定义为："计算机病毒，是指编制或者在计算机程序中插入的，破坏计算机功能或者毁坏数据、影响计算机使用，并能自我复制的一组计算机指令或者程序代码。"

2. 计算机病毒的特性

计算机病毒是一种特殊的程序，通常具有如下特点。

（1）传染性

病毒具有自身复制到其他程序中的能力，这是计算机病毒最基本的特征，也是判断病毒与正常程序的重要条件。计算机病毒通过磁盘、光盘、计算机网络等途径进行传染，可以从一个程序传染到另一个程序，从一台计算机传染到另一台计算机，被传染的程序和计算机又成为病毒生存环境和新传染源。

（2）潜伏性

病毒具有依附于其他媒体而寄生的能力。计算机病毒可能会长时间潜伏在计算机中，一旦满足触发条件病毒才发作。触发条件可以是系统时钟提供的时间、自带的计数器或计算机内执行的某些特定操作。一般病毒的潜伏性越好，传染范围就越广，危害性就越大。

（3）破坏性

计算机系统被计算机病毒感染后，一旦发作条件满足，就在计算机上显现出一定的症状。其表现包括占用 CPU 时间和内存空间、破坏数据和文件、干扰系统的正常运行。病毒破坏的严重程度取决于病毒制造者的目的和技术水平。

（4）衍生性

分析计算机病毒的结构可知，传染的破坏部分反映了设计者的设计思想和设计目的。但是，这可以被其他人以其个人的目的进行任意改动，从而又衍生出一种不同于原版本的新的计算机病毒，又称为变种。有变形能力的病毒能更好地在传播过程中隐蔽自己，使之不易被反病毒程序发现及清除。计算机病毒的这种衍生性是计算机病毒种类、数量不断增加的一个主要原因。

除以上的特征外，计算机病毒还具有可触发性、针对性、不可预见性、欺骗性等特点。

3. 计算机病毒的分类

目前，全球计算机病毒有几万种。按计算机病毒的传染方式，其可分为以下 5 类。

（1）引导型病毒

引导型病毒是指寄生在磁盘引导区或主引导区的计算机病毒。引导型病毒主要通过 U 盘和各种移动存储介质在操作系统中传播。

（2）文件型病毒

文件型病毒是指能够寄生在文件中的计算机病毒。这类病毒程序运行在计算机存储器中，通常感染扩展名为 COM、EXE、SYS 等类型的文件。

（3）混合型病毒

混合型病毒是指具有引导型病毒和文件型病毒两种寄生方式的计算机病毒。这种病毒扩大了病毒程序的传染途径，它既感染磁盘的引导记录，又感染可执行文件。

（4）宏病毒

宏病毒是一种寄存在文档或模板的宏中的计算机病毒。一旦打开这样的文档，其中的宏就会被执行，于是宏病毒就会被激活，转移到计算机上，并驻留在 Normal 模板上。以后，所有自动保存的文档都会"感染"上这种宏病毒，而且如果其他用户打开了感染病毒的文档，宏病毒又会转移到他的计算机上。

（5）网络病毒

早期，大多数计算机病毒主要通过软盘等存储介质进行传播。随着计算机和 Internet 的日益普及，网络又成为病毒传播的新途径。网络病毒是指通过计算机网络进行传播的病毒，病毒在网络中的传播速度更快，范围更广，危害更大。常见的网络病毒如下。

- 蠕虫病毒：是自包含的程序（或是一套程序），它能进行自身功能的复制。它传染的目标是互联网的所有计算机，进而造成网络服务遭到拒绝并发生死锁。它的传染途径是通过网络和电子邮件。

- 木马，又称为特洛伊木马：是一种基于远程控制的黑客工具，具有隐蔽性和非授权性。它可以对电脑系统进行远程控制和窃取密码、控制系统、文件操作等破坏。木马的传播主要通过软件下载、浏览器、E-mail 等方式。

6.4.2　计算机网络病毒的防护

随着网络应用的不断扩展，人们越来越关注计算机网络病毒的防护。目前，常用的病毒防护方法有两种，一种是使用杀毒软件，另一种是使用防火墙。

1．杀毒软件

（1）国外杀毒软件简介

- 小红伞软件。Avira AntiVir 是一套由德国的 Avira（Anti-Virus I Rank A）公司所开发的杀毒软件，在中国被昵称为"小红伞"，其寓意是病毒警戒防护伞。该软件只有 100 多兆，运行监控和清理时对内存占用也不大，但是防护功能和查杀水平在杀毒软件中却名列前茅，它可以检测并清除超过 60 万种病毒，支持网络更新。

- Norton AntiVirus 软件。NAV（Norton AntiVirus）软件是 Symantec 公司的产品。NAV 是集防毒、查毒、杀毒功能于一体的综合性病毒防治软件，它利用 Novi 专利技术可对 4000 多种病毒进行识别和杀除，同时可对未知病毒进行预防。在美国，NAV 是市场占有率第一的杀毒软件。NAV 软件可支持网络、Windows NT、SUN 工作站、Windows 等多种环境。

（2）国内杀毒软件简介

国内杀毒软件在处理"国产病毒"，或国外病毒的"国产变种"具有明显的优势。随着国际互联网的发展，解决病毒国际化的问题迫在眉睫，所以选择杀毒软件应综合考虑。具有世界领先水平的国产杀毒软件有瑞星杀毒、金山杀毒、江民杀毒和 360 安全卫士等。

2．使用金山杀毒软件

（1）使用金山新毒霸（2013 版）进行扫描和查杀病毒

① 双击桌面上金山毒霸快捷方式图标，启动金山新毒霸，进入金山杀毒软件主界面，如图 6-34 所示。

② 单击"电脑杀毒"按钮，弹出如图 6-35 所示窗口，单击"一键云查杀"或"全盘查杀"图标，可快速查杀病毒。若单击"指定位置查杀"按钮，可以在选择查杀路径后对指定的范围进行查杀。之后，单击"确定"按钮，则将自动开始查杀，并在查杀结束后显示杀毒结果。

（2）新毒霸百宝箱

百宝箱为用户分类汇总了毒霸所有功能，同时提供多款系统辅助工具，如图 6-36 所示。例如，垃圾清理工具可以快速清除电脑中的临时文件，节省电脑空间，让系统运行更快。测试网速工具，单击测速界面中的"立即测速"，可以查看用户当前使用的网络带宽情况。

图 6-34　新毒霸主界面

图 6-35　电脑杀毒选项

图 6-36　金山杀毒软件百宝箱

3. 防火墙

（1）防火墙的定义

防火墙是指设置在不同网络（如可信任的企业内部网和不可信的公共网）或网络安全域之间的一系列部件的组合。实际上，防火墙是将内部网络与 Internet 之间，或者与其他外部网络互相隔离，限制网络互访，来保护内部网络的一种隔离技术。设置防火墙目的是为了在内部网与外部网之间设立唯一的通道，简化网络的安全管理。防火墙的功能可以通过硬件来实现，也可以通过软件来实现。

（2）防火墙的功能

- 过滤掉不安全服务和非法用户。
- 控制对特殊站点的访问。
- 提供监视 Internet 安全和预警的方便端点。

（3）个人防火墙的使用

对于一般用户来讲，使用防火墙软件即可。常用的有天网个人防火墙、瑞星个人防护墙、Windows 7 自带防火墙等。下面以 Windows 7 中的防火墙为例，介绍防火墙的基本设置。

打开和关闭 Windows 防火墙操作步骤如下。

① 在"开始"菜单下选择"控制面板"（分类视图），单击"Windows 防火墙"，如图 6-37 所示。我们看到有两种网络类型，家庭或工作（专用）网络和公用网络，也就是说 Windows 7 支持对不同网络类型进行独立配置，且互不影响。

② 单击"打开或关闭 Windows 防火墙"，如图 6-38 所示。选择"启用 Windows 防火墙"，建议选中"Windows 防火墙阻止新程序时通知我"，则使用户在日常应用时随时做出判断响应，单击"确定"按钮即可。

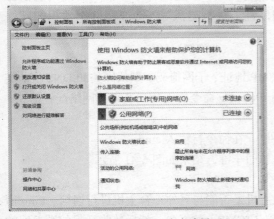

图 6-37　Windows 防火墙界面

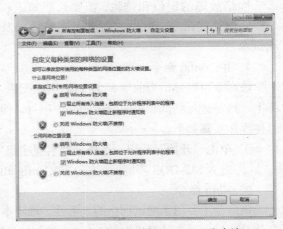

图 6-38　启用、关闭 Windows 防火墙

以添加"腾讯 QQ"程序为例说明允许添加程序设置操作过程。

① 单击如图 6-37 所示的"允许程序或功能通过 Windows 防火墙"，打开"允许的程序和功能"窗口，如图 6-39 所示。

② 单击"允许运行另一程序"，打开"添加程序"对话框，选择"腾讯 QQ"，单击"添加"按钮。

总之，要想有一个安全的网络环境，首先要提高网络安全意识，不要轻易打开来历不明的可疑文件、网站以及电子邮件等。然后及时地为计算机系统打上漏洞补丁，安装可靠的防毒软件，定期升级病毒库，使用防火墙，并做好相应设置。

图 6-39　允许的程序和功能窗口

图 6-40　防火墙网络防护设置

6.4.3　局域网常见故障检测

网络故障主要是线路故障、路由器故障和主机故障。线路故障通常指线路不通，造成故障的原因是多方面的，如线路损坏、接口松动、网络互连设备出现问题。解决路由器故障，常采用对路由器进行升级、扩大内存等方法，或者重新规划网络拓扑结构。主机故障是由于主机的配置不当，如主机的 IP 地址与其他主机冲突，或 IP 地址根本就不在子网范围内，导致主机无法连通。

网络故障的定位和排除，需要长期知识和经验的积累，以及配合一些常用的网络测试命令。使用这些命令，可以方便地对网络情况及网络性能进行测试。下面介绍两个常用的网络测试命令。

1．IPConfig 命令

该命令可以显示当前所有 TCP/IP 网络配置，如 IP 地址、子网掩码、默认网关和 DNS 等。实际上，这是进行测试和故障分析的必要项目。使用 IPConfig 命令查看用户获得的网络配置信息，具体操作步骤如下。

① 单击"开始"按钮，选择"搜索程序和文件"，在命令行输入 cmd。

② 进入 MS-DOS 环境后，输入 IPConfig/all，按回车键，结果如图 6-41 所示。

2．Ping 命令

该命令主要用于测试网络的连通性，确定本地主机是否能与另外一台主机进行通信。Ping 命令就是通过向对方计算机发送 Internet 控制信息协议（ICMP）数据包，然后接收从目的端返回的这些包的响应，来校验与远程计算机的连接情况，默认情况发送 4 个 ICMP。

常用格式是：Ping <IP 地址>或 Ping <域名>[参数].

使用 Ping 命令测试本地计算机到新浪网站服务器的连通性。具体操作步骤如下。

① 单击"开始"按钮，选择"搜索程序和文件"，在命令行输入 cmd。

② 进入 MS-DOS 环境后，输入 Ping www.sina.com.cn，按回车键，出现"已发送=4，已接收=4，丢失=0 <0%丢失>"，表示连接正常，如图 6-42 所示。出现"请求失败"表示与对方不连通。

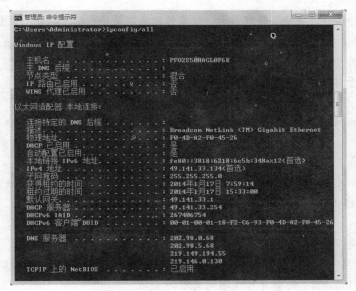

图 6-41 IPConfig 命令

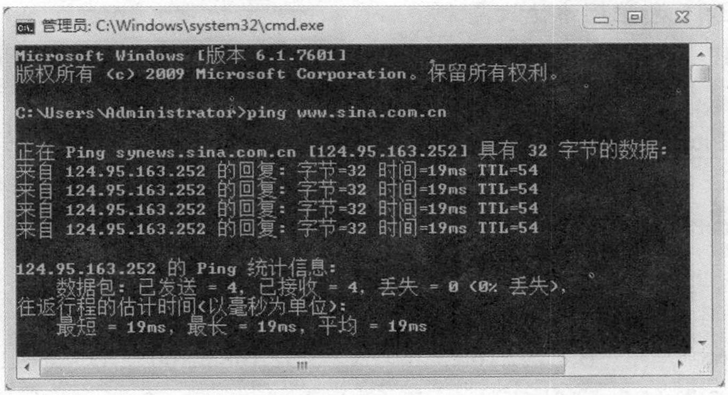

图 6-42 网络连通显示

习 题 6

一、单项选择题

1. 计算机网络最突出的优点是（ ）。

    A. 资源共享   B. 运算速度快   C. 分布式处理   D. 数据通信

2. 计算机局域网的英文缩写是（ ）。

    A. OSI   B. IP   C. WN   D. LAN

3. 一座大楼内的计算机网络系统，属于（ ）。

    A. CAN   B. MAN   C. LAN   D. WAN

4. 网络形状是指（ ）。

    A. 网络所使用的拓扑结构   B. 网络所使用的操作系统

    C. 网络所采用的协议   D. 网络所使用的传输介质

5. 在常用的传输介质当中，带宽最大、信号传输衰减最小、抗干扰能力最强的一类传输介质是（　　　）。

    A. 电话线　　　　　　B. 同轴电缆　　　　C. 双绞线　　　　　　D. 光纤

6. 将模拟信号转换成数字脉冲信号的过程称为（　　　）。

    A. 调制　　　　　　　B. 数字信道传输　　C. 解调　　　　　　　D. 带宽

7. 网络的数据传输单位是（　　　）。

    A. 延迟　　　　　　　B. 字长　　　　　　C. 赫兹　　　　　　　D. 比特率

8. 下列（　　　）不是网络操作系统。

    A. Windows XP　　　　B. UNIX　　　　　　C. NetWare　　　　　D. Linux

9. TCP/IP 网络模型一共有（　　　）层。

    A. 7　　　　　　　　B. 4　　　　　　　　C. 5　　　　　　　　D. 9

10. （　　　）是 TCP/IP 参考模型的最高层。

    A. 表示层　　　　　　B. 网络层　　　　　　C. 应用层　　　　　　D. 传输层

11. 因特网（Internet）的前身可追溯到美国的（　　　）。

    A. Ethernet　　　　　B. Intranet　　　　　C. ARPANET　　　　　D. NSFNET

12. Internet 采用的标准网络协议是（　　　）。

    A. TCP/IP　　　　　　B. SMTP　　　　　　C. DNS　　　　　　　D. HTTP

13. IP 地址是（　　　）。

    A. 接入 Internet 的计算机地址编号　　　B. Internet 网络资源的地理位置

    C. Internet 的子网地址　　　　　　　　D. 接入 Internet 的局域网编号

14. 在 Internet 中，IPv4 地址由（　　　）位二进制数组成。

    A. 16　　　　　　　　B. 64　　　　　　　C. 128　　　　　　　D. 32

15. 下列 IP 地址正确的是（　　　）。

    A. 192.168.1　　　B. 192.168.5.260　C. 192.168.5.100　D. 292.168.5.100

16. 192.168.1.5 是（　　　）地址。

    A. A 类　　　　　　　B. B 类　　　　　　C. C 类　　　　　　　D. D 类

17. Internet 上主机使用的域名地址是采用（　　　）结构来管理的。

    A. 网状　　　　　　　B. 上下　　　　　　C. 线性　　　　　　　D. 层次

18. 在 Internet 中实现主机域名地址和 IP 地址之间转换的服务是（　　　）。

    A. DNS　　　　　　　B. FTP　　　　　　　C. WWW　　　　　　D. ADSL

19. IE 浏览器收藏夹的作用是（　　　）。

    A. 收集感兴趣的页面地址　　　　　　　B. 记忆感兴趣的页面内容

    C. 收集感兴趣的文件内容　　　　　　　D. 收集感兴趣的文件名

20. 由专业网站提供的搜索工具称为（　　　）。

    A. 检索工具　　　　　B. 网络导航　　　　C. 搜索引擎　　　　　D. 浏览器

21. 下列选项中，合法的电子邮件地址是（　　　）。

    A. Zhangli.com.cn　　　　　　　　　　B. http://www.sina.com.cn

    C. sina.com.cn @Zhangli　　　　　　　D. Zhangli@sina.com.cn

22. 某人想要在电子邮件中传送一张图片，他可以借助（　　　）。

    A. BBS　　　　　　　B. Telnet　　　　　C. WWW　　　　　　D. 附件功能

23. 以下关于 WWW 的说法，不正确的是（　　　）。

　　A．WWW 是 Internet 上的一种电子邮件系统

　　B．WWW 是"World Wide Web"的英文缩写

　　C．WWW 的中文名是"万维网"

　　D．WWW 是 Internet 提供的一种服务

24. 用户在浏览网页时，随时可以通过单击以醒目方式显示的单词、短语或者图形，以跳转到其他位置，这种文本组织方式叫做（　　　）。

　　A．超文本方式　　　B．超链接　　　　　C．HTML　　　　　D．文件传输

25. 统一资源定位器，即（　　　）用来表示因特网上各种资源的位置和访问方法，它使每一个资源在整个因特网中具有唯一的标识。

　　A．WWW　　　　　B．HTTP　　　　　C．HTML　　　　　D．URL

26. 打开一个 Web 站点，首先显示的页面通常被称为（　　　）。

　　A．顶页　　　　　　B．主页　　　　　　C．目录　　　　　　D．网站

27. 在 Internet 提供的各种服务中，（　　　）指的是远程登录服务。

　　A．Telnet　　　　　B．DNS　　　　　　C．FTP　　　　　　D．E-mail

28. （　　　）是一种使人们能在网上识别在线用户，并与他们实时交换消息的技术，成为继电话、电子邮件之后的第三种现代通信方式。

　　A．Telnet　　　　　B．即时通信　　　　C．微博　　　　　　D．E-mail

29. 计算机病毒是指（　　　）。

　　A．编制有错误的计算机程序　　　　　　B．被破坏的计算机程序

　　C．具有破坏性的特制计算机程序　　　　D．被损坏的计算机硬件

30. （　　　）命令用于显示当前的 TCP/IP 网络配置的值，刷新动态主机配置协议（DHCP）和域名系统（DNS）的设置情况。

　　A．Telnet　　　　　B．IPConfig　　　　C．Ping　　　　　　D．Netstat

二、上机操作题

1. 使用 IE 浏览器。

（1）启动 IE 浏览器，在地址栏输入新浪网站地址（www.sina.com.cn），浏览新浪的主页。

（2）将学校网址设置成 IE 的主页。

（3）在收藏夹中新建一个目录，命名为"业余爱好"，将自己喜欢的网站地址添加到该目录下。

2. 使用电子邮箱。

（1）在新浪网站申请一个免费电子邮箱。

（2）进入刚申请的免费邮箱，在同学间练习收发电子邮件。

3. 利用百度搜索引擎（www.baidu.com）搜索"计算机网络"相关网页以及图片。

4. 登录网通或电信测速网站，查看自己所接入网络的传输速率。

5. 使用网络命令。

（1）使用 IPconfig 命令，查看本机 IP 地址等相关信息。

（2）使用 Ping 命令，查看本机是否能连接到新浪网站服务器。

第7章
常用工具软件

在前面的章节中，我们重点学习了操作系统、Microsoft Office 组件以及网络应用的相关知识。实际上这还远远不够，学会工具软件的使用方法也是操作计算机非常重要的一部分。工具软件是为专门目的而开发的应用软件，利用它可以帮助我们快速地解决学习、生活以及工作中的实际问题。

7.1 压缩与解压缩软件 WinRAR

7.1.1 软件简介

WinRAR 是在 Windows 环境下对.rar 格式的文件进行管理和操作的一款压缩软件，是目前最常用的文件压缩工具之一。WinRAR 全面支持 rar 与 zip 等多种类型格式的文件，此外还具有强力压缩、多卷操作、加密、自解压模块等功能。用户可以在 WinRAR 的官方网站 ttp://www.winrar.com.cn 下载此软件的最新版本。下面以 WinRAR V5.01 为例，介绍其界面与使用方法等相关内容。

7.1.2 认识 WinRAR

1. 界面简介

用户在安装了 WinRAR 软件后，单击"开始"按钮，在"所有程序"列表中选择 WinRAR 文件夹，再单击"WinRAR 应用程序图标"即可启动该软件，其主窗口如图 7-1 所示。

主窗口的菜单栏包含了 WinRAR 所有操作对应的命令，工具栏包含了常用操作对应的按钮，地址栏用于选择和显示压缩或解压缩文件的路径，列表框用于显示当前文件夹中所有的文件。

2. 基本设置

为了更好地发挥软件的性能，在使用前应进行相关的设置。一般在安装完程序后会弹出一个设置窗口，如图 7-2 所示。该窗口的"WinRAR 关联文件"选项提供与 WinRAR 关联的压缩文件的类型，用户可以根据需要进行选择。在"界面"选项中，用户可以根据操作习惯选择 WinRAR 可执行文件链接的位置，即"添加 WinRAR 到桌面"、"添加 WinRAR 到启动菜单"或"创建 WinRAR 程序组"选项。

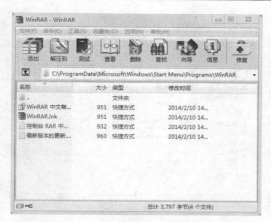

图 7-1　WinRAR 主窗口

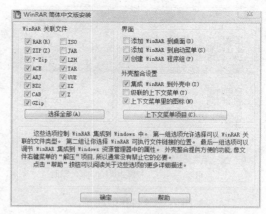

图 7-2　WinRAR 关联文件和设置

7.1.3　WinRAR 的使用方法

1. 使用 WinRAR 压缩文件

使用 WinRAR 软件可以将计算机中较大的文件或文件夹进行压缩，有效地节省计算机的磁盘空间。经过 WinRAR 软件压缩的文件，生成一个扩展名为.rar 的压缩文件。

（1）普通压缩

下面以压缩 F 盘"旅游照片"文件夹为例，介绍压缩文件的操作步骤。

① 启动 WinRAR，在地址栏中选择要压缩文件的路径，在显示的列表框中选定需要压缩的文件，单击工具栏上的"添加"按钮，如图 7-3 所示。

② 在打开的"压缩文件名和参数"对话框中，单击"浏览"按钮可以设置文件压缩后的保存路径，在"压缩文件名"文本框中输入压缩后的文件名"旅游照片.rar"，在"压缩文件格式"栏中选择压缩格式"RAR"，"在压缩方式"下拉列表框中选择"标准"，如图 7-4 所示。

图 7-3　添加压缩文件

图 7-4　设置压缩文件名和参数

③ 单击"确定"按钮，开始压缩文件，弹出如图 7-5 所示对话框，显示文件压缩进度和剩余时间等相关信息。

④ 完成文件压缩后，用户将在指定的保存路径下找到压缩后的文件"旅游照片.rar"，如图 7-6 所示。

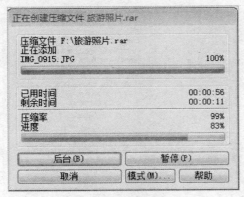

图 7-5　文件压缩进程　　　　　　　　　图 7-6　压缩后的文件

（2）分卷压缩

上网时可能遇到过这样的问题，通过邮箱发送文件，由于其超出了邮箱附件的大小而无法发送。这时，可以使用 WinRAR 提供的分卷压缩功能，即将一个文件压缩成几个指定大小的文件。下面以压缩 F 盘中的"学习资料"文件夹为例，介绍 WinRAR 分卷压缩的操作步骤。

① 打开需要压缩文件所在的窗口，右击需要压缩的文件，在弹出的快捷菜单中选择"添加到压缩文件"命令，如图 7-7 所示。

② 在弹出的"压缩文件名和参数"对话框中，通过"浏览"按钮设置文件压缩后的保存路径，通过"压缩文件名"设置文件压缩后的文件名。在"切分为分卷（V），大小"下拉列表中选择分卷的大小与单位，本例选择"自定义"，设置压缩每个文件的大小为 30MB，如图 7-8 所示。如果选择"设置密码"，则在解压缩文件时需要填写该密码，最后单击"确定"按钮。

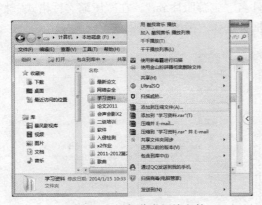

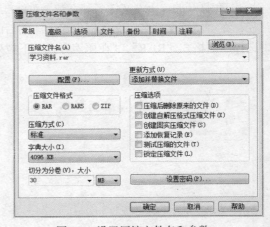

图 7-7　添加分卷压缩文件　　　　　　　图 7-8　设置压缩文件名和参数

③ 显示压缩进度对话框，与压缩单个文件的进程基本相同。

④ 文件分卷压缩结束后，将按指定的大小压缩成若干个文件，如图 7-9 所示。

2. 使用 WinRAR 解压缩文件

如果文件是以压缩的形式存在的，需要将其解压缩后才能正常使用。下面以解压缩"旅游照片.rar"为例，介绍 WinRAR 的解压缩操作步骤。

① 打开需要解压缩文件所在的窗口，右击要解压的 WinRAR 文件，选择"解压文件"命令，如图 7-10 所示。

图 7-9　分卷压缩后的文件显示

② 弹出"解压路径和选项"对话框，单击"显示"按钮，设置"目标路径"，以及选项"更新方式"和"覆盖方式"等相关参数，如图 7-11 所示。

图 7-10　选定解压文件

图 7-11　设置解压路径和选项

③ 单击"确定"按钮，用户将在指定的解压缩目标路径下找到解压后的文件。

提示

根据源文件的大小，选择分卷大小的值，一般压缩后的分卷个数最好是 2～5 个。解压分卷文件时，必须先把所有分卷放到同一目录下，然后再解压缩。

7.2　下载软件"迅雷"

7.2.1　软件简介

迅雷是一款目前使用较多的下载软件，可以方便快捷地从 Internet 下载网络资源。它基于网格原理使用多资源超线程技术，将网络上存在的服务器和计算机资源进行有效的整合，构成独特的迅雷网络。通过迅雷网络，各种数据文件能够以最快速度进行传递。用户可以在迅雷官方网站 http://dl.xunlei.com 下载此软件的最新版本。下面以迅雷 7.9.18 为例，介绍其界面与使用方法等相关知识。

7.2.2　认识迅雷

1．界面简介

用户在安装了迅雷软件后，在桌面上会出现"迅雷图标"，双击该图标即可启动迅雷软件，或单击"开始"按钮，在"所有程序"列表中选择"迅雷软件"文件夹，再单击"启动迅雷 7"即可启动该软件，其主界面如图 7-12 所示。

迅雷 7 的主界面由原来的两列式改为现在的三列式。左侧是任务管理窗口，分别是"我的下载"和"功能推荐"，单击其中任何一项就会看到里面的任务。中间是"我的下载"等功能选项卡。右侧是"热播"、"娱乐"、"电影"、"电视剧"、"音乐" 5 大信息栏目，自动滚动轮换。顶端是 4 个工具按钮。底端是"模式"设置和"流量监控"。迅雷 7 已经不仅仅是一款单纯的下载客户端，还集成了迅雷看看、FTP 资源探测器等多个工具及服务。

图 7-12　迅雷主界面

2．基本设置

（1）设置文件的存放目录

更改文件下载存放目录，可单击顶端"设置下拉箭头"按钮，选择"配置中心"命令，打开"系统设置"对话框，在"基本设置"中选择"常用目录"，修改目录位置，并取消勾选"自动修改为上次使用的目录"，如图 7-13 所示。

（2）设置模式

在图 7-13 所示界面中切换到"我的下载"，"模式设置"下有 3 项模式可以选择，如图 7-14 所示，用户可根据自己的需要进行设置。

● "下载优先模式"表示使用迅雷下载软件时，以下载速度为优先，这时浏览网页或进行其他操作时会觉得运行缓慢。

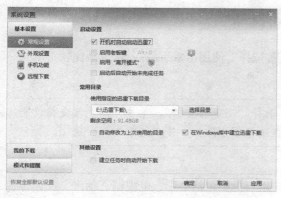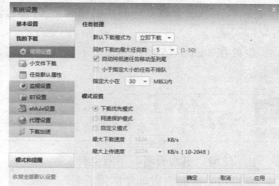

图 7-13　设置文件下载目录　　　　　图 7-14　模式设置

● "网速保护模式"表示迅雷会预留出一部分流量用于其他程序的联网操作，用户同时进行下载和上网的时候就不会觉得网页打开比较慢。与"下载优先模式"相比，"网速保护模式"的下载速度较慢。

● "自定义模式"，可根据实际网络环境设置最大下载速度和最大上传速度，该模式的下载速度可达到最快。

在"我的下载"任务选项中，"正在下载"显示没有下载完成的文件，可查看该文件的下载状态；"已完成"显示下载完成后的文件；"垃圾箱"显示用户删除的任务，它可以防止用户误删除。

7.2.3　迅雷的使用方法

1．使用迅雷下载单个文件

下载"酷我音乐"软件的操作步骤。

① 进入"酷我音乐"官方网站 http://www.kuwo.cn，在"酷我音乐"主界面右击要下载的文件，在弹出的菜单里选择"复制链接地址"，如图 7-15 所示。此时下载地址被复制到系统剪贴板中。

② 在迅雷主界面功能选项卡中，选择"我的下载"，单击"新建"按钮。

③ 在弹出的"新建任务"对话框中，自动链接刚刚复制的下载地址，如图 7-16 所示，最后单击"立即下载"按钮。

图 7-15　文件下载链接界面　　　　　图 7-16　新建下载任务

④ 在"我的下载"中的"已完成"文件夹，找到 kwmusic2014.exe 文件，选择"运行"，即可立即安装。

也可在如图 7-15 所示的文件下载链接界面直接选择"使用迅雷下载"，这也是比较常用的一种方法。

 在迅雷主界面中，单击"小工具"，选择"浏览器支持"，单击"浏览器支持诊断工具"命令，然后重新启动浏览器，即可在浏览器中添加"使用迅雷下载"选项。

2. 使用"迅雷看看"下载文件

在迅雷主界面，启动"迅雷看看"功能，它向用户提供包括电影、电视剧、动漫、综艺等各类节目、电视台线上直播、高清晰下载等服务。下面以使用迅雷看看"资源搜索"功能下载电视剧为例，介绍其具体操作步骤。

① 启动"迅雷看看"，在资源搜索栏中输入相关内容，如图 7-17 所示。

② 在打开的页面中选择"免费下载"，如图 7-18 所示。

图 7-17　在搜索栏输入相关内容

图 7-18　打开下载页面

③ 在弹出的"选择下载地址"对话框中，自动链接刚刚选择的下载地址，如图 7-19 所示。选择"任务组"，该功能是将多个任务合并成组，进行分组下载，使用户一目了然。最后单击"立即下载"按钮，在迅雷主界面"我的下载"窗口可以查看下载状态，如图 7-20 所示。

图 7-19　选择下载地址

图 7-20　显示下载状态

7.3 音频播放软件"酷我音乐"

7.3.1 软件简介

酷我音乐是融歌曲和 MV 搜索、在线播放、同步歌词为一体的音乐综合播放器。整合了互联网上百万首歌曲、MV、歌词和写真，每周都进行专辑更新。应用多资源超线程技术，歌曲和 MV 一点即播。用户可在酷我官方网站 http://www.kuwo.cn 下载此软件的最新版本。下面以酷我 V7.5.0.0 为例，介绍其界面与使用方法等相关知识。

7.3.2 认识酷我音乐

1. 界面简介

用户在安装了"酷我音乐"软件后，在桌面上会出现"酷我音乐"的图标，双击该图标即可启动"酷我音乐"软件，或单击"开始"按钮，在"所有程序"列表中单击"酷我音乐 2014"，即可启动该软件，其主界面如图 7-21 所示。

图 7-21 "酷我音乐"主界面

"酷我音乐"的主界面由 4 个选项卡组成，分别是歌词 MV、曲库、下载和我的。顶端右侧 4 个按钮依次是音乐树、迷你模式、皮肤和更多。主界面右侧是播放列表和我的电台切换折叠窗口；右下方是添加、管理、查找 3 个功能按钮；最下方是播放按钮区和工具按钮等。

2. 基本设置

在"酷我音乐"主界面中，单击右上角的"更多"按钮，在打开的菜单中选择"设置"命令，出现如图 7-22 所示"选项设置"对话框。

- "歌词显示"选项卡，可以设置歌词的字体、颜色、背景图片等。
- "歌词文件"选项卡，可以设置"搜索本地歌词"和"歌词文件保存位置"等。
- "下载"选项卡，可以设置"下载任务"、"下载目录"和"下载习惯"等。
- "文件关联"选项卡，可以设置关联的文件类型。

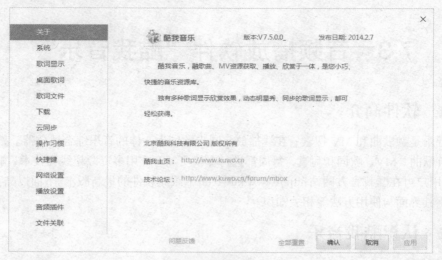

图 7-22　"选项设置"对话框

7.3.3　酷我音乐盒的使用方法

1.　播放音频文件

（1）播放本地音频文件

① 双击桌面酷我音乐盒的快捷方式图标，启动酷我音乐盒。

② 在主界面，单击"添加本地歌曲"命令，从"打开"窗口中选择音频文件，单击"打开"命令。

（2）播放网络音频文件

在"酷我音乐"的主界面中，单击"曲库"选项卡。在曲库界面中有"首页"、"排行榜"、"电台"、"MV"、"歌手"、"热门歌曲"等多种分类方式提供在线音乐，单击其中一类，选中要播放的歌曲，单击"播放选中的歌曲"按钮。也可选择"添加"按钮将其添加到默认列表，如图 7-23 所示。

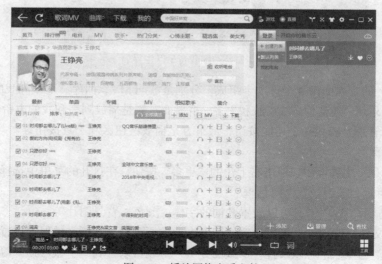

图 7-23　播放网络音乐文件

2. 播放歌词 MV

酷我音乐盒有歌词自动下载和管理功能，在"歌词 MV"中提供了以歌手写真为背景，边听歌边看歌词，以及随时欣赏歌曲的 MV 视频等功能。

在播放歌曲时，单击"歌词 MV"选项卡，在主窗口中，可以查看正在播放歌曲的歌词。在"歌词 MV"选项卡页面中单击右键，在弹出的快捷菜单中，根据需要对歌词进行相应设置，如图7-24 所示。

图 7-24　播放歌词 MV

3. "酷我音乐"制作手机铃声

① 单击主界面右下角的"工具"按钮，在打开的"音乐工具"窗口中选择"铃声工具"命令。经过初始化设置后，弹出"酷我铃声制作工具"窗口，如图 7-25 所示。

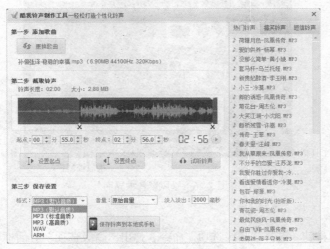

图 7-25　制作手机铃声音乐文件

② 在"第一步添加歌曲"中，添加要制作成铃声的音频文件。

③ 在"第二步截取铃声"中设置起点和终点位置，然后试听铃声。

④ 在"第三步保存设置"中选择声音格式、音量、保存路径。

提示　　使用"酷我音乐"将 MP3 音频格式文件转成其他音频格式文件，只需跳过第二步"截取铃声"操作，直接进入第三步即可。

7.4　视频播放软件"暴风影音"

7.4.1　软件简介

暴风影音是目前一款非常主流的视频播放软件，采用独创"MEE 播放引擎"专利技术，自动匹配相应的解码器、渲染链，它支持绝大多数的影音文件格式，尤其在播放在线高清画质的文件时大大降低了系统资源占用，进一步提高了在线高清视频播放的流畅度，成为在线高清的影视播放平台。用户可在暴风影音的官方网站 http://www.baofeng.com 下载此软件的最新版本。下面以暴风影音 V3.11 为例，介绍其界面与使用方法等相关知识。

7.4.2　认识暴风影音

1. 界面简介

用户在安装了"暴风影音"软件后，在桌面上会出现"暴风影音"的图标，双击该图标即可启动"暴风影音"软件，或单击"开始"按钮，在"所有程序"列表中选择"暴风软件"文件夹，再单击"暴风影音 5"即可启动该软件，其主界面如图 7-26 所示。

暴风影音主界面由标题区、主菜单按钮、播放控制栏、播放列表、暴风工具箱和暴风盒子等组成。

图 7-26　暴风影音主界面

2. 基本设置

单击"主菜单"按钮，选择"高级选项"命令，弹出"高级选项"对话框中，如图 7-27 所示。可以分别对"常规设置"和"播放设置"两个选项卡进行相关设置。

- "常规设置"，设置"文件关联"、"截图设置"和"启动与退出"等。
- "播放设置"，设置"基本播放设置"、"播放记忆"以及"高清播放"等。

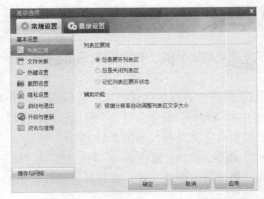

图 7-27　"高级选项"对话框

7.4.3　暴风影音的使用方法

1．播放媒体文件

单击"主菜单"按钮，选择"文件"，根据播放文件所在的具体路径，分别选择"打开文件"、"打开文件夹"、"打开 URL"、"打开 3D 视频"，如图 7-28 所示。

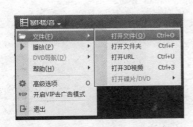

图 7-28　暴风影音"主菜单"

图 7-29　暴风工具箱

2．播放在线视频

① 单击主界面中的"在线影视"选项卡，在下拉列表中选择一种分类选项，单击视频文件，弹出"影片窗口"，如图 7-30 所示。

图 7-30　播放在线视频

② 单击"播放"按钮，即可播放在线视频。

3. 转换文件格式

将视频文件格式转换成家庭电脑、手机、平板电脑、MP4 等媒体所识别的文件格式，其操作步骤如下。

① 单击"工具箱"按钮，打开"音视频优化技术"对话框，如图 7-29 所示。

② 选择"实用工具"组中的"转码"命令，打开"暴风转码"窗口，单击"添加文件"按钮，添加目标文件，在输出目录添加自定义路径，如图 7-31 所示。

③ 单击"流行视频格式"命令，弹出"输出格式"对话框。在"输出格式"对话框，选择"输出类型"、"品牌型号"以及"最佳清晰配置"等，进行具体设置，如图 7-32 所示。

④ 单击"确定"按钮，开始转码。

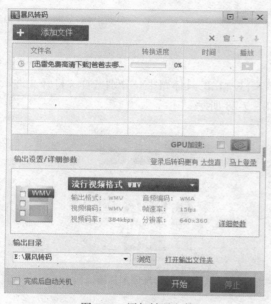

图 7-31　添加转码文件

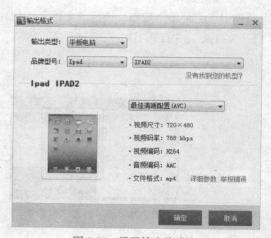

图 7-32　设置输出格式

7.5　Win7 系统备份与还原

7.5.1　功能简介

Windows 7 的系统备份与还原功能较 Windows XP 有了很大的改进，而且更加智能化。它会在你安装程序或者对系统进行重要改动的时候自动创建还原点，这样在系统崩溃后可以保证用户将系统还原到最近的一个正常状态，这个功能是 Ghost 无法比拟的。

7.5.2　Win7 系统备份与还原的方法

1. 在 Win 7 环境下备份系统

① 单击"开始"菜单，打开"所有程序"下的"维护"文件夹，选择"备份和还原"，打开

备份和还原窗口，如图 7-33 所示。

②　单击"创建系统映像"，打开"创建系统映像"对话框，如图 7-34 所示。Win7 有 3 个备份选项，通常我们选择备份"在硬盘上"。然后，选择一个有足够剩余空间的非系统分区，单击"下一步"按钮。

图 7-33　打开备份和还原窗口

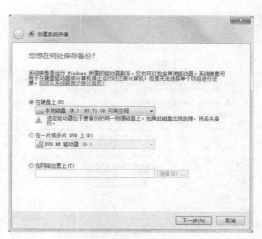

图 7-34　选择备份文件保存位置

③　选择需要备份的驱动器，如图 7-35 所示。确认无误后单击"下一步"按钮，开始"创建系统映像"。单击"开始备份"按钮，Windows 正在保存备份。待备份完成后，会提示"是否创建系统修复光盘"，可根据需要进行选择，如图 7-36 所示。

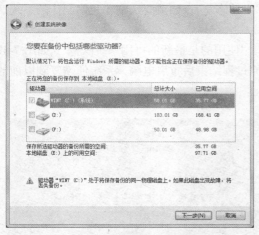

图 7-35　选择备份驱动器

图 7-36　创建系统映像

　　　　Win7 制作的系统映像和 Ghost 相比，压缩率偏低，会占用比较多的硬盘空间。

2．用 Win7 系统映像还原系统

（1）Win7 环境下还原系统

①　单击"开始"菜单，打开"所有程序"下的"维护"文件夹，选择"备份和还原"。在如

图 7-33 所示的窗口中单击"恢复系统设置或计算机"按钮，打开如图 7-37 所示窗口。

② 单击"高级恢复方法"按钮，在打开的窗口中选择"使用之前创建的系统映像恢复计算机"，如图 7-38 所示。然后，依次选择"跳过备份"、"重新启动"步骤进行系统还原操作。待还原过程结束后，重启电脑，系统便恢复到以前的状态。

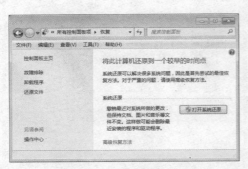

图 7-37　Win7 高级恢复方法

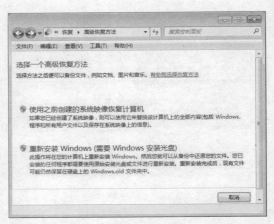

图 7-38　系统分区备份确认

（2）在开机时还原系统

当遇到系统崩溃，无法进入系统的情况时，需要通过开机时还原系统。

① 在出现开机引导界面的同时按下 F8 键，进入"高级启动选项"引导菜单，如图 7-39 所示。选择"修复计算机"，进入 Win7 的恢复环境。

② 如果是系统无法启动的问题，可以先尝试"启动修复"；如果要从刚才我们制作的系统映像还原系统，则选择"系统映像恢复"。

③ 在打开的"对计算机进行重镜像"窗口，选择"使用的是最新的可用系统映像"，如图 7-40 所示。单击"下一步"按钮，开始系统还原。待还原过程结束后重启电脑，系统便恢复到以前的状态了。

图 7-39　Win7 引导菜单

图 7-40　使用最新的可用系统映像

附录 A
ASCII 标准字符集

值	控制字符	值	字符	值	字符	值	字符
0(null)	NUL	32	(space)	64	@	96	、
1	SOH	33	!	65	A	97	a
2	STX	34	"	66	B	98	b
3	ETX	35	#	67	C	99	c
4	EOT	36	$	68	D	100	d
5	END	37	%	69	E	101	e
6	ACK	38	&	70	F	102	f
7(beep)	BEL	39	'	71	G	103	g
8	BS	40	(	72	H	104	h
9(tab)	HT	41	)	73	I	105	i
10(line feed)	LF	42	*	74	J	106	j
11	VT	43	+	75	K	107	k
12	FF	44	,	76	L	108	l
13(carriage return)	CR	45	-	77	M	109	m
14	SO	46	.	78	N	110	n
15	SI	47	/	79	O	111	o
16	DLE	48	0	80	P	112	p
17	DC1	49	1	81	Q	113	q
18	DC2	50	2	82	R	114	r
19	DC3	51	3	83	S	115	s
20	DC4	52	4	84	T	116	t
21	NAK	53	5	85	U	117	u
22	SYN	54	6	86	V	118	v
23	ETB	55	7	87	W	119	w
24	CAN	56	8	88	X	120	x
25	EM	57	9	89	Y	121	y
26	SUB	58	:	90	Z	122	z
27	ESC	59	;	91	[	123	{
28	FS	60	<	92	\	124	|
29	GS	61	=	93	]	125	}
30	RS	62	>	94	^	126	~
31	US	63	?	95	_	127	DEL

全国计算机等级考试二级 MS Office 高级应用考试大纲①（2013 版）

基本要求

1. 掌握计算机基础知识及计算机系统组成。

2. 了解信息安全的基本知识，掌握计算机病毒及防治的基本概念。

3. 掌握多媒体技术基本概念和基本应用。

4. 了解计算机网络的基本概念和基本原理，掌握因特网网络服务和应用。

5. 正确采集信息并能在文字处理软件 Word、电子表格软件 Excel、演示文稿制作软件 PowerPoint 中熟练应用。

6. 掌握 Word 的操作技能，并熟练应用编制文档。

7. 掌握 Excel 的操作技能，并熟练应用进行数据计算及分析。

8. 掌握 PowerPoint 的操作技能，并熟练应用制作演示文稿。

考试内容

一、计算机基础知识

1. 计算机的发展、类型及其应用领域。

2. 计算机软硬件系统的组成及主要技术指标。

3. 计算机中数据的表示与存储。

4. 多媒体技术的概念与应用。

5. 计算机病毒的特征、分类与防治。

6. 计算机网络的概念、组成和分类，计算机与网络信息安全的概念和防控。

7. 因特网网络服务的概念、原理和应用。

二、Word 的功能和使用

1. Microsoft Office 应用界面使用和功能设置。

2. Word 的基本功能，文档的创建、编辑、保存、打印和保护等基本操作。

3. 设置字体和段落格式、应用文档样式和主题、调整页面布局等排版操作。

4. 文档中表格的制作与编辑。

5. 文档中图形、图像（片）对象的编辑和处理，文本框和文档部件的使用，符号与数学公式

---

① 二级各科考试的公共基础知识大纲及样题见高等教育出版社出版的《全国计算机等级考试二级教程——公共基础知识（2013 年版）》的附录部分。

的输入与编辑。

  6.　文档的分栏、分页和分节操作，文档页眉、页脚的设置，文档内容引用操作。

  7.　文档审阅和修订。

  8.　利用邮件合并功能批量制作和处理文档。

  9.　多窗口和多文档的编辑，文档视图的使用。

  10.　分析图文素材，并根据需求提取相关信息引用到 Word 文档中。

三、Excel 的功能和使用

  1.　Excel 的基本功能，工作簿和工作表的基本操作，工作视图的控制。

  2.　工作表数据的输入、编辑和修改。

  3.　单元格格式化操作、数据格式的设置。

  4.　工作簿和工作表的保护、共享及修订。

  5.　单元格的引用、公式和函数的使用。

  6.　多个工作表的联动操作。

  7.　迷你图和图表的创建、编辑与修饰。

  8.　数据的排序、筛选、分类汇总、分组显示和合并计算。

  9.　数据透视表和数据透视图的使用。

  10.　数据模拟分析和运算。

  11.　宏功能的简单使用。

  12.　获取外部数据并分析处理。

  13.　分析数据素材，并根据需求提取相关信息引用到 Excel 文档中。

四、PowerPoint 的功能和使用

  1.　PowerPoint 的基本功能和基本操作，演示文稿的视图模式和使用。

  2.　演示文稿中幻灯片的主题设置、背景设置、母版制作和使用。

  3.　幻灯片中文本、图形、SmartArt、图像（片）、图表、音频、视频、艺术字等对象的编辑和应用。

  4.　幻灯片中对象动画、幻灯片切换效果、链接操作等交互设置。

  5.　幻灯片放映设置，演示文稿的打包和输出。

  6.　分析图文素材，并根据需求提取相关信息引用到 PowerPoint 文档中。

考试方式

上机考试，考试时长 120 分钟，满分 100 分。

1.　题型及分值

单项选择题 20 分（含公共基础知识部分 10 分）

操作题 80 分（包括 Word、Excel 及 PowerPoint）

2.　考试环境

Windows 7

Office 2010

参考文献

［1］教育部高等学校文科计算机基础教学指导委员会.大学计算机教学基本要求（2008年版）[M].北京：高等教育出版社，2008.

［2］吕英华等.大学计算机应用基础[M].北京：中国铁道出版社，2011.

［3］刘梅彦.大学计算机基础[M].北京：清华大学出版社，2011.

［4］徐宇等译注.Windows 7宝典[M].北京：电子工业出版社，2010.

［5］耿新民.计算机应用基础[M].中国电力出版社，2005.

［6］眭碧霞.计算机应用基础任务化教程（Windows 7+Office 2010）[M].高等教育出版社，2013.

［7］张海波.精通Office 2010中文版[M].北京：清华大学出版社，2012.

［8］骆剑锋.Office 2010完全应用[M].北京：清华大学出版社，2012.

［9］七心轩文化编著.Excel 2010电子表格[M].北京：电子工业出版社，2010.

［10］郭刚等编著.Office 2010应用大全[M].北京：机械工业出版社，2010.

［11］创锐文化编著.Office2010办公应用从入门到精通[M].北京：机械工业出版社，2013.

［12］九天科技编著.新编Office2010高效办公三合一[M].北京：中国铁道出版社，2013.

［13］乔正洪，葛武滇.计算机网络技术与应用[M]. 北京：清华大学出版社，2008.

［14］严耀伟，王方.计算机网络技术及应用[M]. 北京：人民邮电出版社，2009.

［15］夏素霞.计算机网络技术与应用[M]. 北京：人民邮电出版社，2010.